CHUANGXIN QIANNENG KAIFA YANJIU

创新潜能开发研究

谭昆智　韩　诚　吴建华　刘少廷　主编

中山大学出版社
SUN YAT-SEN UNIVERSITY PRESS
·广州·

版权所有　翻印必究

图书在版编目（CIP）数据

创新潜能开发研究/谭昆智，韩诚，吴建华，刘少廷主编．—广州：中山大学出版社，2016.8
ISBN 978-7-306-05646-7

Ⅰ. ①创… Ⅱ. ①谭… ②韩… ③吴… ④刘… Ⅲ. ①创造能力—智力开发—研究 Ⅳ. ①G305

中国版本图书馆 CIP 数据核字（2016）第 052246 号

出 版 人：	徐　劲
策划编辑：	嵇春霞
责任编辑：	嵇春霞　王　琦
封面设计：	曾　斌
责任校对：	翁慧怡
责任技编：	何雅涛
出版发行：	中山大学出版社
电　　话：	编辑部 020 - 84111996，84113349，84111997，84110779
	发行部 020 - 84111998，84111981，84111160
地　　址：	广州市新港西路 135 号
邮　　编：	510275　传真：020 - 84036565
网　　址：	http://www.zsup.com.cn　E-mail: zdcbs@mail.sysu.edu.cn
印 刷 者：	佛山市浩文彩色印刷有限公司
规　　格：	787mm×1092mm　1/16　19.5 印张　319 千字
版次印次：	2016 年 8 月第 1 版　2016 年 8 月第 1 次印刷
定　　价：	56.00 元

如发现本书因印装质量影响阅读，请与出版社发行部联系调换

本书编委会

主编 谭昆智　韩　诚　吴建华　刘少廷

编委 陈月明　许光明　陈家义　李新昇　陈锦涛
　　　　谢宇峰　林道明　何德胜　罗述智　何　宁
　　　　尹晓霞　黄海涛　陈向平　郭锡焰　梁立仕
　　　　冯映云　邓妙音　梁佩瑜　邓梅英　李　扬
　　　　杨　斌　陈洁鸿　黄政评

前言

潜能蕴含着经验与真知。学习潜能，不仅是为了掌握一门学问，更重要的是为了充实自己的头脑，开发自己的潜能。本书的撰写目的主要有三个。

1. 提升潜专会的学术理论

广东社会学学会潜能开发研究专业委员会（简称"潜专会"）已经走过了 16 年的历程，在学术研究和实践中取得了很大的成绩，研究人员不断成长，活动成果不断涌现，社会影响不断提升。为了把潜专会 16 年的研究成果，以学术研究的整理和提炼的方式表现出来，26 位专家齐心合力，撰写了本书——《创新潜能开发研究》。

"榜样的力量是无穷的。"要提高潜专会的学术理论，必须从骨干开始。主编把潜专会的骨干（部长级以上）和专家召集起来，结合潜专会的 17 位骨干在 2015 年 3 月至 6 月为中山大学新华学院公共管理学系 2012 级公共关系学专业学生开设的"潜能开发原理与实务"课程的课件，以及两次"微课"精选和课后写作，经过数月的双向沟通和思想碰撞，26 位撰稿者终于撰写完成了《创新潜能开发研究》这本聚集体智慧结晶的读物。

本书主编是谭昆智、韩诚、吴建华、刘少廷。撰稿具体分工如下（以章节为序）：第一章、第二章，谭昆智。第三章第一节，吴建华；第二节，何宁；第三节，梁立仕；第四节，陈洁鸿；第五节，许光明。第四章第一节，陈月明；第二节，郭锡焰；第三节，罗述智；第四节，韩诚；第五节，李扬。第五章第一节，陈向平；第二节，谭昆智；第三节，何德胜；第四节，邓妙音。第六章第一节，刘少廷；第二节，李新异；第三节，刘少廷；第四节，陈锦涛；第五节，邓梅英；第六节，黄政评；第七节，陈家义。第七章第一节，尹晓霞；第二节，杨斌；第三节，谢宇峰；第四节，韩诚。第八章第一节，李新异；第二节，冯映云；第三节，林道明；第四节，梁佩瑜；第五节，谭昆智。

四位主编设计了本书的框架与体系,并负责全书的统稿工作。撰稿人员深入企事业调研,开天窗、接地气,为此书能够顺利出版付出了辛勤的汗水。

本书的传播理念旨在告诉读者:人有无限的潜能,我们要开拓潜能就不能怀疑自己的能力。每个人都是不同的个体,而在每个人的身上也都蕴藏着一份特殊的才能,这份特殊的才能便是潜能。只要我们能将潜能充分发挥出来,奇迹便会出现。

本书着重强调两大内容,即创新潜能和健康潜能,从一个全新的角度,指导读者从自身的潜能着眼,从自己的心灵、观念和日常行为中寻求成功的途径。管理学上有句名言:"没有无用的人才,只有无能的管理者。"它精辟地概括了管理者在管理过程中"育人、用人"的思想和经验。

2. 强调创新潜能以"强烈渴望"为核心

我们如果经常重复或头脑中闪现"日复一日,我会在各方面干得越来越好"这句话,无疑会加强这句话在自己头脑中的印象,从而调动身体的活力来激发自身的潜能,为未来事业的成功做准备。对潜能的强烈渴望是一种力量,不论情况多么恶劣、困难多难克服,内心的渴望都会告诉自己,其中必有解决之道。

对潜能产生强烈渴望的前提是,必须知道自己具备这个潜能的潜质。很多人情绪低迷,不能适应环境,常常对自己信心不足,最关键的是没有对自己的潜能产生强烈的渴望。我们如果持因循守旧的观念,原地踏步地生活着,认定自己目前的状态就是永久的状态,便会阻碍我们对自身潜能的挖掘。但是,如果我们相信自己有着巨大的潜能,希望自己的潜能得到激发,再通过不断地努力,便能够改变现状,从而达到成功的目的。

纵观浩瀚的人类历史长河,那些创造成功事迹的伟大人士,都有着一个共同的特点,那就是对潜能抱着强烈的渴望,认定自己有着巨大的潜能,并努力去激发它,由此激发出的强大力量促成了他们做出非凡的事迹。要想获得成功,就必须要对潜能抱有强烈的渴望,这是激发潜能并促成我们成功的前提。

3. "抛砖引玉"

用眼睛观察,用心灵感知,用头脑思考,用双手实践。本书创新之处在于研究了创新潜能开发的六大内容,即教育潜能、学习潜能、艺术潜能、心理潜能、健康潜能和国学潜能。我们撰写本书是为了"抛砖引玉",除了要告诉读者潜能开发的信息外,还希望潜专会的专家和研究者,将沉淀自己心底的各种研究心得和成果更多地展示出来,从而促进潜能开发的理论和实践研究,也让我们的研究成果得到社会认同并与更多读者分享。

事物的发展是无限的,人类的认识也是无限的,要敢于发现新问题,认识新知识,善于应用新成果。在探索新现象时,要善于从失败中看到成功的因素,从成功中找出隐藏着的容易导致失败的因素。

在本书付梓之际,请允许我们向广东社会学学会会长范英教授、广东社会学学会潜能开发研究专业委员会老主任陈月明研究员献上我们最诚挚的谢意,是他们长期的关心和指导,才使我们产生创作上的灵感。我们还要感谢潜专会的专家、学者以及每一位爽快地接受了编者采访的会员;同时,还要感谢中山大学出版社徐劲社长、周建华总编辑和嵇春霞副编辑(我们已经是第四次合作了),正是由于他们的鼎力支持,才使本书得以面世。由于编者水平有限,加之时间仓促,疏误之处在所难免,敬请学界同行及各界读者批评指正。

谭昆智

2016年1月10日于中山大学新华学院

目录

第一章　人类创新潜能概述
- 第一节　创新潜能的理论与现实意义 …………………………… 2
- 第二节　潜能的概念与内涵 …………………………………… 6
- 第三节　发掘创新因素　激发创新潜能 ……………………… 20

第二章　潜能开发理论与方法
- 第一节　潜能开发的理论 ……………………………………… 32
- 第二节　潜能开发的价值与方法 ……………………………… 40

第三章　教育潜能
- 第一节　公开的秘密 …………………………………………… 64
- 第二节　爱商与潜能开发 ……………………………………… 70
- 第三节　玩小小木飞机　拓潜能无限 ………………………… 79
- 第四节　家校社联拓展教育潜能 ……………………………… 85
- 第五节　创新型人才素养 ……………………………………… 92

第四章　学习潜能
- 第一节　开发学习潜能　开悟致慧人生 ……………………… 106
- 第二节　人类综合型思维的发展 ……………………………… 111
- 第三节　高效学习三法宝 ……………………………………… 117
- 第四节　6Q潜能与个人品牌 …………………………………… 127
- 第五节　潜优生帮助计划（LEAP） …………………………… 135

第五章　艺术潜能
- 第一节　色彩能量学 …………………………………………… 144
- 第二节　用声音塑造形象　用语言传播感动 ………………… 151

第三节　魔术与潜能开发 ·················· 158
　　第四节　心灵茶道 ······················ 169

第六章　心理潜能
　　第一节　心理潜能的开发策略 ··············· 178
　　第二节　《易经》智慧与心理辅导 ············· 185
　　第三节　笔迹修炼处方 ··················· 192
　　第四节　开发学生心理潜能研究 ············· 201
　　第五节　情绪分析与潜能开发 ··············· 207
　　第六节　"第六感"——脑感潜能 ·············· 214
　　第七节　心态文明与潜能机制 ··············· 219

第七章　健康潜能
　　第一节　《黄帝内经》——祛病的钥匙 ··········· 230
　　第二节　保养肾精　长命百岁 ··············· 237
　　第三节　科学养生　智慧生命 ··············· 241
　　第四节　穴位对冲平衡法 ·················· 247

第八章　国学潜能
　　第一节　中华文化脉络与生命智慧潜能开发 ······ 256
　　第二节　用国学智慧开发生命潜能 ············ 266
　　第三节　国学与潜能开发 ·················· 273
　　第四节　汉文化传播与潜能开发 ············· 280
　　第五节　中国传统文化理想人格与基本精神 ······ 287

参考文献 ······························· 298

第一章
人类创新潜能概述

人类潜能的概念在人们的思想观念中占有非常重要的位置。本章主要阐述的是潜能和潜能开发的概念、潜能内涵、潜能分类和潜能开发的方法。主要是在观点上能够给予人们启发,丰富读者对潜能概念的认识,同广大民众一起对这一具有广泛影响的概念进行哲学的反思,从而更好地提升读者对开发潜能的实践理性水平和责任意识。

第一节
创新潜能的理论与现实意义

创新是时代的要求。现代教育不仅要使社会成员掌握知识、发展智力，更应重视开发大众的创新潜能，培养其创新意识、创新精神和初步的创新能力。我们首先应该相信，人人都有创新潜能。创造性再也不必被假设仅存于少数天才，它潜在地分布在整个人口中间。也就是说，每个人都蕴藏着无限的创新意识。教师的任务是要在简单平凡的日常教学中，创造性地使用教材，发掘教学中的创新因素，开发学生的创新潜能。

一、创新是引领发展的第一动力

党的十八届五中全会通过的《中共中央关于制定国民经济和社会发展第十三个五年规划的建议》提出，"创新是引领发展的第一动力"。这一重要论断是"科学技术是第一生产力"重要思想的创造性发展，是新时期新阶段必须坚持的重要发展理念。实现"两个一百年"宏伟目标，必须把创新摆在国家发展全局的核心位置，让创新贯穿党和国家一切工作，让创新在全社会蔚然成风。

（一）创新引领发展是时代进步的需要

1. 国家经济社会发展的动力

世界发达国家的现代化建设经验表明，一个国家经济社会发展的动力主要分为要素驱动、投资驱动、创新驱动、财富驱动等类型。其中，要素驱动是指主要依靠土地、资源、劳动力等生产要素的投入，获取发展动力，促进经济增长，它一般适应于科技创新匮乏的现代化建设初期。在经济社会发展到较高阶段之后，这种要素驱动型发展模式就难以为继。创新驱动是指经济增长主要依靠科学技术的创新，通过技术变革提高生产要素的产出率，从而实现集约的增长方式，最合理有效地推进经济社会持续健康发展。创新是引领发展的最持久的动力源。崇尚创新，国家才有光明前景，社会才有蓬勃活力。

经过新中国成立60多年来特别是改革开放30多年来的发展，我国经济总量已跃居世界第二，成为全球经济大国和贸易大国，经济实力、人民生活水平、综合国力和国际影响力都迈上一个大台阶，国家面貌发生了新的历史性变化。

在国际发展竞争日趋激烈和我国发展动力转换的形势下，只有坚持创新引领发展，我们才能够摆脱过多依靠要素投入推动经济增长的路径依赖；只有坚持创新引领发展，我们才能够有效应对经济新常态的各种挑战，实现经济持续健康发展；只有坚持创新引领发展，才能够跨越"中等收入陷阱"，真正成为经济强国、创新大国。我们比以往任何时候都需要不断推进理论创新、制度创新、科技创新、文化创新等各方面创新，不断强化创新这个引领发展的第一动力。

2. 准确把握"第一动力"的科学内涵

"创新是引领发展的第一动力"，其中的创新，是指以科技创新为核心的全面创新。科技创新是国家竞争力的核心，是全面创新的主要引领。在全面创新进程中，一定要紧紧抓住科技创新这个"牛鼻子"，发挥科技创新在全面创新中的重要引领作用。

党的十八届五中全会提出，实现"十三五"时期发展目标，破解发展难题，厚植发展优势，必须牢固树立创新、协调、绿色、开放、共享的发展理念。在中国特色社会主义建设实践中，这五大发展理念是相互促进、相辅相成的。其中，创新发展贯穿各个发展理念之中，各项发展都离不开创新，都需要通过全面创新激发发展新动力，通过创新解决发展中面临的一系列问题，从而实现经济社会的可持续发展。充分发挥创新这个引领发展的第一动力，还必须通过全面深化改革，为其提供良好的条件和环境；同时，通过充分发挥创新这个引领发展第一动力的作用，为全面深化改革提供强大活力和潜能。

在贯彻落实"四个全面"战略布局实践中，我们的改革开放面临着啃硬骨头、涉险滩等一系列重大挑战，更需要依靠全面创新，破除制约改革发展的思想障碍和制度藩篱，促进科技创新与理论创新、制度创新、文化创新等的持续发展和全面融合，打通科技创新和经济社会发展之间的通道，让一切劳动、知识、技术、管理、资本的活力竞相迸发，释放巨大的发展潜能，为全面建成小康社会和实现中华民族伟大复兴的中国梦提供源源不断的强大动力。

(二) 人民群众是全面创新的主体

在新的发展阶段，贯彻创新引领发展的要求，需要充分尊重人民群众的首创精神，形成万众创新的社会环境和风尚，引领经济社会健康持续发展。鲁迅在《未有天才之前》[①]一文中讲过，天才并不是自生自长在深林荒野里的怪物，是由可以使天才生长的民众产生、长育出来的。这说明，全面创新不能仅仅依靠个别天才的努力，而是需要充分发挥亿万民众的劳动热情，掀起崇尚创新、人人创新的新浪潮。

要树立起创新发展是全民参与、全民推动的事业理念，健全激励创新的体制机制，倡导敢为人先、勇于冒尖的创新自信，使创新成为一种价值导向、生活方式与时代气息；要用实招推动大众创业、万众创新，强化法治保障和政策支持，让每个有创新意愿的人都有实现奋斗理想的机会和空间；要充分发挥广大人民群众的聪明才智，加速形成人人创新的社会氛围。

在新的发展阶段，贯彻创新引领发展的要求，需要确立明确的目标导向，即要满足人民群众日益增长的物质文化和精神文化需要，这是检验创新引领发展是否有效和成功的标准。在全面建成小康社会的关键阶段，实现全面创新引领改革发展，必须坚持创新发展为了人民、依靠人民，发展成果由人民共享，使全体人民在创新发展中有更多获得感，朝着共同富裕方向稳步前进。

二、激发创造活力，传播潜能知识

在经济发展新常态下，面对增速换挡、结构优化、动力转换的变化趋势和特点，实施创新驱动战略，激发全社会的创新活力和创造潜能，营造大众创业、万众创新的浓厚氛围，在当前显得尤为重要。

(一) 创新潜能是智慧性的创造劳动

创新投入多、风险大、周期长、见效慢。因而，创新并非是每个社会组织主体的自觉行动，它需要强大的动力支持。这就意味着，要实施创新驱动发展战略，需要全面深化改革，破除束缚创新的桎梏，革除制

---

① 载《鲁迅研究月刊》1995年第12期。

约创新的体制机制弊端，形成鼓励创新的政策环境和制度环境，让一切创新的源泉充分涌流，让一切创造的潜能充分释放，从而为经济发展增添持久动力。

（二）创新潜能根本上要靠人才驱动

没有强大的人才队伍做后盾，创新创造就成为无源之水、无本之木。因此，要把着力点放在培养人才、用好人才、吸引人才上，在创新实践中发现人才、在创新活动中培育人才、在创新事业中凝聚人才，加快建设一支规模宏大、富有创新精神、敢于承担风险的创新人才队伍。所以，传播和普及潜能理论知识和实际操作知识，尤为重要。

（三）创新潜能是富国强民的战略举措

创新潜能是促进大众创业、万众创新、富国强民的战略举措。这需要从强化创新驱动、加速成熟科技成果产业化步伐、规划并建设好创新平台、大力推动科技体制机制创新着手，需要从加大政策支持、搭建创业平台、优化创业环境着手，需要从更大力度实施人才强民战略并推出系列针对性、系统性、操作性强的举措着手，让创业、创新的活力在祖国大地竞相迸发。

思维拓展 北京大学校长10句创新潜能的话语：全场掌声如雷

北大新任校长王恩哥上任，便向学生提出十句话，在全校引起热议，有学生形容是新的校训。这十句创新潜能的话语传播神速。

第一句话，结交"两个朋友"：一个是图书馆，一个是运动场。到运动场锻炼身体，强健体魄。到图书馆博览群书，不断"充电""蓄电""放电"。

第二句话，培养"两种功夫"：一个是本分，一个是本事。做人靠本分，做事靠本事。靠"两本"起家靠得住。

第三句话，乐于吃"两样东西"：一个是吃亏，一个是吃苦。做人不怕吃亏，做事不怕吃苦。吃亏是福，吃苦是福。

第四句话，具备"两种力量"：一种是思想的力量，一种是利剑的力量。思想的力量往往战胜利剑的力量，这是拿破仑的名言。一个人的思想有多远，他就有可能走多远。

第五句话，追求"两个一致"：一个是兴趣与事业一致，一个是爱情与婚姻一致。兴趣与事业一致，就能使你的潜能最大限度地得以发挥。恩格斯说，婚姻要以爱情为基础。没有爱情的婚姻是不道德的婚姻，也不会是牢固的婚姻。

第六句话，插上"两个翅膀"：一个叫理想，一个叫毅力。如果一个人有了这"两个翅膀"，他就能飞得高，飞得远。

第七句话，构建"两个支柱"：一个是科学，一个是人文。

第八句话，配备两个"保健医生"：一个叫运动，一个叫乐观。运动使你生理健康，乐观使你心理健康。日行万步路，夜读十页书。

第九句话，记住"两个秘诀"：健康的秘诀在早上，成功的秘诀在晚上。爱因斯坦说过：人的差异产生于业余时间。业余时间能成就一个人，也能毁灭一个人。

第十句话，追求"两个极致"：一个是把自身的潜能发挥到极致，一个是把自己的寿命健康延长到极致。

（资料来源：《北大校长王恩哥的10句话：送给即将迈入大学的你》，载《人民日报》2014年8月28日。）

第二节 潜能的概念与内涵

潜能是人的内在能量，它是尚未被现代自然科学普遍地、充分地注意的，更有待社会人文科学切实关注的现象。人存有的整体的内在潜能，正是这一节要阐述的问题。

一、潜能的概念

理念是古代希腊哲学家的用语，在当今社会已经普遍使用。它是指抽象事物的理性的客观存在。人类潜能的理念是指人类的左脑和右脑的潜在功能，激活潜能冲破人生难关，让心智更加坚强来控制命运。潜能是多种多样的，各有各的功能。

人的潜能，是指每一个人除了自身拥有的已经显示的能量外，还有比这多得多的自身拥有的但尚未显露的能量。它是蕴藏的、深沉的、未能意识到并能够运用的能量。从广义的角度来讲，任何潜在的、未意识到的都属于心理潜能。对于心理潜能，一般都是狭隘地理解成意志的激发。的确，意志最能够体现人的意识能动性，这就是"有志者事竟成"的道理。然而，心理潜能不仅仅是指意志，它还包括相当多未被挖掘出来的能量。一句话：潜能即是未显露的能量。

潜能，即潜在的能力，就是人类原本具备而忘却了使用的能力，这种能力人们也称为"潜力"①，也就是存在但却未被开发与利用的能力。

潜能的动力深藏在人的深层意识当中，也就是人类的潜意识。而这种潜意识指的就是潜藏在人们一般意识底下的一股神秘力量，有人称之为"右脑意识"。

潜意识内聚集了人类数百万年来的遗传基因层次的资讯。它囊括了人类生存最重要的本能与自主神经系统的功能和宇宙法则。也就是说，人类过去所得到的所有最好的生存情报，都蕴藏在潜意识里。因此，只要懂得开发这股与生来俱有的能力，就几乎没有实现不了的愿望。第一次提出人类具有潜在意识学说的人是奥地利学者西格蒙德·弗洛伊德②。

潜能即是以往遗留、沉淀、储备的能量。曾经有过这样的报道，有一个人面临着生死关头，在逃命时，一跃就跨过4米宽的悬崖，这说明在某种紧逼的环境下，人的潜能就会发挥到意想不到的程度。

潜能有未显性和可以诱发性的特征，这就是指人具有的，但又未表现出来的能力。潜能一旦外化，与活动联系起来并产生活动效果，就变成显在的能力。最后，我们得出潜能的定义是：潜能是一种尚未显现的人的内在激情。

二、潜能的来源

人类具有其他自然物所不可比拟的几乎是无限的潜能，那么，这样的潜能是从哪里来的呢？我们认为，人的潜能主要来源于自然进化的浓

---

① 参见陈春萍《高校人力资源管理的伦理分析》，载《华中师范大学学报》2003年第5期，第38页。

② （奥）西格蒙德·弗洛伊德（Sigmund Freud，1856—1939），奥地利精神病医生及精神分析学家。

缩、社会发展的积淀、人类历代祖先基因的遗传。

（一）自然进化的浓缩

大自然经过一系列的历史过程，从机械运动到物理运动，到化学运动，再到生命运动经历了悠久漫长的岁月，最后才进化出生命来。而且迄今为止，人们发现只有地球才有生机勃勃的生命现象。相对于整个宇宙而言，生命的出现还是一个极为短暂的现象。即使如此，生命在地球上也已经有了40亿年的历史。从提供生命基础、产生最初生物分子、作为生命起源的化学时代开始，中间经过信息时代、原细胞时代、单细胞时代、多细胞时代，最后才进入产生人和人类社会的。目前，我们正处于其中的心智时代。① 在心智时代，人类的近亲是动物祖先，直接的就是古猿进化说。总之，人是自然界长期发展的结果。

1. 人体最复杂的是大脑

有人做过比较，仅人脑的网络结构系统就比北美洲的全部电话、电报的通信网络还要复杂。有人统计，一个人大约有140亿个神经元，有9000万个辅助细胞。其组合的密度为人体任何其他组织所不及。大脑每天能记录8600万条信息，人的一生可以储存1000万亿信息单位。但由于没有系统训练，只有1%的信息被大脑分析处理，另外99%的信息则被筛除。遗憾的是，人脑相当大的一部分潜能未被发挥出来。由此可见，人的思维的潜在能力之大，是不可估量的。人即使只有半个脑子，或左半球，或右半球，同样可以指挥全身，同样可以工作、可以唱歌或进行其他活动。（见表1-1）

表1-1 左右脑的功能归纳

序号	左脑（抽象思维中区）	右脑（表现知觉、形象思维中区）
1	知识、知性	图像化机能（企划力、创造力、想象力）
2	思考、判断、理解	与宇宙共振共鸣机能（第六感念力、透视力、直觉力、灵感、梦境）
3	推理、语言、抑制	超高速自动演算能力（心算、数学）
4	五官（视、听、嗅、触）	超高速大量记忆（速读、记忆力）

---

① 参见（美）克里斯蒂安·德迪夫《生机勃勃的尘埃》，上海科技教育出版社1999年版，第37页。

2. 人体有巨大的潜能

人体及大脑既然是物质世界长期发展和进化的产物,也就是自然进化的浓缩,是最复杂的,不仅仅直接是生命现象和精神意识现象,而且还包含着化学运动和物理运动。可以说,整个宇宙的运动形式都能在人体及大脑中得以完全地体现出来,毋宁说它是映现着整个大宇宙,或者是浓缩着大宇宙全部信息的小宇宙。正因为如此,人体和大脑才具有巨大的潜能。

现代科学证明,人体和大脑都包含着化学运动和物理运动。有一种名叫三磷酸腺苷的化学物质,好像微型电池一样,平时分布在人体的每一个细胞里每到危急关头,就像闪电一样集结起来,在一种酶的作用下迅速释放出一种巨大的能量,形成一种超级的能力,使人做出平时根本做不到的事来。这就是使"不可能变成可能"。

例如,救火的时刻,为了抢救财物,一个人可以将平时需要几个人才能搬走的东西抢救出来,但事后面对着同样的东西却再也搬不动了。又如,鏖战中的战士,往往负伤而不觉、中弹而不倒,还可以一个人做几个人的事情,甚至做出平时难以想象的事情来。其中,虽然包含了个人的信念、意志和心理作用的因素,但是,人体中三磷酸腺苷的化学作用是不能忽视的。①

3. 人体具有自然界的所有运动形式

人体是化学的、分子的生命,同时也是物理的、电子的生命。电脉冲每时每刻都在人的神经中枢里弹琴、唱歌,生物电流时刻在人的体内通过,只不过电压极小而已,一般人是感觉不到的。② 人还能够像蚂蚁那样扛起比自身重量要重得多的物体,能够自行恢复体力和精力、自行修复创伤、自行避开危险,这说明人除了具有化学潜能、物理潜能外,还具有机械潜能和生命潜能等多方面的能量。

人体和大脑具有自然界所具有的所有运动形式,无论是机械运动、物理运动、化学运动,还是生命运动,在人的内在那里都具备了,它无疑是大自然的一个缩影,是自然进化的浓缩。也正因为这样,它才能与大自然中的各种运动形式发生相互作用和全面的关系,并且能够做到如

---

① 参见李哲良《潜能与人格》,上海文化出版社1989年版,第18页。
② 参见李哲良《潜能与人格》,上海文化出版社1989年版,第22~23页。

荀子所说的"善假于物"①，从而具有广泛、巨大、深刻的机械潜能、物理潜能、化学潜能和生命潜能。

（二）社会发展的积淀

自然的进化是形成人的潜能的一个重要来源，而仅仅靠自然的进化还不能形成人之为人的全部潜能。全世界无产阶级的伟大导师、科学共产主义的创始人卡尔·马克思指出，人的眼睛和原始的、非人的眼睛得到的享受不同，人的耳朵和原始的耳朵得到的享受不同，如此等等。马克思还说："只有音乐才能激起人的音乐感；对于没有音乐感的耳朵说来，最美的音乐也毫无意义，不是对象。因为我的对象只能是我的一种本质力量的确证，也就是说，它只能像我的本质力量作为一种主体能力自为地存在着那样对我存在，因为任何一个对象对我的意义，都以我的感觉所及的程度为限。所以，社会的人的感觉不同于非社会的人的感觉。"②

1. 社会实践对人潜能的决定作用

人的潜能与动物的潜能是不同的，人有感受形式美的眼睛、有感受音乐美的耳朵。为什么会形成区别于其他动物的同时又高于其他动物的人的潜能呢？这是由于实践以及以实践为基础的社会历史的发展。实践和社会历史的发展产生了双重的结果。从客观方面来说，它产生并发展了对象化的世界和社会历史客体；从主体的人这方面来说，它形成并发展了人的本质力量，使人获得了越来越丰富的潜能。正如马克思所说的，五官感觉的形成是以往全部世界历史的产物。一方面为了使人的感觉成为人的，另一方面为了创造同人的本质和自然界的本质的全部丰富性相适应的人的感觉，无论从理论方面还是从实践方面来说，人的本质的对象化都是必要的。③ 这说明，社会历史实践对人的潜能的形成具有十分重要的基础作用和决定作用。

社会历史的积淀是人的潜能形成的一个十分重要的来源。马克思说

---

① 安继民：《荀子》，中州古籍出版社2006年版，第97页。
② 参见（德）马克思《马克思恩格斯全集》（第42卷），人民出版社2001年版，第125～126页。
③ 参见（德）马克思《马克思恩格斯全集》（第42卷），人民出版社2001年版，第125～126页。

过，已经产生的社会，创造着具有人的本质的这种全部丰富性的人，创造着具有丰富的、全面而深刻的感觉的人作为这个社会的恒久的现实。①人的感觉、感受性，人的本质力量及其对象化，是在社会和一定的文化环境中、在社会和文化的历史运动中才能形成和实现；也只有在这个基础上，感觉和感受性才真正变成了人的感觉、人的感受性，变成了人的具有社会的、文化的性质与内涵的活动和享受。

"整个所谓世界历史不外是人通过人的劳动而诞生的过程，所以，关于他通过自身而诞生、关于他的产生过程，他有直观的、无可辩驳的证明。"② 人是如何产生的？人是怎样形成自己的丰富的本质力量和全面而深刻的感觉的？换句话说，人是如何形成自己本身的潜能的？马克思对此做了深刻的解答，那就是人的劳动的结果、实践的结果。人类组成社会，是社会发展的结果。

2. 社会历史对人潜能发展的作用

劳动创造了人的本身。同时，人的潜能不仅形成于社会性的劳动过程中，而且还会随着社会历史的发展而发展。这些潜能会通过需要而反映出来，又会通过需要的满足而得以实现。

人之所以是人，这是社会、文化和历史塑造的产物，正是社会、文化和历史的塑造的结果，使人成为具有实体的需要、能力、特性和本质的现实的人，成为具有质的规定性的人。人当然是以历史发展为前提，所以，人不同于一般动物，而是超越于其他动物的人，这是社会历史发展的结果。

3. 人类历史是人生存和发展的根据与前提

人通过自己的历史发展而获得了进一步发展的本质力量，人的意识以"文化"形式来体验、领悟、充实和升华自己的"精神世界"，人的"精神世界"以"文化"为依托、为内容而构成的"意义世界"。而"文化"，既是人类以实践活动为基础、以各种方式为中介把握世界的结果，又是人作为现实的人并与世界发生现实的"归属于人性"关系的前提。

---

① 参见（德）马克思《马克思恩格斯全集》（第42卷），人民出版社2001年版，第126～127页。

② 参见（德）马克思《马克思恩格斯全集》（第42卷），人民出版社2001年版，第131页。

人类在自己的实践活动的基础上所形成的"文化",包括常识、宗教、艺术、伦理、科学和哲学等等。这是人类对世界发生"人性"关系的"中介",也就是人类把握世界的"基本方式"。

这些基本方式最为直接地为人类提供了丰富多彩的、日新月异的"世界图景",即常识的、宗教的、艺术的、伦理的、科学的和哲学的"世界图景"。语言是"文化的水库",它保存着历史的文化积淀;反过来,历史的文化积淀又通过语言传承给世世代代的个人。①

语言的掌握也是掌握文化的手段之一。语言与文化具有全息关系,语言包含着文化的信息,语言是文化的产物和载体;甚至一种语言就是一种文化模型,包含着一种独特的世界观。

掌握语言的能力可以遗传,并通过遗传存在于大脑皮层的语言中枢中以及调控发声器官的运动中枢里,而语言本身又积淀了历史文化、反映着社会的进化,那么,很显然,以语言能力为重要代表的人的潜能也就是社会历史发展在人那里的凝结和积淀。② 所以,一个人有多大的潜能,这是涉及以往人类历史发展的结果和产物。

(三) 人类历代祖先基因的遗传

人的潜能从自然的进化和社会历史的发展不断获得自身的内容。那么,为什么说,别人的祖先具有的能力甚至别人具有的能力从根本上说"我"也具有呢?③ 这就是马克思最喜爱的一句格言:"人所具有的我都具有。"人传递和获得自身潜能的根本途径或通道是什么?在人那里潜能是以什么方式存在的?下面谈三点看法。

1. 人的潜能通过人类祖先基因遗传获得

人类通过婚姻这种社会形式,以家庭这一社会细胞对基因进行整合和重组,并把获得的基因一代又一代地传下去,从而使后代具有一代超越一代的潜能。可以说,基因就是人的潜能的存在方式。我们认为,才智一方面与遗传有关,也就是说,才智离不开产生它的遗传基础;另一

---

① 参见孙正聿《超越意识》,吉林教育出版社2001年版,第13~16页。
② 参见钱冠连《语言全息论》,商务印书馆2002年版,第280页。
③ 转引自(苏)瓦·奇金《马克思的自白》,中国青年出版社1982年版,第201页。

方面与环境、教育也密切不可分，而且在一定环境刺激和教育影响下所形成的才智又会具有一定的遗传性。大量事实证明，才智尤其是特殊才能是有家族倾向的，也就是说，聪明才智与遗传有关。在音乐、绘画、数学等方面表现出特殊才能的家族，可以有力证明这一观点。

思维拓展

巴哈（Bach）家族是世界著名的音乐世家，八代136人中，就有50个男人是著名的音乐家。其中名望最大、成就最高的是约翰·赛巴斯坦·巴哈。他的儿子中至少有5人是知名音乐家。还有莫扎特（Mozart）和韦伯（Weber）家族，好几代中都产生有卓越的音乐才能的人。我国南北朝时戴逵（约326—396）和他的儿子戴勃、戴颙，都是卓越的音乐家，创作过不少的乐曲，还善于鼓琴并且也是著名的雕塑家。

在绘画才能的遗传方面，著名的例子有铁坦（Titan）家庭，曾出了9位著名的画家。在数学方面，著名的是波脑利斯（Bounoullis）家族，至少出过八九位有名的数学家。

技术发明的能力也有遗传的倾向。有人报道过一家五代中有14人具有特殊的制造机械能力，其中4人是发明家。我国南北朝时著名数学家祖冲之（429—500）以及他的儿子祖恒之、孙子祖皓都是机械发明家，又都是著名的天文学家和数学家。

（资料来源：姚荷生《人类遗传和遗传疾病》，江苏科学技术出版社1979年版，第175～176页。）

人类遗传学认为，人的特殊才能都是由于某些基因偶然组合到某一个人身上而形成的。例如，爱好音乐者总是喜欢选择音乐爱好者做终身伴侣，使得有关音乐才能的基因凑巧集合在一起，从而出现家族性的倾向。这就是说，聪明才智的遗传是一种多因子、多基因的遗传。

2. 人的遗传基因所起的作用

遗传学家指出，基因上所写的信息量远远超出了人类的想象，人类的能力预先都被写在基因上了，实际表现出来的才智只是其中很少的一部分，因为受到多种多样内部和外部环境因素的影响与制约。实际上，每个人都有一个范围相当广阔的智慧的潜能，这个范围的上限和下限是由遗传决定的。换句话说，遗传基因规定了人的智力的可能性空间，"没有写在基因上的事就无法去做"①,甚至"奇迹也是基因的程序之一。我们大家生下来就都具有创造奇迹的可能性"②。

基因是指生命的"设计图"。从父母到子女、从子女到孙子,这种代代相传的生命之本就是"基因"。生命活动的基本单位是细胞。基因主要存在于细胞核中,是一种被称为DNA的物质。

遗传信息以密码子的形式存在于DNA中,而遗传密码由碱基组成。DNA(基因)把它们带有的遗传信息通过密码系统发送到细胞质中,细胞质中的有关结构接收到密码后,即确定合成哪种蛋白质。DNA中是以三个字母(碱基)组成一个密码的,叫作三联体密码。这就是人类遗传基因的形成。

3. 人的基因信息库蕴含着全部潜能

科学家们惊异于作为生命设计图的基因的复杂、精妙、奇特,生命的密码全部被写到细胞中的DNA即基因中了。没有写在基因上的事就无法去做。因此,人类的能力预先都被写在基因上了,而基因上所写的信息量远远超出了人类的想象。这一基因有点类似于莱布尼茨的"单子",它就是生命生长发育、繁衍不止的根本。人的潜能可以说是全部存在于此。如果说人是小宇宙的话,那么,细胞核内的基因就是小宇宙中的小宇宙。

基因密码并不是上帝或神仙赋予的,而是人类通过自然历史过程与社会历史进程相统一的人类活动史、劳动史、实践史写上去的,是逐渐形成并不断得到改进和丰富的,是人类历代祖先通过婚姻家庭而一代又一代相传的整合性、累积性地遗传下来的,这使得人获得了全面而丰富的潜能。家庭的生育功能实际上就成为人的潜能得以传递和获得的一个途径。

在人体基因信息库中几乎蕴含着人的全部潜能,从它的内容来看,实际上就是自然进化的浓缩,社会发展的积淀。基因密码实际上就是人的全面发展内在本质的根据,它是一个隐秘的机体,它为人的发展规定了全方位的广阔空间。同时,这里也是一个自由的广阔可能性空间。

---

① (日)村上和雄:《生命的暗号——人体基因密码译解》,中国人民大学出版社1999年版,第46、49页。

② (日)村上和雄:《生命的暗号——人体基因密码译解》,中国人民大学出版社1999年版,第46、49页。

三、潜能的内涵

潜能是一种潜在的能力，它与显示的能力有着不同的特点。

（一）人人都拥有巨大潜能

科学家认为，任何一个大脑健康的人与伟大的科学家之间，并没有不可跨越的鸿沟，他们的差别只是使用大脑的程度与方式不同，而这个鸿沟之所以可以填平，也可以超越，是因为从理论上讲，人脑的潜能几乎是无穷无尽的。

一个人要实现自己的职业生涯目标，干出一番惊天动地的事业，须在树立自信、明确目标的基础上，进一步调整心态、开发潜能，这一点是极为重要的。因为，科学家研究发现，人具有巨大的潜能。

奥托·兰克[①]指出，一个人所发挥出来的能力，只占他全部能力的4%。也就是说，人类还有96%的能力尚未发挥出来。普通人只开发他蕴藏能力的10%，与应当取得的成就相比较，人们不过是"半醒着的"。人们只利用了自我身心资源的很细微分量的一部分。世界赫赫有名的控制论的创始人、美国著名的数学家诺伯特·维纳（Morbert Wiener，1894—1964）说，"我可以完全有把握地说，每个人即便他是做出了辉煌成就的人，在他的一生中利用他自己的大脑潜能还不到百亿分之一"[②]。

以上说法也许有点夸张，但人具有很大的潜能是无可否认的。这种潜能可用冰山理论（见图1-1）来形容，即海面上漂浮着一座冰山，阳光之下，其色皑皑，颇为壮观。其实真正壮观的景色不在海面之上，而在海面之下，与浮出海面上的那部分相比，沉浸在海面下的部分是它的5倍、10倍，甚至上百倍。

比喻中"浮出海面上的那部分"说的是人的显能（显在的能力），即已经知道的能力，占20%；"沉浸在海面以下的部分"是人的潜能（潜在的能力），即有待开发的能力，占80%，包括人的态度及价值观、特性

[①]（奥）奥托·兰克（Otto Rank，1884—1939），著名心理学家，精神分析学派最早和最有影响的信徒之一。

[②] 转引自陶理《控制论之父：诺伯特·维纳的故事——世界五千年科技故事丛书》，广东教育出版2004年版，第56页。

和动力。可见，人的潜在能力大大超过显在能力。

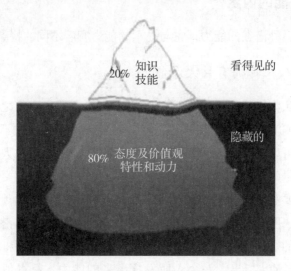

图1-1 冰山理论

为什么人们没有意识到自己潜能的存在呢？为什么自己的潜能没有得到充分的发挥呢？其中的主要原因是没有进行潜能开发训练，使人的潜能没有得到应有的发挥。人们的潜能是客观存在的。任何一个平凡的人，都存在巨大的潜能，只要个人的潜能得到发挥，就可以干出一番事业。因为研究发现，那些被世人称为天才者，为人类做出突出贡献者，只不过是开发了他们的潜能而已。

图1-2 阿尔伯特·爱因斯坦

20世纪的科学巨匠爱因斯坦（见图1-2）[①]死后，生理学家对他的大脑进行了研究。结果表明，他的大脑无论是体积、重量、构造或细胞组织，与同龄的其他人一样，没有区别。这说明，爱因斯坦事业的

---

① 阿尔伯特·爱因斯坦（1879—1955），犹太裔物理学家。他提出光子假设，成功解释了光电效应，获得1921年诺贝尔物理奖，同年创立狭义相对论，1915年创立广义相对论。

成功，并不在于他的大脑与众不同，而是在于他开发了自己的潜能。其实，人不仅具有巨大的心脑潜能，还有巨大的潜在体能有待开发。勤奋思考、勤奋实践，是开发潜能的前提。突发性事件的刺激是发挥潜能的极好机遇。

思维拓展

1. 一个能搬动一辆汽车的农夫

在一家农场，有一辆轻型卡车。农夫的儿子年仅14岁，对开车极感兴趣，有机会就到车上学开车。没过多久，他就初步掌握了驾车的技能。

有一天，农夫儿子将车开出了农场大院。突然间，农夫看到车子侧翻在水沟里，他大为惊慌，急忙跑到出事地点。他看到儿子被压在车子下面，沟里有水，而儿子躺在那里，只有头的一部分露出水面，有被淹死的危险。这位农夫着急了，毫不犹豫地跳进水沟，双手伸到车下，把车子抬了起来，让另一位来援助的农工把儿子从车下救了出来。这个农夫的身材并不高大，也不是很强壮，怎么一个人就能把汽车抬起来了呢？事后，农夫自己也觉得奇怪。出于好奇，他再试了一次，结果根本没有能力抬动那辆车子。此事说明，农夫在危机情况下产生了一种超常的力量。那么，这股力量从何而来呢？

医学人员研究后解释这种现象为，身体机能对紧急状况产生反应时，肾上腺就大量分泌出激素，传到整个身体，产生出额外的能量。大量肾上腺激素分泌的前提条件是人体的应激状态。如果自身没有遇到任何危机，就不会使其肾上腺激素大量地短时间内分泌出来。由此可见，人确实是存在极大的潜在体能。农夫在危急情况下产生一种超常的力量，并不仅仅是生理反应，它还涉及心智和精神的力量。当他看到自己的儿子压在车下时，他的心智反应是去救儿子，一心只想把压着儿子的卡车抬起来。正是这种力量，使他的潜能得到了充分的发挥。

（资料来源：吴光远《杰出青少年的学习力训练》，海潮出版社2005年版，第18页。）

2. 母亲能接住从阳台掉下的孩子

有一位年轻的母亲，在家照顾她两周岁多的儿子。一天，孩子睡着后，母亲把他放在小床上，趁儿子熟睡这段时间去附近的菜市场买菜。

这位母亲买完菜走到居住的楼群时，由于惦记着儿子，不由得朝自己居住的方向望了一眼。这一望不得了，她发现四楼阳台上有个黑点在蠕动。"糟了，我的儿子！"她大叫一声，疯狂地往前跑，边跑边喊："孩子不要往外爬！"但是，孩子哪里听得懂呀，她看到妈妈朝她挥手，兴奋得乱蹬乱舞，拼命往外爬。

这时要跑到四楼阻止儿子，已经来不及了，这位母亲于是就拼命地跑，刚好在儿子掉下来的一刹那，跑过去伸出双臂稳稳地把儿子接住了。

这件事立即轰动了当地的市民，电视台记者来了，要把这人间奇迹拍摄下来。于是，他们找到这位母亲，要她重复一次。

但是，一次、二次、三次，拍摄用的布娃娃都掉在了地上，这位母亲怎么也接不住。她说："因为布娃娃不是我的孩子，所以总是接不住。"你看，孩子不是自己的就接不住，孩子是自己的就能接住。其中动机的作用，暂且不论，但这件事足以说明人的潜能是存在的。

由此可见，每个人都有巨大的潜能。任何平凡的人，只要经过潜能开发训练，将潜能得到适当的发挥，都可干出一番惊人的事业。无论是他的现在事业有成，还是事业无成；无论是年老者，还是年轻人；无论是从事行政的，还是搞业务的。只要相信自己，相信自己的潜能存在，并用科学的方法开发，定会有所作为。

（资料来源：王澜淞《人具有巨大的潜能》，见新浪博客，2008 年 8 月 23 日。）

（二）潜能是意志的体现

潜能客观存在，但它是无形的，就像空气一样，看不见、摸不着。空气是每一个人赖以为生的。潜能也是这样的一件无形的事物的存在，肉眼看不见它，也无法触摸它，嗅也嗅不到它，但是，它的确存在。也许有人要问，什么样的人身上存在潜能？怎样才能发挥潜能，取得成功呢？

潜能是一种意志的体现。就像一个人想喝水，于是他就想着在地面上挖一口井，可是当他挖到 5 米至 6 米深，还是没有看到水源，有的人会在这时候因耐心耗尽而想到放弃，这个时候如果真的放弃了，那么他就会挖不到水了；可是如果他坚持下去，或者再往下挖多 1 米就会看到水了，这个时候，他就会欣喜若狂，只要坚持下去，总会看到水的。这是说明人要相信自己的潜能的存在，不断开发，事业就会成功。

潜能的存在就在于那一瞬间的坚持之中，是一种意志的体现，把个人的坚强意志发挥出来，那么就是潜能。从这个意义上来说，应该知道每一个人的身上都存在潜能，无论是老年人，还是孩童；无论是富人，还是乞丐。潜能也在个人的人生历程中发挥着巨大的作用，而且这种作用要不要发挥，完全是由个人控制的，是由个人的意志控制的。

思维拓展

在国外有一个人在年轻的时候参加战争，在战争中双腿残废了，只能靠轮椅作为代步工具，这样的日子过了30多年。

有一天晚上，这个人喝醉了，依旧推着轮椅回家，可是在回家的路上遇到了抢劫，匪徒把他的手表、皮包、钱夹等贵重物品都抢去了。但是，匪徒还想恶作剧一下这个可怜的残疾人，于是就在他的轮椅上放了一些易燃物并泼上了汽油，又点燃了汽油，这个可怜的残疾人面临着被烧死的困境。就在这个时候，奇迹发生了，坐在轮椅上生活了30多年的人竟突然间站了起来，以超常人跑步的速度，跑完了整条街道。这就是"潜能"的作用。这是他自己在求生意志的坚持下，发挥了自己身体的最大限度的潜能而创造了奇迹。

美国的一位老太太80岁开始爬山，此后一直坚持爬山。在她95岁的时候爬上了日本的富士山，打破了世界上攀登此山的年龄的最大记录，这位老太太就是胡达·克鲁斯太太。80岁学登山，这的确是人生的一大奇迹。但是，要知道一切奇迹都是人创造的。没有谁不想功成名就，没有谁不想干出一番惊天动地的事业。然而，这个世界能干的人不少，能成大业的却不多。原因可能有很多，比如环境、机遇、智商、文化、修养等。除此之外，心态也是成就大业必不可少的因素。更主要的是心态开发了自己的身体潜能。

（资料来源：谭昆智、陈家义《潜能开发指南》，清华大学出版社2011年版，第176页。）

如今，随着科学的发展，人们对自己身体机能的了解越来越透彻，越来越深刻。据科学分析，当人处于某种危险、兴奋，或者其他情绪刺激状态的时候，身体会分泌更多的肾上腺激素，就能发挥出连当事人本身都不知道的潜能。所以说潜能是存在的，而且存在于每一个人身上，只要经过特殊的训练，就能发挥巨大的潜能。

"潜能"理论来源于伟大学者弗洛伊德，他发现人不仅有意识，而且有潜意识。潜意识就是一种不知不觉的，处于不清醒状态下的思维情感的显现。人具有巨大的潜能。心理学家们研究发现，人的潜能与潜意识有关。由此可见，要开发人的潜能，必须对人的潜意识有所了解。

第三节
发掘创新因素　激发创新潜能

创新是时代的要求。现代教育不仅要使公众掌握知识、发展智力，更应重视开发公众的创新潜能，培养其创新意识、创新精神和初步的创新能力。我们首先应该相信，社会中的每一个正常人都有创新潜能。创造性再也不必假设为仅存于少数天才，而是潜在地分布在整个人口中间。也就是说，每个人都蕴藏着无限创新意识，这是一个值得探讨的问题。我们的任务是要在简单平凡的日常学习中，创造性地开发潜能、发掘潜能和创新潜能。

一、培养问题创新意识

问题意识在创造中的作用非常重要。我们要培养具有创新精神和创新能力的21世纪人才，就必须大胆培养学习者的问题意识，激发起他们的创新潜能。

（一）问题意识与创新潜能培养的重要性

1. 人类历史发展的必然要求

漫长的人类社会就是在不断地提出问题和不断地解决问题中向前发展的。没有问题，人类社会就会停滞不前。人类社会的发展史，就是人类在问题中前进的历史，就是不断创新的历史。

2. 国际形势和社会发展要求

我们已迈入21世纪，人类即将跨入知识经济时代。国际竞争，就是人才的竞争；人才的竞争，实际上就是教育的竞争，就是创新潜能的竞争。在竞争中处于领先地位的，始终是最先提出问题并最先解决问题的人。

思维拓展　"习马会"的创新意识

2015年11月7日下午3时，新加坡香格里拉酒店东陵厅，两岸领导人习近平、马英九分别从两侧步入会场，站在黄色巨幅背景墙前，互相握手。这是两岸领导人自1949年以来的首次会面，是等待了66年的第一次握手，是一次对两岸双方互利共赢的历史性会面。我们应透过现象看本质，这次等待了66年的第一次握手，"习马会"传递了十大创新意识的细节。

（1）黄色背景＋棕榈树＋兰花。采用黄色背景，契合这个主题：两岸同根。而且，炎黄子孙的母亲河是黄河。棕榈树的花语是：和平、希望和胜利。中国兰花的花语是"美好、高洁、贤德"。这些花语也非常契合2008年以来两岸和平发展的历程，更寓意了两岸和平美好的未来。

（2）习近平、马英九的领带颜色。两人穿的都是黑色西装，习近平佩戴的是红色领带，马英九则佩戴蓝色领带。

（3）西装没有佩戴徽标。习近平、马英九的黑色西装上，都没有佩戴任何徽标。

（4）握手时间超一分钟。两岸等待了66年的上述第一次握手，足足有70多秒。也就是说，足有一分多钟，习近平、马英九的手一直握在一起。

（5）握手环场。这次足有一分多钟的历史性握手时，两人不约而同地微转身，握手环场，让酒店大堂的各个方向的媒体记者，都能拍摄到两人握手的正面照片，共同记录这个历史性时刻。

（6）互称"先生"。习近平、马英九以先生互称对方，这是双方之前商定的，体现了搁置争议、相互尊重的精神。

（7）桌牌使用繁体、简体两种字体。大陆方面的桌牌，使用的是简体字；而台湾方面的桌牌，则使用的是繁体字。会谈后共进晚餐时，餐厅的桌牌也采用了繁体字、简体字两种字体。

（8）"闭门会"请马英九先说。讨论了巩固"九二共识"、维持台海和平现状、和平处理争端、扩大两岸交流增进互利双赢。

（9）晚餐吃担担面。凉菜是两道、热菜有4道：每道菜都有意味深长的名字。

(10) 马英九送习近平"台湾蓝鹊"手工瓷器。喻义两岸关系将"更上一层楼"和"雨过天晴"。

"习马会"在"创新意识"中传递的信息：在"九二共识"，承认只有一个中国的大框架中，讨论两岸两党的政治互信，在两个执政党管理下一个中国的共识及延续，将"台独"势力压下去。加强在国际协作方面的协调，邀请台湾加入"一带一路"和"亚投行"。同时，为70天后的台湾领导人大选打一个强光灯。

成功的双向传播沟通在于细节，它可以达到事半功倍的效果，有助于树立良好的政府形象，提高政府的美誉度，获得公众对政府工作的理解、谅解和支持。

（资料来源：《人民日报评国内十大新闻："习马会"入选》，载《人民日报》2015年12月30日。）

3. 我国教育发展的必然要求

素质教育的核心就是创新教育。习近平指出："创新是一个民族进步的灵魂，是一个国家兴旺发达的不竭源泉，也是中华民族最鲜明的民族禀赋。"① 我国几千年来的传统教育有许多优势，但也必然有一定的痼疾，其中之一就是压制了学习者的个性发展，使其不敢越雷池半步、缺乏创新精神。不敢提问、缺乏问题意识就是其明显的外在表现。

为了民族的振兴，为了个人的终身发展，为了给国家培养更多具有创新能力和创新精神的人才，我国教育部门、我们每一位教育工作者，都应该放开手脚，大胆培养学习者的问题意识，以激发其创新潜能。爱因斯坦说过："提出问题比解决问题更重要。"屈原敢于向苍天发问，才显现出其伟大的民族精神；牛顿敢于发问，才有万有引力定律的产生；著名的科技哲学家波普尔认为，科学的逻辑起点是问题。②

（二）问题意识的定义

问题是指对事物产生的疑问、要求回答或需要解释的题目。从对象

---

① 《人民日报》评论部：《习近平用典》，人民日报出版社2015年版，第32页。
② 参见赖辉亮《现代十大思想家：波普传》，河北人民出版社1998年版，第74页。

看，自己懂、知而别人不懂、不知的是问题，自己不懂、不理解、有不同看法的也是问题。从内容看，它包括对书本里、生活中、社会上等一切的提问和质疑。意识，是指对事物的感知或察觉。

问题意识，就是指面对一切事物，积极主动地、自觉不自觉地、自然而然地敢于怀疑、大胆质疑并勇于提问。当然，这不等于怀疑一切。这是在怀疑的基础上掌握知识、在思考之后获得知识。苏格拉底说得好："问题是接生婆，它能帮助新思想的诞生。"①

（三）培养问题意识

1. 鼓励大胆质疑

（1）要有耐心。"一锄挖不出一个金娃娃"。学生时期人的可塑性很强，好习惯都是慢慢培养出来的。"学坏容易学好难"，只有长期坚持，坚持，再坚持，才能收获丰硕的成果。

（2）充满信心。"处处是创造之地，天天是创造之时，人人是创造之人。"② 人们都喜欢自己得到肯定，大胆鼓励，学习者就看到了自己的希望，就会产生兴趣，积极性就会越来越高。有了兴趣，有了信心，不用特别提醒，他们自然会去做。

（3）培养好奇心。好奇心能激发我们的兴趣，催促我们去探求未知领域。

2. 给予充足时间

俗话说："磨刀不误砍柴工。"课堂上，除了教师必要的讲，学习者必要的读、练之外，还应给学习者大量的、足够的时间去思考、去问"为什么"。时间和空间是必要的保证。陶行知明确提出"要解放儿童的时间"③，使学习者从频繁的考试和学校、家庭的双重夹攻中解放出来，自由地学习人生、学会创造。

3. 深入生活，大胆实践

不仅学校要让学生思考，家长、社会也应该为学习者提供广阔的空

---

① 转引自吴光远《杰出青少年的学习力训练》，海潮出版社2005年版，第14页。

② 吴光远：《杰出青少年的学习力训练》，海潮出版社2005年版，第14页。

③ 陶行知：《创造的儿童教育》，江苏人民出版社1981年版，第32页。

间，实现学校、家庭、社会三结合。"教育要通过自觉的生活才能踏进更高的境界。通过自觉的集体生活的教育更能发挥伟大的力量以从事于集体之创造。"① 我们一定要相信实践的力量，正所谓，"行动是老子，思想是儿子，创造是孙子"②。

（四）应该排除的障碍

1. 迷信权威

现在有的学生迷信书本和前人，认为书上写了的、老师已讲的、权威说过的才是对的，不敢越雷池半步。孟子曰："尽信书，则不如无书。"③ 我们要鼓励学习者敢于怀疑一切，决不盲从。伽利略正是敢于怀疑，才有自由落体运动的产生；戴震敢于怀疑，才有《孟子字义疏证》的问世。

2. 个性扼杀

学习者提出一个教师自己未想到或不好回答的问题，对此个别教师轻者不予理睬、重者讥笑谩骂，把学习者刚刚诞生的一点点好奇心和求知欲都给扼杀了。我们时时应记住教育家们的谆谆告诫："你的鞭下有瓦特，你的冷眼里有牛顿，你的讥笑中有爱迪生。"世界本来就是丰富多彩的，何必一定要强求大家都是同一个模式？

3. 缺乏信心

缺乏信心包括教和学两方面。教师是对自己和学生缺乏信心，学生则对自己缺乏信心。教师放不开手脚，有三怕，或叫有三担心：一是担心领导不信任；二是担心万一考砸了，对不起学生和家长；三是担心自己是尝试，尝试就有可能失败。归根结底，这是对自己缺乏信心。学生不敢随便提问题，是有两个担心或叫两个怕：一怕同学嘲弄，二怕老师讥讽。为了面子，没有十分把握，何必去冒这个险呢？

鉴于此，我们必须创造一个宽松的内外环境，让师生都有充足的信心，大胆去做，大胆去想。"解放头脑，使之能想；解放双手，使之能干；解放嘴，使之能谈；解放空间，使之能唤醒大自然；解放时间，使

---

① 《陶行知全集》（第四卷），四川教育出版社1991年版，第450页。
② 《陶行知全集》（第二卷），四川教育出版社1991年版，第526页。
③ 《孟子》，陕西人民出版1998年版，第124页。

之能学习渴望学到的东西。"①

学生的问题意识得到了培养,并不等于就具有了创新能力。在提出问题之后,还需要解决问题,还要考虑问题的质量。但是,好的开头是成功的一半。只要有了问题意识,至少为创新活动准备了条件,具备了创新的潜能。

二、导入新知,创新潜能

(一) 在新知导入中激发创新潜能

科学始于好奇,好奇心和求知欲正是创新的潜在动力,是创新意识的萌芽,是人们保持不断进取探索的动力因素之一。爱护和培养学习者的好奇心与求知欲,是激发创新欲望、培养学生创新意识的起点。

导入新知的质量直接影响着学习者的好奇心和求知欲。我们应在研究学生知识、技能、心理特点的基础上,能动地发掘知识潜在的创新因素,营造引入学习新知的"情景问题"的氛围,使学习者能积极地参与、体验,并在已有知识经验的支持下,自主能动地探索。导入新知的方法有很多,以趣激欲、以疑激欲、以美激欲、以变激欲等都不失为激发潜能的好方法。

思维拓展　从创新潜能角度看英国威廉王子大婚

创新潜能是以新思维和新描述为特征的一种概念化过程。英国威廉王子大婚是一个成功的公共关系策划活动,其中利用了创新潜能原理,着力研究广大民众的个体心理和意识唤醒。

2011年4月29日英国举行了威廉王子和凯特·米德尔顿的婚礼,这将是英国30年来最隆重的喜事。获邀出席婚礼的宾客名单多达近1900人,包括全球多国王室成员。伴郎由威廉王子的弟弟哈里王子担任,伴娘由凯特的妹妹担任。英国威廉王子的大婚,让公众感到:

(1) 新娘平民出身端庄淑女。凯特·米德尔顿活泼大方,亲和力十足。

(2) 新娘是时尚新宠。凯特·米德尔顿利用时尚优雅的气质,戏剧

---

① 陶行知:《创造宣言》,见《陶行知全集》(第三卷),湖南教育出版社1985年版,第187页。

性地颠覆了大众对时尚造型的品位。

（3）不做戴安娜王妃的翻版。戴安娜王妃那场不幸的婚姻，让如今的威廉和凯特更加成熟，凯特永远不想成为戴妃的翻版。

（4）威廉王子是具有平民思想的王室继承人。

（5）威廉从稚气少年成长为谦谦君子。从一个人见人爱的黄金宝宝，到满脸稚气的羞怯少年，再到一个沉静自信的有志青年。

这是一场关系到王室生死存亡的婚礼。在过去20年，英国王室经历一连串的悲剧和丑闻，地位和尊严摇摇欲坠。加上时代的变迁、经济的不景气令废除王室制度的呼声渐涨，这些都对英国王室的生存构成威胁。威廉和凯特，一个遗传了母亲戴安娜独特的羞涩气质，一个出身中产阶级形象亲民，对于延续了千百年统治早已不堪重负的英国王室来说，不仅吹来一股清新风气，甚至可能成为令英国王室起死回生的关键。其为重塑王室形象的大好机会。

（1）威廉的母亲戴安娜受万人爱戴，其悲剧性地离世，很多英国民众很自然地会把感情和希望寄托在彬彬有礼、有着戴安娜那种独特的羞涩气质的威廉身上。

（2）威廉的父亲查尔斯连同他的现任妻子卡米拉受"千夫所指"。但现在很多英国人已经把期待和感情放在威廉身上。

（3）新娘凯特是出身中产阶级的"平民准王妃"，令很多英国人对她像当年对戴安娜那样亲切。对于王室来说，这是重塑王室亲民形象的大好机会。

（4）英国民众对王室的最后的期待和信心都放在威廉身上。

创新潜能是指以现有的思维模式提出有别于常规或常人思路的见解为导向，利用现有的知识和物质，在特定的环境中，本着理想化需要或为满足社会需求，而改进或创造新的事物、方法、元素、路径、环境，并能获得一定有益效果的行为。英国威廉王子大婚是在新知导入中激发创新潜能的切入：英国王室将私人的婚礼变成一个"社会事件"。在这个"社会事件"中，人们可以看到，婚礼环境的变革形成了和谐人文环境。其让民众参与，与民众见证这个美好的时刻，拉近王室与国民的距离，从而带来欢乐和谐的气氛。

（资料来源：《英国威廉王子大婚的政治效应》，见新浪网，2011年4月28日。）

（二）在新知探索中引导创新潜能

学习潜能唯一正确的方法是让学习者进行再创造。也就是由学习者自己把要学的潜能知识，发现或者创造出来。我们的任务就是帮助和引导学习者进行这种再创造工作，而不是把现成的知识灌输给学习者。因为人的创造潜能不存在于现成的认识成果中，而活跃在形成结论成果的探索过程中，只有认识发展的积极活动，才能释放创新潜能，驱动着发现真理。潜能知识早已是人类创造的财富，但对于学习者来说，通过自己的探索而获得，仍不失为"新发现"，也是一创新。因而，在新知的探索中，要根据潜能知识的特点和学习者的认知规律，努力为学习者提供现创造的条件和机会，让学习者通过质疑问难、动手操作以及合作讨论等行为，使自己的创新潜能得以发展。

1. 启发质疑，鼓励提问

质疑问难是探求知识、发现问题的开始，是推动创新的原动力。爱因斯坦曾经说过："提出一个问题比解决一个问题更重要。"[①] 事实上，质疑是创新的开始，学习者质疑本身就是创新。从学习者的好奇、好问、好动、求知欲旺盛等特点出发，积极培养学习者勤于思考问题、敢于提出问题、善于提出问题的能力，是引导学习者再创造、培养学习者创新意识的重要途径。

2. 重视操作，探索发现

培养学习者的创新意识，是让其独立去思考、探索、发现，这种发现就是创新，就是创造。思维在实践中的表现是从动作开始的，切断了动作和思维之间的联系，思维就得不到发展。我们要重视实践操作活动，通过学习者的操作、探索，你会发现，人人都可以是一个创造者。

3. 思维碰撞，诱导创新

头脑风暴是无限制的自由联想和讨论，其目的在于产生新观念或激发创新设想。头脑风暴法又称智力激励法、BS法、自由思考法。

对于一个成功的"头脑风暴"者来说，小组技术比个人技术更为重要，因为许多独创性的想法都是在小组交往中产生的。在大部分创造性

---

① 转引自李喜先《21世纪100个交叉科学难题》，科学出版社2005年版，第157页。

解决问题的实例中,小组交往是最基本的因素,创造性人才通过相互比较而成为独立的人。在新旧知识的连接点,在形成概念、总结法则的关键处,在相似易混的知识点,让学习者展开小组讨论,能碰撞出创新思维的火花,这是引导创新的生动表现。讨论中要创造一种友好、民主的气氛,使学习者在心理放松的情况下畅所欲言、各抒己见。

(三) 在新知运用中发掘创新潜能

新知的运用即练习,是创新潜能学习的重要环节,不但是使学习者掌握知识、发展智力的重要手段,同时也是沟通知识与创新的桥梁。一个创造思维活跃的人,遇到问题不止是从正面沿着一个方向分析研究,可贵的是能根据客观事物的变化调整方向、灵活思考,以期寻求合理的途径解决问题。具体而言,教师要精心设计练习内容,挖掘提炼创新素材,引导学生多思,让学生多问,教会他们善于打破常规去思考问题,发展学生的创新思维。

对学生的信息反馈进行评价是激励学生创新潜能的一个重要环节。评价,不仅在于评价对知识理解是否正确,更在于评出创新自信心,产生激励效应,使学生真正认识到自己的能力和价值,从而更加积极主动地参与下一步的学习创新潜能活动。

如果将学习者的创新潜能比作一个矿藏,这个矿藏的矿产是很丰富的,需要人们去勘探、发现和开采。我们应站在发展的高度,从大处着眼、小处看手,要善于循循善诱,因材施教;要善于鼓励,充分打破陈规,超越程序,让创新的火花燃起来;要善于创设情景,给学习者以充分发展的机会。总之,培养学生的创新意识要落到实处,把美好的愿望化作具体的行动,持之以恒,使学生的创新潜能得以充分的开发,才能不负时代的重望。

三、潜能是事业成功的关键

事业成功是人类永恒的追求,是人生的光荣和美满的想象。据专家统计,在事业成功的金字塔顶端,只有2%的人能够享受那份殊荣;而98%的人,只能默默无闻地度过平平淡淡的一生。然而,科学告诉我们,人的先天因素,其实差别并不是那么大。那么,差别是怎样产生的?

（一）事业成功与人的自身作用

事业的成功与失败主要是由于人们自身的优点和缺陷造成的。应该如何克服自身的缺陷，这就要努力开发自己的潜能，从而走向事业成功，创建辉煌业绩。什么是事业成功？人生和事业最高的境界是什么？

笔者认为有一首诗可以概括，这就是李白的《早发白帝城》："朝辞白帝彩云间，千里江陵一日还。两岸猿声啼不住，轻舟已过万重山。"

我们可以这样来理解这首诗：前两句是说，只要我们自己有能力，有力量，有一个愉快阳光的心态，我们就会"千里江陵一日还"，就会顺利地达到自己的目标；后两句是说：我们要想取得人生的大成功，还需要"两岸猿声"的鼓励、帮助和支持，需要创造一个众星捧月的人际关系和人脉资源的环境，这样，我们才能"轻舟已过万重山"。

19世纪，英国的法学博士，伟大的政论家、历史学家、人文学家埃米尔·赖希最有发言权，他的一生历经坎坷，既遍尝过失败后的彷徨和失意，也感受过事业成功的欢欣和鼓舞。他的一生著作众多。他曾说过，要事业成功，首先要有健全的成功观念。要树立全面的成功观，要在个人、事业和家庭之间建立起坚固的平衡。个人成功的要素，不仅包括个人的职业和收入，而且包括个人的家庭、友谊、健康，以及个人的精神、智力、情感等要素。只有这样的成功观，才能绕开成功路上的各种陷阱，到达彼岸。他认为成功的诀窍在于智慧和勤奋。没有哪个人的成功是靠运气、机遇或意外获得的。他倾向于认为成功的秘密就在于辛勤地工作。[①]

当然，话又得说回来，世事无绝对。也有个别人是靠"运气""机遇""意外""侥幸"而获得"成功"的。世界上就有那么一些"含着金锁匙出生"的人，例如中彩票、继承遗产等。俗话说，"学好数理化，不如有个好爸爸"，哪怕这样的"成功率"很低。既然是靠"运气"，就不可能有十分的可靠性，但成功的概率并不为零，所以才诱惑出一些"懒汉"和投机者。这种"运气"，当然是不应该提倡的。

（二）勤奋和智慧离不开潜能

靠得住的是勤奋，是开发潜能。勤奋和智慧都同开发潜能有关。人

[①] 参见奥里森·马登等《世界10位成功学大师经典讲义：聆听大师的智慧精髓》，陈大为主编．中国国际广播出版社2004年版，第64页。

生最大的困难是认识自己。只有开发潜能才会认识自己。很多有造诣的演讲家，或者是教人为人处世的辞书，都提出这样的问题：我是谁？我在哪里？我需要什么？我该做什么？

这就是说，在现实生活中，许多人往往尚未树立全面的成功观，未能真正认识自己，常常对自己的为人处世，或者是对自己身上的有价值的东西认识不充分。每个人的生命都是无价的，或者是自己身上有价值的东西有待于进一步的认识和开发。

这就是本话题要说的开发潜能，只有开发潜能才是增加认识力量的关键，从而认识自我。潜能开发是多方面的。所以，我们说潜能是事业成功的关键之一。

小 结

心脑的潜能开发，不仅是人自身的学习记忆能力、创造能力或其他精神文化素质的提高，更重要的是人可以借助各种外在的能量、借助世界开发潜能的一切成果，不断创造新的奇迹、创造新的世界。

同时，我们应该认识到，每个普通人都有创新潜能。我们的人才观要改变，不能将目光总是集中在高端人才身上，每一个普通人身上都有创新的潜能。

创新是一个金字塔，如果底层创新不牢固，想走到最高是不可能的，所以创新金字塔的构建不能一蹴而就。

当今人类政治、经济、文化、科技的高度进化发达，都是人用心、用脑思考，不断开发潜能、不断创造的结晶。人类可以无止境地开发自己的潜能，并创造新的世界。我们只有树立积极的心态，优化内化机制，开发身心潜能，才能塑造健康人格，才能迈向成功。

思考题

1. 简述创新是引领发展的第一动力。
2. 简述人人都拥有巨大潜能。
3. 简述导入新知创新潜能。

第二章
潜能开发理论与方法

20世纪人类最大的悲剧不是恐怖的地震、连年的战争，甚至不是原子弹的使用，而是千千万万的人们从生至死都从未意识到存在于他们自身的人类未开发的巨大潜能。因此，开发人的潜能已成为当今的热点之一。本章向人们揭示了潜能显现、发现、激发与诱发的规律，论述潜能开发的具体方法及如何克服潜能开发的障碍等。

第一节 潜能开发的理论

潜能开发的本质在于培养自我意识、突破思维的瓶颈、释放本身所具有的智慧，以及升华人性，具有重大意义。本节主要明确潜能开发的含义及其方向和目标，了解创新是潜能开发的根基。

一、潜能开发的概念

潜能开发实际上可以简单归结为两大方面：一是学会做人，二是学会学习。这两方面也是密切联系在一起的，在学会做人中体现学习的规律，在学会学习中领悟做人的道理。

（一）潜能开发的含义

在现实生活中，任何生物体能力的发挥，都会受到其所处环境的影响和制约，他们所具有的能力在这种条件下不可能得到绝对充分的发挥。所以，潜能的开发就显现得尤为重要。

1. 潜能开发是一个宽泛的课题

潜能的开发对于任何生物体都是有可能实现的，区别只是在于着眼点和方法的不同而已。例如，狗通过训练可以完成直立、倒立，甚至照看老人和孩子，收报纸、买东西；蔬菜可以在特定的声波作用下提高抗病能力和产量等。虽然狗和蔬菜不像人一样具有思维，但是通过开发、训练或受刺激，却能够完成这些它们平时没有能力完成的。对于人来说，第一章中我们列举了大量的潜能开发的事例，那就更是显而易见的了，这里不再赘言。

2. 潜能开发具有极其庞大的空间

开发潜能，对于任何人来讲，都具有极其庞大的空间。人的所有活动都是由个人各自的神经系统活动所左右和支配的，而人的神经系统（尤其是人类的大脑）却有99%以上都是处于未开发的休眠状态。人与人之间能力大小、智愚的区别，在很大程度上根源于人的神经系统开发的多少的不同。

（二）开发潜能，人人能行

开发潜能是人人都能做得到的事，但是，对开发潜能的人来说，其心理的护理和保健是充分利用人脑的关键。

1. 人脑的优势

人脑从生理学来说是个十分复杂的系统，要发挥人脑的优势（见图2-1），涉及许多问题。比如做学问，这是一种高强度的心智脑力劳动，它不仅需要精博的专业知识，而且需要良好的心理品质和身体素质，以保证充分开发人脑潜能的优势。

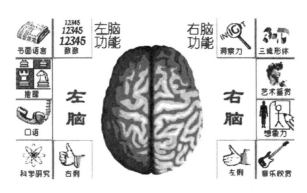

图2-1 人脑的优势

（1）人脑由约140亿个脑细胞组成，每个脑细胞可生长出2万个树枝状的树突，用来计算信息。人脑这个"计算机"远远超过世界最强大的计算机。脑子内部可以分为灰质和白质两个部分：灰质层包含脑细胞和神经细胞，负责处理信息；白质层包含神经纤维负责发出化学信号并帮助细胞间交换信息。人类的一切行为、思考都为它所支配。然而，只有在一些特定情况下，如生命危急时刻、亲人遇险时才有极小的可能，灰质和白质等神经网络瞬间加倍运转，人类的潜能被激活！全身的神经系统、肌肉，甚至每一个细胞都处于应激状态，于是——超人的速度、弹跳力、力气等爆发出来；人，可以做出平时根本做不到的事情。

（2）人脑可储存50亿本书的信息，相当于世界上藏书最多（1000万册）的美国国会图书馆的500倍。

（3）人脑神经细胞功能间每秒可完成信息传递和交换次数达1000亿次。

（4）处于激活状态下的人脑，每天可以记住 4 本书的全部内容。

（5）人类对于大脑的研究有 2500 年的历史，然而，据科学家估计，目前人类对自身大脑的开发和利用程度仅有 10%。

所以说，人类对自身大脑的开发利用还大有可为，而且还是无限的。

2. 人眼的优势

眼睛是心灵的窗口，从这一说法，便可以知道眼睛的重要性，以及它的优势。按中医理论的说法，眼睛犹如日月，"天有日月，人有双目"。中医认为，人之精气在两目。在《黄帝内经》的理论中有天人合一之说。古人认为，天之精气宿于星目，人之精气在两目。不仅如此，在《灵枢·大惑论》中有云："五脏六腑之精气，皆上于注于目而为之精，精之窠为眼。"这说明了眼睛和人体精气的盛衰有着密切关系，可见人眼的优势。现代生理学更是着重说明人眼的优势。

（1）人的每只眼睛有 1 亿 3000 万个光接收器，每个光接收器每秒可吸收 5 个光子（光能量束），可区分 1000 多万种颜色。

（2）人眼通过协调动作，其中的光接收器可以在不到 1 秒的时间内，以超级精度对一幅含有 10 亿个信息的景物进行解码。

（3）要建造一台与人眼相同的"机器人眼"，科学家预计将花费 6800 万美元，并且这台"机器人眼"的体积有一幢楼房那么大。

总之，人眼的潜能是无穷的，有着无限的优势。

3. 眼脑直映

眼睛和大脑联系密切，相互作用，互补优势。眼神通常被用于传递信息，强调词语、短语或增加口语语言的说服力。在非语言信息的传递中，目光具有特殊的作用。人们往往通过目光去判断一个人的性情、志向、心地、态度。

（1）激活脑和眼的潜能，培养人的阅读，直接把视觉器官感知的文字符号转换成意义，消除头脑中潜在的发音现象，越过由发声到理解意义的过程，形成眼、脑直映式的阅读方式，实现阅读提速的飞跃。由于人眼、人脑的器质优势，只要通过训练，激活潜能，从一目一行过渡到一目十行不是难事。眼脑直映使当今科学发展拥有无限的广度。

（2）科学研究表明，在低等动物中，动物的器质结构差异决定了某些动物即使通过训练也不会具备某些技能，比如家犬很难被训练成优秀的猎犬；但作为高级动物的人，其器质结构的先天差异是十分微小的，这就好比一个工人和一个学者，工人成不了学者并不完全是先天决定的不可能，也有后天的不训练。这表明开发人类潜能，前途无限量。

但是，如果潜能不开发，显能不使用，也会退化。潜能开发就是这样，不进则退。

4. 潜能开发的定义

潜能开发是指提供给人的大脑丰富而充足的刺激，诱发脑部激活各项功能，使其随着大脑发展的进程更为完整。潜能开发利用互动的过程，去激活个体的各种智能并促进其发展。

那么，潜能开发的定义是什么？潜能开发，顾名思义就是要把人类本身自有的，但目前还没有显现出来的能力开发出来，运用科学有效的方式方法，释放出内在的激情和潜能。

对潜能开发，更详细的解释是：通过科学、专业和系统的指导与训练，消除潜意识中有碍于集中目标注意力的负面情结，建立潜意识中有利于强化目标注意力的正面情结，提高大脑皮层活动的协调性，实现任何情况下都能保持较高的目标专注度的状态。

二、创新是潜能开发的根基

"创新是一个民族进步的灵魂，是国家兴旺发达的不竭动力。"创新不只是个口号，它在理论和实践上都有非常具体的内容。创新观念加创新思维等于创新的学问和创新的成功，创新思维与开发潜能有直接关系。在这里，我们提出创新思维是开发潜能的根基的问题。

（一）创新思维的创造性想象

创新思维的创造性想象是针对创建新事业、创造新生活方面而言的。创造性的想象是运用想象力来创建新事业、创造新生活中需要的一切。每个单位，甚至每个人的每时每刻都在运用想象力。拥有积极心态的人都能够积极地学习潜能，并能开发潜能，运用它来发挥自己的创新能力，使自己走上成功之路。

1. 创建新事业和创造新生活

我们把创建新事业和创造新生活联系在一起。一个人来到世间，从启蒙学习开始，目的就是为了成家立业。没有事业的人，生活就没有来源，精神就没有寄托，便谈不上什么快乐与幸福。一个人有没有创造性的想象力,决定了他对客观世界的态度。大千世界,万紫千红,令人眼花缭乱。由于人们具有不同的世界观、人生观、价值观,看同样的一个景致,就会得出不同样的结论。这里面就有想象力的效应。

思维拓展 关于翻译美女张璐,你不知道的事

想象力是人在已有形象的基础上,在头脑中创造出新形象的能力。想象一般是在掌握一定知识面的基础上完成的,翻译美女张璐的事迹就是最好的诠释。

以前一直以为美女就是一个字:美,直到看到她之后,完全颠覆了对于美女的定义。从她的身上,我们看到了一个真相——知识让女人更美。

2015年"两会"召开时李克强总理主持的中外记者会上,总理身边的美女翻译就是她,张璐!(见图2-2)她是那样的大气从容、反应敏捷、举止优雅。

图2-2 总理身边的美女翻译张璐

(1)她是不折不扣的学霸。从小,她就是传说中的"三道杠",家长眼里的"别人家的孩子"。初中毕业时,因为学习成绩优异,她成为全校唯一被保送到省实验中学的学生。

(2)她曾代表外交学院参加过全国英语演讲大赛;在学校的大型活

动里，她还担任过领唱。所以说，学霸其实是"万能"的。

（3）她出身于一个平凡的家庭，妈妈孙女士曾在市中心医院工作，爸爸曾在铁路部门工作，二人现在都已经退休。

（4）她现任外交部翻译室英文处副处长，高级翻译。但她身上没有官僚气，却带着不少书生气，多年来不变的是淑女气质，淡定气场。

（5）她曾在一次演讲中透露，自己常常加班加到深夜两点，每天还要听BBC、VOA、CNN，做笔记，看《参考消息》和《环球时报》等。这说明所有的成功都离不开勤奋和努力。

（6）有一次跟随李肇星同志在阿富汗问题国际会议上，她一天之内做了12场翻译；2008年四川汶川地震发生后，她和同事一起承担了国新办每天举行的新闻发布会的翻译工作。由此可见，吃苦耐劳是一个女孩子不可多得的优秀品质。

（7）从一名翻译室的普通翻译到成为国家领导人的高级翻译，差不多需要十来年的时间。这里没有一夜暴富，没有一夜成名，只有脚踏实地和持之以恒。

（8）张璐将翻译诠释得精深娴熟是与其想象力有密切关系的。诠释是对一种事物的理解方式和用心感受的方式。这样想象力在人们头脑中创造一个思想画面的能力。

翻译是语言的艺术，除了要有扎实的外语和深厚的汉语基本功外，还需要有良好的政治与心理素质。这样才能成为一名合格的翻译。也许没有什么比一颗强大的内心更重要。美貌会过时，智慧却会让岁月闪闪发光！你有多努力，就会有多优秀！

（资料来源：《总理记者会美女翻译张璐》，见央广网，2015年3月16日。）

2. 心态决定自己的人生轨迹

每个人都生于尘世，不可避免要经历凄风苦雨，面对艰难困苦，在身处逆境的时候，保持一种什么样的心态，将直接决定着他的人生轨迹。有人说，人生如"梦"，人生如"戏"，人生如"途"，即是说人生就好像旅途中的匆匆过客。梦也好，戏也好，途也好，都只是一个过程。在这个过程中，人人都得"表演"，面对"风花雪月""凄风苦雨"都要表态。当处在顺境的时候，不要"飞扬跋扈"，忘乎所以，这是历史的教训。

好人品的八个标准是厚道、善良、守信、宽容、诚实、谦虚、正直、执着。人生在世,不管是做人还是做事,都应把握好这八个要素,只有不断提高自己的修养,才能达到人生的最高境界。

(二) 创新思维的创造健全人际关系

人际关系是为人处世的老话题,创新思维使这个老话题能够与时俱进。在现代社会中,人际关系的各个方面也因为经济体制改革、社会结构转型,出现了许多新矛盾、新问题,这需要我们用创新思维去创造新的健全的人际关系。

1. 建立积极与健康的人际关系

我们认为,潜能开发的目的是了解健康人际关系的基本表现,坚持正确的人际交往准则,努力建立组织健康的人际关系,以增进组织的团结友谊,增强组织的凝聚力。同时,我们也应认识到,虽然建立积极的健康的人际关系是双方的,但主要还是自己的努力。

(1) 只有自爱和自信,才有可能爱他人和信任他人。爱和信任的感情是建立积极健康人际关系的生命线。自爱和自信必须做到自己的灵魂美,即培养自己的智慧和纯洁、正直、慷慨和温文有礼的美好品格。

(2) 只有自重的人,才能在行动中无私助人、乐于奉献,珍惜和尊重他人的价值。互相尊重、互相信任才能建立真诚、移情、安全、慷慨、灵活、乐观、宽容的人际关系和有建设性的友谊。这就是积极健康的人际关系,这也是创新思维的必备条件。

2. 在创新思维中自信"我是强者"

与强者相辅相成的是智者和仁者。强者的底气是博大,博大能让对手心悦诚服地拥戴和情不自禁地敬仰。智者的底气是聪慧,聪慧在于明智地看到自身的局限和欠缺,保持和蔼及低调,在和颜中要有雅量。仁者的底气是善良,善良是能容下无端的伤害和浅陋的狂妄,把谦逊融化于忍耐之中、藏于慈悲之间。

强者、智者、仁者的共同点是谦虚。谦虚者,因为看得透,而不骄躁;因为想得开,而不狂妄;因为站得高,而不傲慢;因为行得正,而不畏惧。谦虚前程万里,骄傲日暮途穷。

3. 以"移情"为基础建立信任的人际关系

"移情"是将心比心,换位思考问题,设身处地为对方着想,体谅对方的处境。实现移情的要求是很高的。

(1)要求自己有坚强的自信心。确定知道对方的感觉如何,了解对方的情感是否符合实情。弄错了,就是一厢情愿,是无效的。只有通过不断地实践,互相沟通,克服各种阻碍,才能建立亲密的健康的人际关系。

(2)要求真诚。"移情"适用于恋人、朋友、同事等多种关系。两个人相处,需要真诚,需要真情,但也不是直来直去,有碗数碗、有碟数碟。生活是需要情趣的,需要委婉的。谁都喜欢甜言蜜语,真诚的赞美尤其动听,运用想象力和创意,以幽默感调动情绪,适时的笑话谑而不虐,融化严肃气氛,轻松拉近彼此距离。当然,要做到这个境界,是需要审慎、时间和耐性的。

4. 社会关系中最可贵的是真诚

猜疑和嫉妒之心,是破坏人与人之间的腐蚀剂,它会给社会关系带来极大的破坏。我们必须牢记:做人,就要做一个真实的人,做一个有安全感、乐观、有爱心、尊重他人、乐善好施、灵活、"移情"、有创造性和豁达大度的人。

思维拓展 一个真实的故事

一位女士在一家肉类加工厂工作。有一天,当她完成所有工作安排,走进冷库例行检查,突然,门意外关上了,她被锁在里面,淹没在人们的视线中。虽然她竭尽全力地尖叫着、敲打着,她的哭声却没有人能够听到。这个时候大部分工人都已经下班了,在冰冷的房间里,没有人能够听到里面发生的事。

5个小时后,当她濒临死亡的边缘,工厂保安最终打开了那扇门,奇迹般地救了她。后来她问保安,他怎么会去开那扇门,这不是他的日常工作。他解释说:"我在这家工厂工作了35年,每天都有几百名工人进进出出,但你是唯一一位每天早晨上班向我问好、晚上下班跟我道别的人。许多人视我为透明看不见的。今天,你像往常一样来上班,简单地跟我问声'嗨,早上好,一天愉快'。但下班后,我却没听到你跟我说'再见,明天见'。于是,我决定去工厂里面看看。我期待你的'嗨'和

'再见'，因为这话提醒我，我不是低人一等的人。没听到你的告别，我知道可能发生了一些事。这就是为什么我寻遍每个角落找你。"

感悟：爱是什么？爱是尊重。爱是从尊重你周围的人开始。我们不用试图改变别人，我们只能改变自己，每天用五子登科和五句良言去影响你周围的人，因为你永远不知道明天会发生什么。予人良善，终得福报。

（资料来源：《从冷库事件看安全管理》，见中国安全生产网，2016年1月6日。）

第二节 潜能开发的价值与方法

今天，世界上一些优秀的科学家正在积极研究人类潜能的因素以及如何发挥人类潜能的问题。如何有效地开发人的潜能，目前尚无系统答案。但在现有条件下，笔者希望每个人都可以掌握一些基本的方法。以下"言简意赅"地谈谈潜能开发的价值与方法。

一、潜能开发的价值

认识潜能开发的价值，首先要认识潜能的要素。"要素"是事物必须具有的实质或本质的组成部分，是具有共同特性和关系的一组现象或一个确定的实体及其目标的表示。认识潜能开发有三大要素，即高度的自信、坚定的意志和强烈的愿望。发掘这三大要素，共同构成潜能开发的价值。

（一）高度的自信

俗话说："心想事成。""心想"是高度自信，"事成"是指事业成功。有了高度自信心的想，事业才有可能成功。因此，有人说，"自信是进入成功之门的钥匙"。这话不假，如果缺乏自信，事业就很难成功。坚定的自信心会使人在事业上追求成功、不断进取，达到预期目标；还使人在性格上不断重塑自我，增添开发的潜能，使事业有更大的成功。事业成功是人生的幸福所在。

1. 幸福人生源自于高度的自信

广义地讲，自信本身就是一种积极性，自信就是在自我评价上的积极态度，而且自信是发自内心的自我肯定的相信。在此意义上讲，相信自己是一种信念，这种信念力量无穷。

狭义地讲，自信是人对自身力量的一种确信，深信自己一定能做成某件事，实现所追求的目标。而这种自信是对自身能力一种客观性的肯定和认可。

人们如今生活在一个缤纷复杂、瞬息万变的时代，人生观、价值观也变得多样化，社会中弥漫着从来没有过的混乱和躁动的氛围，所以每个人无不认同"人生有八九的不如意，如意的只有一二"是残酷的现实。而幸福快乐的人生既简单又复杂，谁能在这种人生中拥有自信，谁就能事业有成。不管他身居何处，最终他一定会获得幸福人生。

2. 学会认识自我

"认识自我"这句镌刻在古希腊戴尔菲城那座神庙里唯一的碑铭，犹如一把千年不熄的火炬，表达了人类与生俱来的内在要求和至高无上的思考命题。德国著名哲学家弗里德里希·威廉·尼采（Friedrich Wilhelm Nietzsche）（见图2-3）曾说："聪明的人只要能认识自己，便什么也不会失去。"[①] 在当今充满了严峻竞争的社会中，人们对于自我的认识尤为重要。

认识自己首要的问题是：每个人都有巨大的潜能；每个人也都有自己独特的优势和特性；每个人都可以按

图2-3　德里希·威廉·尼采

照主客观情况选择适合自己往前行的人生目标，并且通过不懈的努力去争取自己生活的幸福和工作事业的成功。只要拥有自信、自尊、自爱和自强，这样的人就一定能够在自己的人生中展现出应有的风采。

---

① 转引自林越《每个孩子都是第一名》，载《广州日报》2010年4月3日。

> **思维拓展**　唐太宗和大理寺少卿

唐朝贞观（627—649）年间，在唐太宗李世民的倡导之下，朝廷开展了大规模的人才选拔推荐活动。由于这个活动规模声势宏大，就有人打算浑水摸鱼。唐太宗听说有人谎报官阶和资历，就命谎报的人自首并警告说，如果不自首，一经查出，便处以死刑。不久，有一个谎报资历且不自首的人被抓了。唐太宗将他交给大理寺处理，大理寺根据国家的法律，将这个人判处了流放。

1. 唐太宗的不愉快

唐太宗听说这件事后，就把大理寺少卿戴胄找了过来，问他："你应该知道我当初下的诏书上说，不自首的人处死刑。现在，你判处他为流放，这不是向天下人表示我说话不算数吗？"

2. 二人的对话

戴胄：要是陛下当时就杀了他，那是陛下的事。但是，现在你既然已经把他交给大理寺处理了，我就不能违背法律。

唐太宗：那么，你自己遵守了国家法律，却让我失信于天下人吗？

戴胄：法律，是国家用来取信于天下的保证，国家的信用才是最大的信用。你所说的话，只是当时凭着一时的喜怒讲出来的。陛下一时发怒，想要杀死他。后来知道不能这样，才将他送给大理寺按照法律处置。这正是你忍耐小的愤怒而保持大的信用的结果。我觉得陛下的做法非常可贵，因此很值得珍惜。

唐太宗说：在我认识有误的地方，你能够纠正我，我非常感谢你。

于是，唐太宗李世民改变初衷，同意了大理寺的判决。

认识自己的意义就在于：强调人的地位，强调心理精神的作用。认识自己是完善人格的核心内容，对个体的心理和行为起着内在的、全过程的调节作用。认识自己需要积极思维；认识自己的途径是自我内省；认识自己就是挖掘自己的潜能，努力学会正确认识自己。唐太宗李世民正是由于能够"认识自我"，才能够达到心存善念，胸怀天下！

（资料来源：许木咏《唐太宗的"任人唯贤"》，载《南方论刊》1999年第8期，第24页。）

(二) 坚定的意志

意志是决定达到某个目标而产生的心理状态，意志就是坚定的决心。现实中大多数事业失败的原因，都是由于人软弱的意志造成。坚定的意志是事业出成效的一个重要因素。这是一种很奇怪、很微妙且无法触摸，却非常真实的特殊能量，它与人类潜意识深层次的力量有着非常紧密的联系。当潜意识的这种神奇的力量被激发出来的时候，通常是意志在起作用——强烈的愿望。一个人在其梦想、雄心、目标、表现、行为和工作中显现的精力、能量、意志、决心、毅力和持久的努力的程度主要由"想"和"想要"某件事的程度来决定。

> **思维拓展** 为什么成功的路上不拥挤
>
> 因为成功路上：不懂感恩消失一批，胆小怕事掉队一批，心态不好病倒一批，没有主见迷失一批，亲人打击消沉一批，朋友嘲笑退缩一批，自己乱作阵亡一批，不去学习淘汰一批，学了不用滞留一批，自以为是作废一批。
>
> 结局：剩者为王。坚持别人不能坚持的，才能拥有别人不能拥有的。
>
> （资料来源：《成功的路上并不拥挤》，载《南方日报》2011 年 10 月 18 日。）

(三) 强烈的愿望

一个人强烈渴望某个事物，尤其当这种渴望的强烈程度已深入影响到潜意识时，他便会求助于潜意识中的意志和智慧的潜在力量；这些力量在愿望的推动和刺激下，会表现出不同寻常的超人力量，实现他的愿望。

> **思维拓展** 奥巴马赞乔布斯"最伟大创新者"：敢于不同
>
> 2011 年 10 月 5 日，美国苹果公司宣布，该公司前首席执行官史蒂夫·乔布斯（见图 2-4）已去世，享年 56 岁。这位被称为神一般传奇的苹果电脑创办人，在苹果最新产品 iPhone 4s 发布一天后以 56 岁盛年离开人世。

图 2-4 乔布斯

美国总统奥巴马 5 日追悼乔布斯是美国"最伟大创新者",并说,许多人透过乔布斯发明的科技得知他的死讯是再适切不过了。奥巴马发表书面声明说:"他改变我们的生活、重新定义整个工业并达成人类史上最罕见的成就之一:他改变我们每个看世界的方式。"奥巴马还说:"乔布斯是美国最伟大的创新者之一,思考敢于不同,大胆得足以相信自己可以改变世界,而且聪明得可以做到这一点。"

从这里我们可以看到,乔布斯的伟大,在于他做任何事都有强烈的愿望。他的座右铭就是:"活着就是为了改变世界。"这种强烈愿望已深入其潜意识。他实现愿望的切入点是:他创造了"苹果",把产品变为艺术品。的确,不要被教条束缚,活着就是为了改变世界。

(资料来源:《创新的苹果永不凋谢》,见南都社论,2011 年 10 月 7 日。)

二、潜能开发的渠道

(一)智能区块互动

智能区块与潜意识有密切关系。人类的大脑可区分成前庭平衡、语言、视觉、听觉、触觉运动等智能区块;每个智能区块都有不同的任务,所具有的功能及特性也不相同。而"潜能开发"就是利用这些智能区块互动的过程,去激活学习者的各种智能并促进其发展。人脑接受信息的方式分为有意识接收和无意识接收两种方式。我们每天都会受到不同程度有形或无形的刺激,引起我们的注意而产生不同程度的反应。有意识接收是人脑对事物的刺激有知觉地接收;无意识接收是人脑对周边事物的刺激不知不觉地接收,这就是潜意识。

第一,潜能来源于潜意识,从某种意义上来说,潜能就是潜意识。

开发潜能的力量就是诱发潜意识的力量。

第二，潜意识相对于意识而存在，是相对于"意识"的一种思想，又称"右脑意识""宇宙意识""祖先脑"。潜能的动力深藏在我们的深层潜意识当中。

（二）潜意识能量开发

潜能开发是直接作用于潜意识层面的一种心理技术——催眠是唤醒潜意识最有效的技术。潜能开发首先要认识潜意识的规律。潜意识能量开发的渠道有多种，这里选择三种介绍：一是听觉刺激法；二是视觉刺激法；三是观想刺激法。

1. 听觉刺激法

听觉是声波作用于听觉器官，使其感受细胞兴奋并引起听神经的冲动发放传入信息，经各级听觉中枢分析后引起的感觉。外界声波通过介质传到外耳道，再传到鼓膜。鼓膜振动，通过听觉小骨传到内耳，刺激耳蜗内的纤毛细胞而产生神经冲动。神经冲动沿着听神经传到大脑皮层的听觉中枢，形成听觉。

当一个人在恐慌、害怕、缺乏自信时，大喊几声，就像举重、搏击喊叫一样，可以立即增强力量。声音的力量可以坚定信念，带来积极的行动。在家中或其他地方一直播放潜意识录音带，则可以进入潜意识中，即使是在睡眠中也可以起到同样的作用。因为人耳接收声波是被动的，往往主观听不到，但潜意识照样能听到，效果仍然是很好的。

2. 视觉刺激法

视觉是一个生理学词汇。光作用于视觉器官，使其感受细胞兴奋，其信息经视觉神经系统加工后便产生视觉。通过视觉，人和部分动物感知外界物体的大小、明暗、颜色、动静，获得对机体生存具有重要意义的各种信息，至少有80%以上的外界信息经视觉获得。视觉是人和其他动物最重要的感觉。所以，我们可以概括地排列为：光线→角膜→瞳孔→晶状体（折射光线）→玻璃体（固定眼球）→视网膜（形成物像）→视神经（传导视觉信息）→大脑视觉中枢（形成视觉）感知。

视觉刺激法是：在自己的房间建立一个"梦想板"，把自己的目标画成图片剪下来，贴在"梦想板"上天天看，可以天天刺激潜意识，达到开发潜能实现渴望的目标、方法和梦想。

3. 观想刺激法

观想刺激法，表现在集中心念观想的某一对象而产生联想的刺激。观想刺激可以有正面和反面，正面刺激是通过努力进入正面的享受，负面刺激是贪欲的妄念。利用潜意识不分真假的原理，在大脑中引导出所希望的正面成功场景，从而达到替换潜意识中负面思想的目的，通过反复的观想暗示，改变自我意象，树立正确成功的信念，并使自我产生积极的行动，达到预期的正确目标。

（三）学习与借鉴

潜能学研究潜在的能量，即表意识以内的潜能。每个人的潜能是无限的，必须循序渐进才能被不断挖掘。心理学是研究人的心理现象的发生、发展和变化的过程，并在此基础上揭示人的心理活动规律的一门科学。其实，心理学的很多理论和观点，潜能学都可以学习与借鉴。

心理学流派大致有行为主义心理学、精神分析心理学、存在主义心理学、人本主义心理学、格式塔心理学、认知心理学、功能主义心理学、结构主义心理学。这些流派着重于心理本质的探索，是其基本理论部分。目前在学术界，心理学有三种流派是学者们探讨最多的，这就是行为主义心理学、精神分析心理学和人本主义心理学。行为主义心理学主张以客观的方法研究人类的行为，从而预测和控制有机体的行为。精神分析学认为，人类的一切个体和社会行为，都根源于心灵深处的某种动机，其以无意识的形式支配人，并且表现在人的正常和异常的行为中。人本主义心理学特别强调人的正面本质和价值，而并非集中研究人的问题行为，并强调人的成长和发展的自我实现。这三种流派有潜能学可以借鉴和利用的地方。

（四）多元智能理论

多元智能、全脑教育和潜能开发是三大先进的幼儿教育理念。① 多元智能理论虽然属于心理学的范畴，但是它的有关理论可供潜能开发的研究、学习和借鉴。

1. 多元智能性质结构

多元智能理论由世界著名发展和认知心理学家、多元智能理论创始

---

① 参见噜噜熊儿童潜能开发中心《幼儿创造性思维训练：拼音助读，我会刷牙》，北京理工大学出版社 2013 年版，第 17 页。

人、美国哈佛大学教育研究院的心理发展学家霍华德·加德纳（Howard Gardner）在 1983 年提出。他认为，流行于世界上的智商测试已经远远落后于时代，由于人的智能特点不同，开发儿童的多元智能，将使具有特点的孩子及早摆脱传统教育的束缚。人类各个领域杰出人物的诞生，正在于不同智能的开发。对于儿童艺术潜能的重视是发现天才的最佳途径。[①]

加德纳提出，传统上学校一直只强调学生在逻辑即数学和语文（主要是读和写）两方面的发展，但这并不是人类智能的全部。不同的人会有不同的智能组合。例如，建筑师及雕塑家的空间感（空间智能）比较强，运动员和芭蕾舞演员的体力（肢体运作智能）较强，公关的人际智能较强，作家的内省智能较强，等等。

多元智能基本性质是多元的，不是一种能力而是一组能力。其基本结构也是多元的，各种能力不是以整合的形式存在而是以相对独立的形式存在。而现代社会是需要各种人才的时代，这就要求教育必须促进每个人智力的全面发展，让个性得到充分的发展和完善。该理论的性质和结构，也就符合了潜能开发的指导思想。

2. 多元智能研究内容

（1）语言智力。对语言的听、说、读、写的能力，表现为个人能够顺利而高效地利用语言描述事件、表达思想并与人交流的能力。

（2）节奏智力。感受、辨别、记忆、改变和表达音乐的能力，具体表现为个人对音乐美感反映出的包含节奏、音准、音色和旋律在内的感知度，以及通过作曲、演奏和歌唱等表达音乐的能力。

（3）逻辑智力。运算和推理的能力，表现为对事物间各种关系如类比、对比、因果和逻辑等关系的敏感，以及通过数理运算和逻辑推理等进行思维的能力。它是一种对于理性逻辑思维较显著的智力体现。

（4）空间智力。感受、辨别、记忆、改变物体的空间关系并借此表达思想和情感的能力，表现为对线条、形状、结构、色彩和空间关系的敏感，以及对宇宙、时空、维度空间、方向等领域的掌握理解，是更高一层智力的体现，是有相当的理性思维基础习惯为依托前提的。

[①] 参见（美）霍华德·加德纳、沈致隆《多元智能》，新华出版社 1999 年版，第 21 页。

（5）动觉智力。运用四肢和躯干的能力，表现为能够较好地控制自己的身体，对事件能够做出恰当的身体反应，以及善于利用身体语言表达自己的思想和情感的能力。

（6）自省智力。认识洞察和反省自身的能力，表现为能够正确地意识和评价自身的情感、动机、欲望、个性、意志，并在正确的自我意识和自我评价的基础上形成自尊、自律和自制的能力。

（7）交流智力。与人相处和交往的能力，表现为觉察体验他人情绪、情感和意图并据此做出适宜反应的能力，也是情商的最好展现。

三、潜能开发的实操

潜能开发就是要人们把自己本身有的，但目前还没有的能力开发出来。我们通过科学、专业和系统的指导、训练，消除潜意识中的负面情结，建立潜意识中的正面情结，提高大脑皮层活动的协调性，以积极的心态来开发潜能。

（一）提升能力

世界顶尖级潜能大师安东尼·罗宾告诉我们，任何成功者都不是天生的，成功的根本原因是开发了人的无穷无尽的潜能。只要抱着积极心态去开发自己的潜能，就会有用不完的能量，自己的能力就会越用越强。

1. 能力的概念

能力是指能够顺利完成某种活动所具备的个性心理特征，是直接影响活动效率，使活动得以顺利进行的心理特征。

由能力的定义我们看到，能力是高效率，是在较短的时间里完成较多的工作，做成较多的事情；能力是心理特征，它决定于人们的心理功能。所以，能力开发应该从人们的心理着手。

2. 决定能力提升的因素

决定能力的因素包括先天因素和后天因素。

（1）先天因素主要是指人们与生俱来的大脑的生理组织结构和基础运作程序，主要决定于遗传因素。

（2）后天因素主要是指人们后天的学习、实践以及科学的训练。

决定能力提升的因素是后天因素，而不是先天因素。这是因为，心理学的研究表明，就人的先天能力而言，只有3%的人是高能力和3%的人是低能力，其余94%的人是不相上下的。先天因素既然是与生俱来不可改变的，而且又是各人水平较相近的，因此，就能力开发而言，关注它没有意义。

先天能力大家都差不多，而且又不可改变，那么为什么实际上人们的能力又的确有着较大的差别呢？这是因为，人们对后天能力的开发程度差距很大，是后天能力开发程度的差距造成了人们能力的差距。例如，不经常游泳的人比经常游泳的人游泳的能力就要差很多，而经常游泳的人又比那些经过教练指导的人的游泳能力差很多。这个简单的例子就说明，人们的能力差别是后天开发程度的差别。决定能力提升的因素是后天因素，而不是先天因素。获得高能力的着眼点是积极的后天开发，而不能听天由命。

3. 能力与潜能开发

能力是高效率，是在较短的时间里完成较多的工作、做成较多的事情；能力是心理特征，他决定于人们的心理功能。但仅仅在这个认识水平上，对于如何去开发人的潜能还是不够的，要开发潜能就得搞清楚能力的本质是什么。

能力，本质上就是大脑皮层活动的协调性和目标专注度。协调是指大脑皮层各个兴奋区域张弛有序、张弛有度、转换灵活、配合默契，而目标专注度就是指在某一时段或某一时期大脑皮层的活动与确立的目标的吻合程度。

（二）创造性思维

创造性思维是在一定的条件和基础上，产生的一种具有多种要素和技巧的唯一能够产生创造成果的心理活动。创造性思维的技能及相关技能的训练如下。

1. 发散思维技能

发散思维又称扩散思维、辐射思维或求异思维。它是从各个方面力求新答案的心理活动。科学家提出，可以通过多种技巧进行发散思维。常用的发散技巧有四种。

（1）缺乏发散。即对一事物找出缺点，再一一列举，寻求改进方案。李政道博士就是通过这种方法，提出了一种新的孤子理论。

（2）愿望发散。即对某一事物，列举种种愿望、提出种种方案。如若给"抱瓮灌畦"的材料，要求确定中心，写篇议论文，这时便可通过愿望发散确定立论角度。经考虑可以确定这样几种思考角度：①习惯势力是可怕势力；②思想改革应为改革之先；③守旧不是美德；④墨守成规阻碍生产力发展；⑤捷径并非不可走。然后加以对比，便可选择①或④，因为习惯努力和墨守成规是愿望发散的大忌。这样便得到了最佳的写作角度，从而也就确定了中心。

（3）求异思考。即采取灵活多变的思维战术从与常规不同的方向来思考，寻求新的解决途径或答案。

思维拓展　《偶像来了》掀起一股热潮

《偶像来了》是2015年湖南卫视出品的女生生活体验秀节目。节目主持人为何炅、汪涵，嘉宾为全女神阵容林青霞、杨钰莹、朱茵、宁静、蔡少芬、谢娜、赵丽颖、张含韵、古力娜扎、欧阳娜娜。节目于2015年7月25日22：00播出先导篇，8月1日起每周六晚22：00播出，次日0点芒果TV全网独播。

湖南卫视利用发散思维技能，最终将《偶像来了》定位为女生人气检测真人秀节目，十位嘉宾分为两队，两大金牌主持带队，根据人气排名分为"人气队"和"气人队"，进行游戏比拼。

《偶像来了》作为林青霞复出后的真人秀节目首秀，多年之后的美女是否依然甜美如初，她又将在真人秀中展现怎样的独特美丽，引发观众强烈期待。从播出效果来看，《偶像来了》与大多数的热播节目相比，多了温暖亲情，少了强烈冲突，是一档好评如潮的真人秀节目。

（资料来源：《偶像来了：张含韵加盟，掀起酸甜热潮》，载《中国日报》2015年7月9日。）

（4）分解交合法。即先把与问题有关的事物分解为多种信息因素，然后依次交合，从而得到答案。如问"红砖有多少用途？"可先把"砖"分解为长度、宽度、颜色、直线等信息因素，然后与现实生活中的各个方面连接起来，多种答案便出来了。

2. 组合思维技能

组合思维，又称"综合思维"，指的是把分散的诸因素综合起来的思维。综合过去的知识经验，寻求新方法去发现、解决问题的思维便是组合思维。组合思维是能把多项貌似不相关的事物通过想象加以连接，从而使之变成彼此不可分割的新的整体的一种思考方式。例如，在一次国际酒类展销会的酒会上，各国代表都拿出自己国家的名酒展示：中国——茅台酒；俄国——伏特加酒；德国——威士忌；意大利——葡萄酒；法国——香槟；美国——鸡尾酒。

组合思维技能的分割组合也有自己的特色，即根据某一准备将材料分开然后加以排列，形成某种结构。例如，19世纪俄国化学家德米特里·门捷列夫便是把氢、氧、铜等元素的特点书写在卡片上，将它们掺合起来，再以原子价为标准重新排列而制成元素周期表。

思维拓展　周瑜与诸葛亮的一段经典对话

周瑜十分嫉妒诸葛亮的才智，总想找借口杀他。在一次宴会上，周瑜对诸葛亮说："孔明先生，我吟首诗你来对，对出来有赏，对不出杀头问罪如何？"

诸葛亮从容笑道："军中无戏言，请都督说。"

周瑜大喜，开口便道："有水便是溪，无水也是奚，去掉溪边水，加鸟便是鸡；得志猫儿胜过虎，落魄凤凰不如鸡。"

诸葛亮听罢，心中暗想，自己身为蜀国军师，今日落入周瑜之手，岂不是"落魄凤凰"吗？便立即吟诗以对："有木便是棋，无木也是其，去掉棋边木，加欠便是欺；龙游浅水遭虾戏，虎落平阳被犬欺。"

周瑜闻言大怒，鲁肃早已留意这场龙虎斗，见周都督意欲爆发，急忙劝解道："有水也是湘，无水也是相，去掉湘边水，加雨便是霜；各人自扫门前雪，莫管他人瓦上霜。"

风波平息了，周瑜怒气未消，他更换内容，又吟诗一首："有手便是扭，无手也是丑，去掉扭边手，加女便是妞；隆中有女长得丑，江南没有更丑妞。"

诸葛亮听了知道这话是在嘲笑自己的夫人黄阿丑长得丑，便立即应道："有木便是桥，无木也是乔，去掉桥边木，加女便是娇；江东美女大小乔，铜雀奸雄锁二娇。"

周瑜知道这话是在奚落自己的夫人，怒发冲冠，几次都想发作。剑拔弩张之时，鲁肃在一边和了句："有木便是槽，无木也是曹，去掉槽边木，加米便是糟；当今之计在破曹，龙虎相斗岂不糟！"

诗罢众人一齐喝彩。周瑜见鲁肃调解，无奈只好收场。千年弹指已过，故人化为黄土，而鲁肃"化干戈为玉帛"的组合思维技能，却一直流传至今。

（资料来源：尹世霖编《三国演义》，四川少年儿童出版社1983年版，第251页。）

3. 集中思维技能

集中思维，又称聚敛思维、辐合思维、求同思维，即从已知的种种信息中产生一个结论，从现成众多的材料中寻找一个答案。常见的集中思维的方法有如下几种。

（1）图示法。这里图示包括图像、图表、文字示意等。利用图文，通过分析、比较，便可以寻找到一定的答案，或者能使内容简明、思维清晰。

（2）分析法。先将整体分解为若干部分，然后再鉴别、评价，最后做出正确选择。如求六边形的内角之和时，可根据三角形的内角和是180°的道理，先把它分作4个三角形，它的内角之和就是问题的答案。

（3）比较法。通过异同鉴别，从而得出结论。

创造性思维能力的提高，有赖于必要的训练。常见的行之有效的训练方法主要有多角度寻求正确答案与新角度、新方式表达。

（三）想象力向导

想象力是人在已有形象的基础上，在头脑中创造出新形象的能力。想象一般是在掌握一定的知识面的基础上完成的。

1. 想象力是潜能开发的翅膀

（1）潜能开发中的观察力、记忆力、思维力在学习中的作用主要是获取知识。想象力的作用主要是创造新知识。它是潜能开发的翅膀，它能使学习者的智力活动展翅高飞、鸟瞰全球、纵览古今、展望未来。想象力可以使人认识到无法直接感知到的事物与形象，使人看到宏观世界和微观世界，在这个无边无际的宇宙中自由飞翔。

（2）通过观察力、记忆力、思维力获取的知识信息、事实以及一系列的推论设想本身都是死的东西，是想象力赋予了它们生命。有人认为，事实好比空气，想象力就好比翅膀，只有两方面结合，智力才能如矫健的雄鹰一飞冲天、翱翔万里，以探索的目光巡视广阔无垠的世界，搜索一切奇珍异宝。

《文心雕龙》的作者刘勰把想象称作神思，认为通过它，一个人就可以任意驰骋。① 没有想象力，智力是飞腾不起来的。当然，在奔放的想象中捕捉到的模糊想法必须化为具体命题和假说，才能使智力发挥出有益的作用。

2. 利用想象力开发潜能

如果我们想象自己以某种方式行事，实际上差不多也是如此行事。这在我们头脑中曾经认为是不可能的事情。但其实心理实践可以帮助我们使自己的行为臻于完美。

人为控制的实验证明：让一个人每天坐在靶子前面想象着他对靶子投镖，经过一段时间后，这种心理练习几乎和实际投镖练习一样能提高准确性。

心理实验证明，心理练习对改进投篮技巧确有效果：

第一组学生在 20 天内每天练习实际投篮，把第一天和最后一天的成绩记录下来。

第二组学生也记录下第一天和最后一天的成绩，但在此期间不做任何实地练习。

第三组学生记录第一天的成绩，然后每天花 20 分钟进行想象性的投篮；如果投篮不中时，他们便在想象中做相应的纠正。

事情的结果是：第一组每天实际练习 20 分钟，进球率增加了 24%。第二组因为没有练习，也就毫无进步。第三组经过想象练习，进球率增加了 23%。

（四）心理暗示

心理暗示是指人接受外界或他人的愿望、观念、情绪、判断、态度影响的心理特点，是人们日常生活中最常见的心理现象。它是人或环境以非常自然的方式向个体发出信息，个体无意中接受这种信息，从而做出相应的反应的一种心理现象。下面我们将阐述心理暗示的特点、哪些人更容易受心理暗示、正负面心理暗示，以及如何利用心理暗示来提高

---

① 参见孙蓉蓉《刘勰与〈文心雕龙〉考论》，中华书局 2011 年版，第 45 页。

我们的潜能开发。

1. 心理暗示的特点

科学家巴甫洛夫认为，暗示是人类最简单、最典型的条件反射。从心理机制上讲，它是一种被主观意愿肯定的假设，不一定有根据，但由于主观上已肯定了它的存在，心理上便竭力趋向于这项内容。我们在生活中无时不在接收着外界的暗示。

（1）人都会受到心理暗示。受暗示性是人的心理特性，它是人在漫长的进化过程中形成的一种无意识的自我保护能力和学习能力：当处于陌生、危险的境地时，人会根据以往形成的经验，捕捉环境中的蛛丝马迹，来迅速做出判断；当处于一个环境中时，人会无时无刻不被这个环境所"同化"，因为环境给他的心理暗示让他在不知不觉中学习。

（2）人无时无刻都受到心理暗示。心理暗示有强弱之分，但是心理暗示效果的好坏（正负）无法由人的显意识控制，也就是不管你愿不愿意，不管你觉得这对你好不好，你已经受到心理暗示了，而且无时无刻不在接受心理暗示。它是人的一种本能，动物的各种行为的学习、危险的躲避习惯等，也都是由于心理暗示的作用才得以实现的。

人们为了追求成功和逃避痛苦，会不自觉地使用各种自我暗示，也就是自己对自己进行的心理暗示的方法。比如，困难临头时，人们会安慰自己"快过去了，快过去了"，从而减少忍耐的痛苦。人们在追求成功时，会设想目标实现时非常美好、激动人心的情景。这个美景就对人构成自我暗示，它为人们提供动力，使人们提高挫折耐受能力，保持积极向上的精神状态。

思维拓展　心理暗示的力量

如果你闭上眼，平举双手，心中对自己反复说，我的左手比右手高。3分钟之后，当你睁开双眼，发现你的左手还真的比右手高。这说明，你对心理暗示的感受性很高。

心理暗示在学习滚轴溜冰上也有极大的启迪意义。有一个分公司，为了在总公司的联合年会上荣获最佳创意奖，他们抛开唱歌跳舞这些常规的节目，组织一个15人的滚轴溜冰队。但这时离年会只有10天了，没人认为这件事情能够完成，因为整个团队中，除了组织者经理稍微有一点点基础外，所有人都对滚轴溜冰一窍不通。

于是组织者美化了自己当年学溜冰的故事，暗示所有的人说，一个晚上就可以学会。所有的人在狂摔了三五天后，最终做到了他们原先认为不可能做到的事。一个简单的"能行"正面心理暗示，让这个分公司得到了第一个最佳创意奖。

（资料来源：牧之《心理暗示的力量》，电子工业出版社2012年版，第154页。）

2. 心理暗示与气质类型

每个人的心理特点与神经类型是不同的，对暗示的感受程度和结果也就不相同。人从气质上来分，有胆液质、神经质、多血质和黏液质四种，大多数人又同时具备这四种气质类型中的几种类型。

胆液质型的人最容易接受心理暗示，而黏液质型的人对心理暗示的反应较慢。大多数女性比男性容易接受心理暗示，老年人和儿童比青年人容易接受心理暗示。出人意料的是，一个人的智力水平与文化程度，在能否接受心理暗示方面并无决定性的作用。不同的人都不同程度地受着心理暗示的影响。

3. 消极与积极的心理暗示

我们生活在世界上，每天接受大量信息，应充分利用各种适当的时机应用心理暗示。心理暗示有消极心理暗示和积极心理暗示。

（1）消极心理暗示。对人的情绪、智力、生理都能产生不良的影响。潜能学知识告诉我们，消极心理暗示的积累最终会造成难以扭转的悲观情绪，而事实上，这种情绪体验往往是不真实的。内心极度痛苦的人很多时候并没有真正面临生存危机，是情绪失控致使其对所受到的负面刺激缺乏合理的认知，主观上夸大该刺激的强度。这种夸大同时也反衬出个人应对能力的匮乏，最终导致意志力的瓦解。

（2）积极心理暗示。指来自外界和他人的有利于激发被暗示者自我定位和自我发展的心理暗示。积极的心理暗示，对人的情绪、智力、生理都能产生良好的影响，帮助人树立信心，调动人内在的潜能。因此，管理者要注意引导被管理者变消极心理暗示为积极心理暗示，同时克服不良的心理暗示对其产生不良影响。例如，教师在考试心理的调整中引导学生，将"我一点没底，我恐怕要考砸"变为"别人行，我也行"。

在他人暗示中，暗示的效果很大程度上取决于暗示者在被暗示者心目中的威信。这就要求暗示的实施者应具有较高的威望,要具有令人信服的人格力量。有人做过实验,分别让两组学生朗读同一首诗。第一组在朗读前,主试告诉他们这是著名诗人的诗,这就是一种暗示。对第二组,主试不告诉他们这是谁写的诗。朗读后立即让学生默写。结果是第一组的记忆率为56.6%,第二组的记忆率为30.1%。这说明权威的暗示对学生的记忆力很有影响。

同时,暗示愈含蓄,效果愈好。因此,在心理咨询和教育中最好尽量少用命令方式去提出要求;若能用含蓄巧妙的方法去引导,就能获得更好的效果。

暗示应具有艺术性。以教师教学为例,教师要力求为学生的活动配上适当的艺术形式,如趣味性的故事、竞争性的游戏等,借助于形式、色彩、韵律和节奏,通过非理性直觉,直接诉诸人的情感。使学生在积极的氛围中接受教育,促进学生产生积极的心理倾向。

思维拓展 透过现象看本质

2015年12月11日晚,中国外汇交易中心在其官方网站"中国货币网"首次发布CFETS人民币汇率指数。中国外汇交易中心宣布,11月30日人民币汇率指数为102.93,较2014年底升值2.93%。他们还解释说,该指数参考外汇中心挂牌的13种外汇交易币种,并按其与中国的贸易不同的权重计算。其中,权重最高的货币依次为美元、欧元、日元、港币和英镑。指数基期为2014年12月31日,基期指数为100点。

这是什么意思?新华社的通稿说:长期以来,市场观察人民币汇率主要是看人民币对美元的双边汇率。发布专门的人民币汇率指数,是引导市场观察人民币汇率时不仅以美元为参考,也要参考一篮子货币。

这意味着人民币和美元这对多年来形影不离的"恋人",正式分手了!中国终于集齐了所有的大国重器!开始向这不公平的世界宣战。(见图2-5)透过现象看本

图2-5 人民币与美元"开战"

质，这种积极心理暗示是人民币和美元分手，中国宣布正式"开战"！

（资料来源：张晓峰《人民币对美元双边汇率仍是最受关注指标》，见中国外汇网，2015年12月14日。）

（五）放松静思

1. 过于谨慎出现"目的颤抖"

一项发明创造的诞生，一个灵感的来临，不是产生于冥思苦想的紧张思考之中，而是产生于紧张之后的放松时刻。这一切，都说明放松会消除心理压力及各种束缚，让思维活跃起来，让潜能在不受任何束缚和压抑的状态下自由地释放；而过于谨慎、拘谨，反而会出现"目的颤抖"。

放松的技巧锻炼可以帮助过度谨慎的人，而且往往能收到明显的效果。通过这种锻炼，他们学会放松过度的努力和过度的"目的性"，克服在避免错误和失败时产生的过度谨慎。

2. 在意别人的看法造成压抑

过于谨慎的另一种表现形式，就是在意别人对自己的看法。在意别人的看法，或郁积于心，便处处小心，自己根本无法放松；或处处去迎合别人，以求得别人对自己有个好印象、好看法，自己也无法放松。其结果是把自己束缚起来，本来十分活跃的思维也会变得呆滞，本来可以产生很多有价值的、创造性的思考也会停止，很难迸发出创造的火花。

正确的方法是：总是微笑地对待人生，对待别人，不去过于有意识地关心"别人怎样想""别人如何看我、评价我"，不要过于谨慎地去取悦别人，不要对别人的真正的或猜想出来的不赞成过于敏感。不包装自我，也不包装别人，永远不要有意识地"想"让别人对你印象好。你坦坦荡荡，待人以诚，在工作中有一分热发一分光，敬业、勤奋，别人的印象怎么会不好？反之，一味小心谨慎，一味包装自己，一味取悦别人，结果会适得其反，别人就会对你产生不好的印象。

3. 静思出智慧

静思是身心完全放松的一种状态。这是进行创造性思维活动的最佳状态之一。静思排除了世间的各种烦扰，进入了一种"忘我"的境界。静思忘记了压力、束缚，让创造性思维自由驰骋。静思可以使纷乱的事物理出头绪，可以使纷纷纭纭变得运行有序。

"唐宋八大家"之一的苏洵说过："一忍可以制百辱，一静可以制百动。"① 生活越复杂，就越需要平静和深思。静思的目的使思维达到明晰状态。此时思维并未中止，只是不费力气去思考。借用克劳胡瑞描述瑜伽术的话，"基本的方法始于无为；没有思考，没有个人的意志。换句话说，让你的概念、感情、愿望自由飞翔，你只是旁观者，不要陷于其中"。

静思是东方文化中的一种艺术精华。日本学者镰田胜甚至把到水边冥想和静思当作自我开发的 100 种法则之一。这位学者这样写道："人体中有 65% 的水分，或者说，生物是在水中诞生的，非常有意思的是，人在水边静静地宁思片刻，马上会感到非常平静，正因为我们的生活离不开水，所以一到水边，人们就会感到安静，这也许正是出于人的本能。河流的涓涓流水之声有一种能使人心里平静的巨大力量。"

（六）健康心理

开发潜能，离不开健康的心理和良好的心态，否则创造思维就不活跃，想象、直觉、联想就不丰富，也就难以进行创造性的劳动。保持健康心理，既是潜能开发的前提和保证，又是潜能开发的一种重要方法。智力正常、情绪稳定与心情愉快、反应适度、人格统一协调是衡量心理健康的重要标准。

1. 生理与心理健康

健康，包括生理健康和心理健康。

（1）生理健康。生理健康是看得见、测得出的，如体温、心率、血压正常等。这是人们十分关心的问题。

（2）心理健康。心理健康并不像生理健康那样看得出、测得出。因此，往往并没有引起人们的足够重视。而开发潜能，是万万离不开健康的心理和良好的心态。一句话，没有它，就难以进行创造性的劳动。

---

① 转引自王昊《唐宋八大家列传·苏洵传》，吉林文史出版社 2001 年版，第 217 页。

> 思维拓展

在1969年登上月球的三位美国宇航员中,有一个在返航以后就退休了,从此只在社会上做些心理卫生工作。这样富有创造才能的人,为什么忽然退休了呢?原来,他根据自己掌握的心理学知识,发觉自己在这次宇宙航行中,由于经受不住严酷的太空环境的刺激,心理受了创伤,得了严重的抑郁症,不能再从事创造性的工作,所以毅然决定急流勇退。

心理健康是人的良好的、积极的心理状态。健全的心理是适应自身环境、自然环境和社会环境,积极地发挥人的身心功能。智力正常、情绪稳定与心情愉快、反应适度、人格统一协调是衡量心理健康的重要标准。

2. 培养和保持健康心理

(1) 树立远大志向。广大知识分子,特别是青年知识分子,要有科学的世界观,胸怀宽阔,志向高远,视名利淡如水,看事业重如山。有了这样的情操,就能科学地看待科学创造中的各种问题,正确对待同志,保证心理反应适度,防止心理反应失常。崇高的志向会产生巨大的精神力量,维护心理状态的稳定。伟大的音乐家贝多芬曾经两次失恋。特别是第二次,都快要结婚了,可是由于恋人父母的坚决反对,又告失败。但是,音乐这项崇高的事业给了他力量,使他平复了创伤,继续去延续他光辉的事业。

(2) 保持愉快心境。防止与克服强烈的或持续的心理冲动,始终保持稳定的情绪、愉快的心境。要注意陶冶自己的情操。强烈的或持续的心理冲动,会造成情绪不稳定、压抑、不安、愤怒,在一定条件下可能引起头痛、心悸、降低人的身心工作能力,影响创造力的发挥,甚至可能导致身心疾病。知识分子往往在职称、职务、提薪、住房等问题上,因为没有得到很好地解决,心理冲突强烈而持久,造成心神不定、注意力分散、记忆力减退、思路变窄等,影响创造效率。因而,强烈的心理冲突或持续的心理冲突,对人的心理健康危害极大。

(3) 培养健全情绪。要防止或克服强烈的、持久的心理冲突,要培养健全的情绪,要陶冶心情,在任何强烈刺激面前始终保持稳定的情绪和愉快的心情。要采取切实的措施来减轻心理冲突。①注意转移法。撇开心理冲突,把注意力从引起不愉快的事件上转移开来,集中到自己喜欢的课题或兴趣浓厚的事情上去。采取语言调节,比如近代民族英雄林则徐挂出"息怒"的匾额。平常生活中,我们可以在心里反复默念"要息怒!"同时把嘴张一张,舌头在嘴里转几圈,这样可以起到平缓情绪的作用。②释放法。把郁积、压抑在内心的苦闷、焦虑、委曲等情绪一股脑地向亲人、朋友倾吐出来,以减轻甚至消除内心的痛苦和压力。

(4)磨炼坚韧毅力。排除外界对心理的压力,平时就要培养坚韧不拔的毅力。有了坚强的毅力,心理状态达到了高度稳定性,就能够抵御和排除外界的任何干扰,将心理状态始终保持在一定的水平上,为从事创造性活动提供必要的条件。世界知名的我国化工冶金专家叶渚沛,在"文革"中被加上了一连串的"莫须有"的罪名。但是,他"心底无私天地宽",坦然面对逆境,竟在"牛棚"里完成了超高温化工冶金新技术的基本理论研究。

(5)制定规律生活。忙中偷闲,要保持有规律的生活,劳逸结合,因为健康的心理与生理健康息息相关,密不可分。这就要有规律的生活,有张有弛,有劳有逸,有节奏地工作和休息。做到经常能彻底放松自己。

另外,还要多受大自然的陶冶和优美音乐的陶冶。例如,舒适地泡在浴缸里,听着优美的轻音乐在短时间内放松、休息、恢复精力,让自己得到精神小憩。

思维拓展

德国著名哲学家康德(见图2-6)幼年时身体不好,可他却活到80岁。有人这样评述他的生活规律:"他的全部生活都按照最精确的天文钟做了估量、计算和比拟的。他晚上10点钟上床,早上5点整起床。接连30多年,他一次也没有不按时起床。他7点整外出散步,哥尼斯堡的居民都按他来对钟表。"

图2-6 康德

本章本质上就是开发潜意识的力量：每一个成功者都在运用潜意识的力量。如果能灵活地运用潜意识的力量朝正确的方向努力，就能够如愿地在事业、生活上得到开拓性的发展，把握自己的命运、愿望及健康，步向幸福。

　　本章通过从潜能开发理论和潜能开发方法两方面展开分析。潜能开发理论阐述了潜能开发概念、创新思维是开发潜能的根基。而潜能开发方法，阐述了潜能开发价值、潜意识能量渠道、潜能开发实操。本章的切入点就在于潜能开发的实际操作上，包括六项，即提升能力、创造性思维、想象力向导、心理暗示、放松静思和健康心理。

　　在书中，我们以科学的态度阐明了潜意识的存在，并在思维拓展中言简意赅地列举了许多潜能开发方法的实例，以说明潜意识的影响力。同时，我们还介绍了一些简单而有效的练习方式。通过这些练习，我们将学会如何获得事业的成功，如何建立和谐的人际关系，如何经营幸福的生活，如何战胜内心的恐惧，如何在思想上永葆青春，如何追寻幸福的人生。

思考题

1. 谈一谈什么是潜能开发。
2. 简述潜能开发方法。
3. 略举一二例，简述进行潜能开发。

第三章
教育潜能

　　教育潜能是通过培育和思维的传授，将现有的经验、学识传授于人，为其解释潜能现象、问题或行为，让事物得以接近最根本的存在，感性地理解其思维的方向。狭义的教育主要是指学校教育，广义的教育是指家庭、学校、社会等广泛合作的开放式教育。教育潜能的开发不仅仅是学校知识教育、生命教育和科技教育诸方面潜在能力的培养，更是家庭、学校、社会联合下文明[①]智慧的培育和开发。

---

　　① 范英在《文明与社会漫论》（2014年版）一书中，把人类文明分为六大文明，分别是物质文明、精神文明、政治文明、法制文明、人种文明和生态文明。

第一节
公开的秘密

人类自有文字记载开始，已经有数千年的历史。人类文明的传承，教育是一种主要手段。教育就是激发潜能、积累知识和培养习惯；教育过程就其本质而言，是在学生获得知识技能的同时，挖掘学生的潜能，实现其个性心理品质全面发展的认知过程。教育可以改变人的命运，它是人类最舍得花钱出力投资的重要项目。这是公开的秘密，又是人类永恒的探索主题。

一、学校教育与潜能开发

学校是教育的主要阵地。其形式从最原始的父母教育儿女，到早期的私塾学堂，发展到今天的班级学校教育。教育的不断发展，正是人类不断进步的标志。今天，综观世界科技、军事、经济发达的国家，他们的教育也走在世界的前列。

（一）教育的困惑

历史上的中国曾经多次走在世界的前列，"汉唐繁荣""乾隆盛世"都是中国人骄傲的时代。可是，自清朝后期开始，中国就成了世界列强瓜分的"肥肉"。一直到20世纪的中后期，中国还是处于"第三世界"。

1. 大师发问

2005年，钱学森向温家宝总理坦诚建言并发问：现在的中国之所以还没有完全发展起来，一个重要的原因是没有一所大学能够按照培养科学技术发明创造人才的模式去办学，没有自己独立的、创新的东西，所以老是"冒"不出杰出人才，这是很大的问题；为什么我们的学校教育未能培养出大师人物？

2. 中美教育借鉴

早在1984年，杨振宁教授谈中国研究生与国外研究生的差别时说，中国研究生会读书，但动手能力不如国外研究生。考试成绩都是名列前茅，可是研究工作做不下去了，感到没有自信心了。这正好反映中美两国教育不同的优缺点。主要是因为他需要走的路与他过去的学习方法完全不一样。过去的学习方法是被人家指出来的路你去走，新的学习方法是要自己去找路。

对比国内外小学教育的情况我们发现，在美国，小学教室里课桌以小组为单位排成圈，便于讨论，鼓励学生有不同的想法，鼓励他们自己动手，而老师讲的并不多。在新知识汹涌澎湃的今天，他们着眼于激发学生与生俱来的潜能来应对未来即将面临的挑战；而我们却忙于灌输大量的知识，使小学生的课程内容越来越多，课外还有奥数班和外语班……不少初中的内容也提前在小学教了。学生只好忙着当录音机，连娱乐与运动的时间也没有了，书包越背越重，哪有时间自由想象、独立思考？这是在扼杀学生的健康与潜能。

3. 反思

20多年过去了，中国灌输式教育的问题并没有得到很好解决。为什么会这样？这里要解决一个认识问题。中国传统教育中的"传道、授业、解惑"，只是学习已有的知识吗？我们的考核包括高考，强调的却是学生掌握知识的量而不是实践和应用知识的能力，更少着眼于学生潜能的开发。所以，教学中习惯于老师讲、学生听的方式，实质上就把学生当作单纯接收信息的客体，灌输得太多，忽视了学生的主观能动性。这样靠死记硬背得来的知识，很难付诸实践，满足灵活应用。也就是说，学校着重给学生的是"鱼"，而不是"钓鱼竿"。

（二）教育的出路

中国是世界上人口最多的国家，怎样才能从人口大国转变为一个人力资源丰富的大国，这是新中国探索实践了60多年的大问题，也是今天中华民族复兴的重要问题。

1. 历史回顾

20世纪50年代，苏联"老大哥"的教育改革，大大促进了国民经济发展，使之成为世界第一个发射人造地球卫星的科学大国，也成为一个强大的"超级大国"，可与美帝超级大国抗衡；我国在新中国成立后17年的教育，基本上是学习苏联的模式，为新中国的发展培养了一大批优秀的人才，他们在老一辈科学家钱学森、李四光、华罗庚等人的带领下，为中国的国民经济建设创立了不可磨灭的功勋，"两弹一星"就是最好的证明。

七八十年代，改革开放拨乱反正。1979年国家恢复高考，邓小平亲自抓教育，当"后勤部长"；自学考试在全国推行，全国上上下下出现"读书热"，教育迎来了春天。

2. 犹太人教育的借鉴

在世界众多民族中，犹太民族是个酷爱读书、非常重视教育的民族。由于热爱读书学习，喜欢钻研问题，不管在欧美各国还是在以色列，犹太人接受高等教育的人口比例都很高。在全世界，犹太人中如爱因斯坦一样的世界级的杰出科学家有很多。

联合国教科文组织1988年的一次调查表明，以犹太人为主的以色列，每个村镇都有布置典雅、藏书甚丰的图书馆和阅览室，全国的公共图书馆和大学图书馆1000多所，平均每4500人就有一所图书馆。在500万人口的以色列，办有借书证的就有100万，占全国总人口的1/5。

海外媒体曾经发布过一个读书报告，"美国人平均每人每年看书21本，日本人平均每人每年看书17本，而中国平均每人每年不到3本。全世界平均每年每人读书最多的民族是犹太人，为64本"。犹太人读书是中国人的21倍。在以犹太人为主要人口的以色列，14岁以上的以色列人平均每月读1本书。

二、"扬长避短"新译

每个人都有自己的智能组合。第一章，我们介绍了20世纪美国哈佛大学心理学家加德纳教授提出了多元智慧理论。他认为，人类的智能是多元的，至少包含了八种基本智能。每种智能都表现为个体在某方面有比较突出的能力，每一个人都有自己不同的智能组合和不同的发展程度。我们需要发现自己的优势智能并且有意识地扬长避短，有目的地开发自己身上蕴藏的"潜能"，就可能走向成功。

（一）成功秘诀

一个人成功的切入点，往往是在自己的个性和特长占优势的地方，自身某方面的优势既是自身所拥有的实力也是自己成功的资本。

1. 充分开发自身资源

每个人的智能发展都存在着优劣强弱，开发自身资源就是要开发自己的智能强项，拓展自己的优势潜能：首先是早日发现并且有效发挥自己的长处；二是要善于学习别人的长处，取人之长，补己之短；三是要努力培养自己的兴趣和发展自己的特长。

任何一个平凡的人，都存在巨大的潜能，只要个人的潜能得到发挥，就可以干出一番事业。研究发现，多数天才者、突出贡献者，只不过是开发了自身的资源即自己的潜能而已。教育正是开发人类潜能的主要手段。担当教育重任的老师和家长，应当把引导学生早日发现自己的优点、充分开发自身的资源、扬长避短、开发潜能、养成习惯作为自己的重任。

2. 强化自己的优点

传统的教育思想认为，人的成长是不断克服缺点的过程，所以老师总是要求学生补习最差的学科，结果是学生整天忙于补短，没有时间扬长。实际上，成功往往是在你擅长的基础之上，强化自己的优点，当你集中精力放在你能够做得最好的事情上，自信心就会大大增强，你的潜能就可能得到最大的发挥。

一个成功的人，他一定懂得发扬自己的长处弥补自身的不足。我们需要的只是一些改变：第一，正视自己的不足，忘记那些缺陷，不让那些弱点影响你的成功；第二，也是最重要的一点，认识和定位好自己，把握和信任自己的特长，扬长避短，形成优势。

（二）扬长避短策略

事实上，当把精力和时间用于弥补缺点时，就无暇顾及增强和发挥优势了，更何况很多欠缺是无法弥补的。相对于学校教育强调补短，作为学生个人则应当采取扬长的成功策略，只有正确认识自己，知道自己的学习优点，找到自己的潜能最佳点，才可能在学业上不断进步，健康成长！

因为每个人都有自己的优点、缺点，面对现实，我们不应怨天尤人，更不应妄自菲薄，而应挖掘潜能，努力提升自我，扬长避短，不断收获成功人生。成功的战术万变不离其宗，其实只有两个基本点：其一，面对对手，以长击短；其二，面对自身，扬长避短。每个人都有自己的特质和特长，就算你的长项不够顶尖，不够权威，总会有胜过竞争对手的地方，只要你善于利用，就能形成制胜的优势。譬如武器不够先进，指挥官不够专业，军队不够庞大，训练不够有素，依赖正确的战略战术，"小米加步枪"一样可以打败"飞机加大炮"。

> **思维拓展**

1. 春秋时期，田忌通过用下等马对上等马、中等马对下等马、上等马对中等马的策略来弥补自身马匹的不足，从而赢得胜利。

2. 我国著名的文学家钱钟书，虽然年轻的时候数学不及格，但是清华大学还是破格录取之，终在文学方面成为一代大师。

3. 中国共产党放弃走苏联红军"城市起义，解放全国"的老路，毅然决定发挥自身优势，采取"以农村包围城市"，最终取得了革命的胜利。

（三）借鉴成功，实践感悟

学习和借鉴成功人士的经验，可以少走一些弯路。建议大家尝试以下的做法，实践一段时间，选取一些适合自己的方法，坚持不懈，养成习惯。

1. 学会欣赏自己的优点

（1）数一数自己的 10 个优点。欣赏自己的长处，欣赏自身的优秀品质。

（2）用欣赏和赞美来增加自我意识，增加自我接受程度和自我价值感。

（3）一个优点就是一个希望，就是人生的一根支柱，撑起了你的自信大厦。

2. 每天朗诵自信语句

（1）每天花 3~4 分钟时间在镜子面前朗诵一些令人振奋、自信的语句。

（2）为了克服自卑心理，树立自信心，要心中默念"我行，我能行！"默念时要果断，要反复念，特别是在遇到困难时更要默念。可以在早晨起床后默念 9 次，在晚上临睡前默念 9 次。

（3）通过自我的积极暗示的心理，使自己逐渐树立了信心，逐渐有了心理力量。

3. 学会微笑，充满正能量

（1）时常面露微笑，那会使自己充满活力和正能量。雄心勃勃的人，眼睛闪闪发亮、满面春风；没有信心的人，经常是愁眉苦脸、无精打采、眼神呆板。

（2）人的面部表情与人的内心体验是一致的。笑是快乐的表现。笑能使人产生信心和力量；笑能使人心情舒畅，振奋精神；笑能使人忘记忧愁，摆脱烦恼。

4. 学会主动与人交往

（1）见面主动打招呼，主动问候别人。按照常规，你问别人好，别人也会问你好；你对别人微笑，别人也会对你微笑。我们几乎很少见到你对别人微笑问候"你好"，别人会横眉竖眼，这是不符合人之常情的。

（2）你和人在微笑的问候中，双方都会感到人间的温暖与人间的真情，这种温暖与真情就会使人充满力量，就会使人增添信心。

（3）先尝试在班集体中积极主动广泛地与同学交流，在此基础上根据自己的实际，有目的地结交好朋友；然后，再扩展到兄弟班级。

5. 欣赏健康的音乐

（1）人们都会有这样的情绪体验，当听到雄壮激昂的歌曲时，往往因受到激励而热情奔放、斗志昂扬；当听到低沉、悲壮的哀乐时，往往使悲痛、怀念之情涌上心头；当听到轻松愉快的歌曲时，紧张心情也会放松，会得到平静。

（2）健康的音乐能调解人的情绪，陶冶人的情操，培养人的意志。当人受到挫折、情绪低沉、缺乏信心的时候，选择适当的音乐来欣赏，能帮助自己振奋精神。

6. 阅读成功的励志书籍

（1）养成读书的习惯（包括借书、买书、藏书、看书），多读书，读好书。

（2）认真做好读书笔记，养成边读、边想、边记的习惯；从不同的角度分析取得成功的正确观念和态度，以及一些获取成功的思维方式，从中找到勇气和力量；不断地充实自己的知识，提高自己的能力，弥补自己的不足。

（3）学会循序渐进的做事方法。做事不要急于求成，我们可以选择先易后难，多体验成功；有了比较强的自信心，再去实践"先难后易"，体会"挫折教育"。一个人越有信心，就越有力量，就会昂首挺胸、一往无前。

> **思维拓展** 大师成长定律

大师不是天生的，而是通过自身的努力，并符合大师成长规律在后天形成的。每个人只要遵循其教育规律成长，通过后天的努力，都有可能成为大师。

1. 大师成长第一定律——理性传统与工匠传统相结合

凡成为有造诣的大师级科学工作者，必然具有理性传统和工匠传统的完美结合。大师水平与理性传统和工匠传统结合的水平成正比，凡结合得愈好者，大师水平则愈高；反之亦然。

2. 大师成长第二定律——多元知识结构形成多元思维

以自我创新所形成的多元知识结构和所形成的多元思维愈合理，愈容易在科技方面有所创造、有所发明，从而成为大师级人才的机遇就愈多；反之，成为大师级人才的机遇就愈少。

3. 大师成长第三定律——适度知识并善于竞争

适度知识与学派竞争结合得愈好，愈有望成为大师级人才。适度知识与学派竞争结合的程度与人才质量的高低成正比。

4. 大师成长第四定律——好问善疑而成学派帅才

提问和质疑能力愈强，则创新意识愈强。当一个学者善于提问和质疑，并能自然成为学派帅才者，就有望成为大师级的人才；反之，不善提问和质疑则自然成不了学派帅才者，则与大师无缘。

5. 大师成长第五定律——自信、独立、坚韧

自信、独立、坚韧的心理优势，是大师成长必备的非智力因素。科学家一旦确定了正确的探索方向之后，自信、独立、坚韧就成为决定性因素。科学工作者的自信、独立和坚韧的心理优势愈强，在探索真理的道路上就愈容易有所发现，有所发明。

第二节 爱商与潜能开发

爱来自何方，情又归何处？爱由心造，爱一定有心，"心"是身之房，魂是心之"灵"。爱因私心与公心的"比重"差异，存在小爱、大爱

和博爱，三者在精神层次上有区别。由爱产生的念力，有巨大的能量；当人的心房打开，会产生更大的格局，爱之道，潜能之本！爱商高，人品高，人品是最高学历。爱有形，又无形。初级快乐是有形的，高级快乐是无形的，灵魂上的快乐属于高级快乐！有博爱胸怀的人能成就大事业。

一、爱商与6Q的关系

（一）简述6Q系统

MQ是德商，指人在忠孝、良知及对责任担当和价值观、人生观实修等方面的综合表现，也包含理想、信仰等精神境界更多的范畴；FQ是财商，反映人理财及优化资源方面的能力高低；PQ是娱商，表达人对琴棋书画、诗词歌赋等娱乐方面的天赋及善于劳逸结合的能力。

SQ是灵商，灵商有时也被称为德商，但更准确来说，灵商的实际内涵超越德商，因它还指人通过自我修炼挖掘连接内在神性的部分。一般灵商表现为人的爱心、信念、信仰和灵修活动的整合。它看似抽象，其实对整个人生扮演主导作用，是人灵魂、气质、人格魅力的组成部分，也反映出人价值观、人生观和恋爱观的不同。[①] CQ是创商，指人创造性思维的能力高低；RQ是体商，指人身体综合运动方面的灵活性及动作协调能力的高低，也可把它作为身体素质的指数。IQ是智商，泛指人运用发挥左脑的综合能力高低；EQ是情商，指人对情感、情绪的综合协调及人际关系的沟通处理能力高低；AQ是抗逆境商数，指人抵抗逆境阻力、克服困难的意志力和韧性的高低。

在不同综合素质教育体系中，所创建的商数个数会有不同，但基本一致的是，会把德商或灵商放在关键位置，说明德商或灵商影响人的全面发展。图3-1、图3-2分别直观地突出了德商或灵商的作用，后者是2007年由刘中良先生申请通过的专利项目，该"6Q——人才成长V模型"把灵商（SQ）放在最底层，更形象地显示了SQ能撑起及托起其余五个商数的发展关系。

---

① 参见韩诚《6Qσ综合素质教育手册》，北京交通大学出版社2014年版，第5页。

图3-1 6Q关系

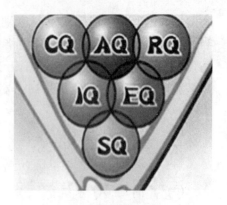

图3-2 6Q关系

(二) 爱商的内涵

爱商是一个人了解爱本质的程度和正确接受及表达爱的能力。爱商，LQ，是英文 Love Quotient 的缩写，指爱心商数、同情心商数，也指情感商数（爱情、亲情、友情），还是衡量人们参与救助灾害、救济贫困、扶助残疾人等社会困难群体和表达个人公益爱心活动的重要指标。

(三) 爱商的外延

1. 爱商 (LQ)、德商 (MQ) 和灵商 (SQ)

在前面图3-1及图3-2两个不同综合素质6Q系统中，没能直接看到爱商（LQ）所处的位置，但当进一步思考将不难相信，一个人爱商指标高，灵商（SQ）和德商（MQ）相应也高；不可能出现爱商指标高，而灵商（SQ）和德商（MQ）反而低的任何情况。因为有一定爱商（LQ）的人，至少是善良的人，懂得感恩，会关爱他人，善解人意，所以虽然LQ不是MQ和SQ的全部内涵，但LQ蕴含在MQ和SQ当中。

"种树者必培其根，种德者必养其心。欲树之长，必于始生时删其繁枝。欲德之盛，必于始学时去夫外好。"[①]关于修德早在明代，著名的思想家、文学家、哲学家、军事家王阳明先生就为我们做了相当精辟的诠释，他把养德及养心比喻为种树培育其根的作用，可见修德养心相当之

---

① （明）王阳明著：《传习录》，孙虹钢译解，北京理工大学出版社2014年版，第253页。

重要。人的能量由三部分构成：体能，只相当树的枝叶；智（慧）能，相当树的树干；德能，才是树的根系。要想获得高的能量，需要通过用心刻苦修炼。能量与心量成正比，心量有多大，他吸取的能量就有多大；能量越大，其能力越强。

2. 爱商的行为表现

一个人爱商高，意味着他特别会用心而非只懂用脑；爱商高的人，对人、事、物总会自然而然地流露其怜悯心，同时，他的包容心更强，甚至能宽恕对自己不利的人。

心中有爱之人心量和格局更大，因他立心纯粹，产生的正能量特别强，处事将更公正，心态则更轻松自在。MQ（德商）高的人，除了立心正，有高尚情操，还必须有建功立德之行为，MQ（德商）范畴更高更广。

（四）"爱"的本质

"爱"的本质也可以理解为关爱。关爱别人就是关爱自己，关爱别人是我们得到别人关爱的前提，因为只有你关爱了别人，在你需要帮助的时候别人才会回报你。关爱不是怜悯，更不是同情，而是快乐地以一己之力助他人成长，并让受助人也感到快乐。

1. "爱"的本质

古人称仁者爱人，所以把爱称之为"仁爱"。在中华义理经典教育工程中，"仁、义、礼、智、信、忠、孝、廉、毅、和"十大义理,① 仁（即爱）被排在首位可见其重要性。此外，儒家讲仁爱，墨子讲兼爱，道家讲道法自然（人类除了要爱护自己，还要爱护大自然，才能达到道法自然即"天人合一"境界），其实圣贤们都在谈"爱"的本质。孔子经常讲"仁"，他认为"仁"是他整个学说的中心。②

2. 爱由心造

古人造字含有心在"爱"（见图 3-3）中，现代的简体字将"爱"变成无心了，确实是一个很大的遗憾。汉语关于"心"的词组或成语相当丰富，既有正面用意，也有贬

图 3-3 "爱"的繁体字形

---

① 参见《中华义理》，冯燊均国学基金会 2010 年荣誉出品，第 3 页。
② 参见李绍崑《现代教育哲学》，中美精神心理研究所 2013 年编印，第 36 页。

义在内。例如：

心机/心态/心情/心性/心念/心力/心法/心病/疑心/内心/专心/欢心/细心/粗心/良心/分心/公心/私心/费心/操心/心魔/恶心/狠心/恨心/心动/心灵/心巧/心匠……

心想事成/心诚则灵/心花怒放/心潮澎湃/心灰意冷/心暖洋洋/心力交碎/心直口快/心口不一/心有灵犀/力不从心/心驰神往/心服口服/心胸开阔/心有余而力不足/心有余悸/心胸开阔/心疑生暗鬼/心怀鬼胎/蛇心毒蝎/万箭穿心/心如死灰/慈悲为怀/一心一意/专心致意/心慈貌美/心神不定/漫不经心/心术不正……

二、爱的级别与人的格局

（一）爱的层次与境界

1. 小爱

小爱——爱自己。"身体发肤，受之父母，不敢毁伤，孝之始也。"善待自己，不给别人添麻烦，有爱自己的本领，才有能力去爱别人，不然就算很想去照顾和服务别人，却没能力做到。自爱，也是自尊、自信、自强的基础。

2. 大爱

大爱——爱家人、兄弟姐妹和身边的朋友，关心、理解、尊重他人，都是大爱的表现。有大爱的人，更懂得感恩和珍惜一切，能发自内心爱护公共卫生和爱护自然生态环境；有大爱的人，敢于担当、自律，勇于承担社会责任。

3. 博爱

博爱——达到无我境界，无条件去爱任何人，包括爱认识的人和不认识的陌生人。无条件给予别人，不求回报。当认为是为社会大众有利的，愿意付出和奉献自己的所有，包括金钱、时间甚至宝贵的生命。博爱之人的境界，能心无杂念，完全是利他思想，用王明阳的话来说则是心外"无物无我"。

（二）爱与人的格局

1. 私心与公心

在中国近代史上，无数的革命先烈为了中国革命的最后胜利，不惜牺牲年轻的生命；当然在革命队伍中，也出现过叛徒汉奸，他们为了保住自己的生命，经不起利诱考验或残酷身体折磨，违背良心出卖机密当了侵略者走狗。

在和平时期，为什么会出现贪官现象？私欲过强的根源就是他们内心没有爱人民群众，把自己的利益高于人民利益，没有大爱之心。

图3-4是为了方便理解和说明问题，笔者借助量化指标来比较认识小爱、大爱与博爱的不同：80%～100%的"爱人如己"程度，则为具备"博爱"的大公无私之人；60%～80%的"爱人如己"程度，则定义为具有"大爱"的爱心人士；少于60%的人暂且称为"小爱"的一般人。

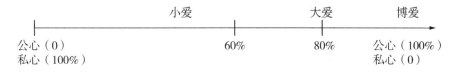

图3-4 小爱、大爱和博爱的量化关系

2. 修行就是修心

每个人不可避免地遗传自己祖宗的心性秉性，遗传基因中有好的也有不好的先天成分，人性或多或少总有自私部分。修行就是要慢慢修去私心，减少私欲，提升公心。如此，人们才能活得更轻松自在，活出真我，实现更精彩的人生。

国父孙中山和毛泽东主席、周恩来总理等人，能深受众人爱戴，是由于他们有"天下为公"和全心全意为人民服务的情怀及毕生为之所做出的奉献！大爱无疆，在中国革命战争中，曾经有过国际友人白求恩大夫，他不远万里来到中国，为中国革命献出了自己宝贵的生命。南非的曼德拉先生，缅甸的昂山素季，他们非凡的人格背后与他们有博爱之心密不可分。

广州助人为乐、道德模范典范、年轻人榜样赵广军先生，北方感动无数人的老人白方礼，他们为什么能坚持做一般人能做但办不到的事情？如果他们没有赤子的博爱之心，肯定不可能坚持近20年如一日，默默为有需要的陌生人做奉献。

我爱人人，人人爱我，这是新时代高尚品质的象征。普通人未刻意修行，在人性中多少含有私心是不可避免的事情，有觉悟的人是能自觉进行自我修炼、借事炼心、逐渐减少私心的。慢慢提升公心，能处处缩小自己去放大别人，有大爱的人一定受人欢迎。

三、爱之道，潜能之本

（一）不求爱但去爱

1. 真爱是无条件给予

真爱是无条件给予，就算一方深爱着对方，也不能要求另一方一定也深爱着自己。真爱也需要智慧的表达。常常会发现有的人因不善于表达自己，断送美好姻缘；或只顾追求自己心目中自以为的真爱，不能理解和接受别人的感受。更有之，不愿意面对别人拒绝的痛苦。有不成熟的想法要通过自杀了结生命，这样的人通常爱商很低，甚至是负值爱商，因为他连小爱也不懂，不爱惜来之不易的生命，全然不去考虑父母和所有关心他的人的感受，是极其自私的行为。若因爱不成产生仇恨、怨恨，甚至想伤人害己，是智商和爱商极低的表现。情商低的人，只是不善于调节和控制自我情绪，不容易走出低落情绪；但若他有一定的爱商，会在内心祝福对方，还可以和对方保持良好的朋友关系，不至于失恋过后变成对异性冷漠，以后甚至拒绝或恐惧与异性正常交往，变成"爱无能"。让自己勇敢地站起来，面对别人不接受自己的现实，或尝试用真诚的心去感动别人，了解别人对自己不能接受的地方，这才是真正成熟和提升爱商的表现。

2. 真爱无价

自然界因有了这种种爱，才拥有了和谐的节奏；人生因有了这种种爱，才拥有了温馨的感觉。母爱是平凡的：它不需要感天动地，惊心动魄；母爱是伟大的，不经意间那点点的关爱已浸润了我们的心。父爱是伟大的，却是从不张扬。老师的关爱是"润物细无声"的爱。老师为了我们的成长，奔波着、辛劳着，额上却留下了岁月无情的印痕。正是拥有了这些爱，才让我们感受到了爱的价值。

思维拓展 一首恋歌，感动中国，超越音乐的力量

2013年2月15日，东方卫视《妈妈咪呀》节目中，哈尔滨知青张新民、上海知青唐桂娣演唱的《共和国之恋》震撼全场。张新民右手拿琴，

左手搀扶唐桂娣，歌声穿云破雾，绕过激流险滩，跨越崇山峻岭，从兵团的三架山到黑龙江，从北国冰城到黄浦江两岸。

张新民毕业于哈尔滨第17中学，是中学宣传队小提琴手。1968年秋天，他带着音乐教科书、乐谱等书籍和心爱的小提琴，踏上到黑龙江当知青的征途。1969年，唐桂娣在上海某中学毕业，虽因有极好音乐天赋，本可以被上海多位音乐教授收为徒弟，但在追逐梦想的年代，唐桂娣还是加入"上山下乡"队伍，从上海到黑龙江兵团当知青。于是，会拉小提琴的张新民与天生一副好嗓子大眼睛的上海姑娘唐桂娣相遇、相爱并结婚了。

2010年1月的某一天，唐桂娣突然感到全身麻木，刚想站起来，一下子晕倒在沙发上。唐桂娣被送到医院急救，经过一个多星期的抢救，唐桂娣苏醒了。可是，由于是重病脑梗死，她瘫痪在床，一躺就是两年。妻子病了，说话困难，手足无措的张新民开始学做饭、洗衣服，包办所有家务。张新民说："你侍候我几十年了，这回该我伺候你了。"2012年，在张新民精心照料下，唐桂娣站了起来。张新民想：如果让她参加演出，让她知道自己还能唱歌，应该是对她最大的鼓舞，有好心态也能让病情好得更快。他重新练起小提琴，又耐心劝说她哼唱，终于他们有机会上台表演。

2013年2月15日，他们俩携手出现在上海东方卫视《妈妈咪呀》节目中，共同演绎了一曲《共和国之恋》，那是一首生命之歌，爱情之歌。他们虽未表演完整曲，全体评委和在场听众都报以热烈掌声，评委激动宣布，他们顺利通过第一轮评比。

（资料来源：《让人泪奔的歌声》，见党建网微平台，2015年11月26日。）

人生是一个转瞬即逝的过程，张新民和唐桂娣的故事告诉我们：人间金钱难买爱情，真情才能携手一生，真爱才能共渡难关。张新民和唐桂娣都是爱商较高的人，他们拥有真正的幸福快乐！

3. 爱商的重要性

爱商不足的其中一种类型人，容易嫉妒他人，会为了达到目的而不择手段。爱商低智商高的人，是最可怕的人，这种人不可能有大智慧。爱商较高的人，往往会努力尝试多种方法，寻求克服智商上的不足，不轻易放弃追逐梦想，因此会促进其抗逆境商数（AQ）提高；爱商超高的人，产生正能量愿力较强，更加会想方设法创造条件实现心中理想，创商（CQ）会随之提高。所以提升爱商指数的方法，是先培养自己有利他之心，当人的心量打开，会感召正能量助援。当爱商提高，会影响促进其余五个商数提高。因此，要事业顺利，生活美满，一定要重视培养爱商。

（二）幸福由心不由境

1. 初级快乐

初级快乐是有形的快乐。拥有父母、子孙等家人与人脉、钱财（房子、物品）、健康——初级快乐（饱、暖、物、欲）。可见，拥有有形的快乐只是初级的幸福，这也是通常我们认为的天伦之乐。

2. 中级快乐

中级快乐是无形的快乐。精神的快乐（内心的富足）、诗词歌赋、琴棋书画、游走天下（外出旅游）……这些无形的、属于精神层面的快乐比有形的快乐要高一个层次。

3. 高级快乐

高级快乐是灵魂的快乐。奉献、付出，让他人因为你的存在而快乐；为使命而活着，活得更有价值、更有尊严，能为责任活着，这才是最高次层的幸福。

人的成熟不是看年龄，而是看心态。心的成熟不是看遇到事情的多少，而是培养对事情的态度。淡泊名利，心坦荡了，心受伤的可能就减少了；心胸开阔了，快乐就会增加。淡定之人不负赘，豁达之人不受伤。"真正快乐的人是寻找解救心灵的途径，每个人财富真正的本质是爱的传播；爱与支持是我们生活和工作中的关键力量。"[①] 每一个人有了真实的关爱自然就有了财富，离开了爱，一切也就不复存在。

心甘情愿吃亏的人，终究吃不了亏；能吃亏的人，人缘必然好，人缘好自然机会多。爱占便宜的人，终究占不了便宜，只能捡到一棵草，却失去一片森林。心眼小的人，天地大不了，只有惜缘才能续缘。心中无缺叫富，被人需要叫贵。快乐不是一种性格而是一种能力。财富和地位等外在因素不可能保障人的幸福，内心真正的强大，才是实在的富足。

---

① 林伟贤：《感恩——把爱传出去》，新华出版社2007年版，第3页。

第三节
玩小小木飞机　拓无限潜能

长期在一线带领中小学生进行科技探索活动的经历，让笔者发现青少年儿童的创新潜能非常大，只要创设更多、更好的探索平台，结合他们好奇心大、好玩的特点，引领中小学生玩科技，玩出水平、玩出创新、玩出品格，开发无限创造潜能的宝藏，对培养优秀品格有很大的作用。例如，笔者长期开设的"玩小小手工木模型飞机活动"，对开拓青少年创新潜能很有帮助。

一、手工木模型飞机的发展概况

手工木模型飞机的相关活动已有很长的发展历史。100多年前，已有很多科学家为了发明飞机而研究它；发明飞机后，很多科学家为了改进飞机而研究它。

几十年前，为培养青少年创造力，手工木模型飞机活动已经在世界各国蓬勃开展。在中国，当时支持力度很大，木模型飞机比赛属于常规体育比赛，有专业学校和特色学校专业队，并对优秀的运动员给予进入大学的特殊照顾。但该项目的专业性要求较高，专业老师不多，一般学生想"玩"，但只有观摩的机会。木模型飞机制作活动过程含有巨大的趣味性、知识性、科学性，对于开发学生创造潜能极有好处。有很多杰出科学家和杰出人才小时候都曾经是航模爱好者。

实际上要开展好手工木模型飞机活动，却是一条充满荆棘的道路——它是三模运动中难度最高的项目，不但制作工艺要求高，而且调试工作上充满挑战性！因其运动轨迹是三维的，充满无限的可能性，探索研究时间较长，还需要较大活动场地，安全责任大……当取消升学特长资格后，活动很快萎缩，几乎不见踪影。

现在的模型飞机活动，基本上都是套材式和遥控式，学生拼装和遥控就可以完成，培养动手创作和自主探索机会相对少了很多，对开发学生创造力也较缺乏。

二、"玩木飞机激发创新潜能"探索

2005年,为加强学生实践能力,培养和提高学生的技术素养与创新探索精神,广州五中OM科技创新探索组老师,在许光明教授的鼓励下,向航模专家周伟烘老师学习木模型飞机的制作技术。2006年,在学校大力支持下,木模型飞机探索活动作为技术探索载体,进入通用技术课堂,该活动深受学生的欢迎。科技创新探索组老师们不断探索,不断改进,组织"玩小小手工木模型飞机活动",开发学生创新潜能,逐步形成"玩小小手工木飞机——开拓无限大潜能"课程。(见图3-5)

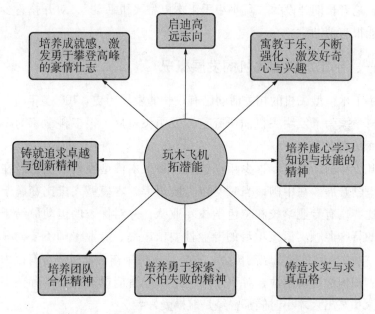

图3-5 玩小小手工木飞机——开拓无限大潜能

(一)启迪高远志向

"天生我材必有用。"每个人都是可成就的杰出人才,但关键在于你能否下定"成大才的志向"。虚心向他人学习,向杰出人才学习,勇于实践,不断总结,不断探索……才能逐步到达理想的彼岸。

志向是启迪人前进的明灯,也是激发人前进的无限动力。有了远大的志向就能激发无限潜能,推动人们越过一个又一个的艰难困境,攀上一个又一个的高峰。请一定要记住,越想要成功,就越要勇于面对困难;

越淡定从容面对困难,越积极学习,越淡定探索,就越能开发无限的潜能。我们在开展实验活动中,发现不少成功者都有共同特点:志存高远,脚踏实地。

(二) 寓教于乐,不断强化、激发好奇心与兴趣

飞机对于每一个人都不陌生,从小玩着纸飞机长大的孩子不少,没有坐上飞机的小孩也看着飞机在天空翱翔。"飞机为什么会飞起来?""为什么飞机可以向左向右、向上向下呢?"见到大人们在放飞飞机时,还会主动想:"我能放飞飞机就好啦!"带着这些疑问,他们就会有意无意地从各种途径收集到许多飞行知识,从电视、科普杂志、教科书、网络,以及别人的学习交流过程中都可以非常容易地学到丰富的飞行知识。他们长大点后,开始玩纸飞机的飞行比赛。如果赢了,可以比别人掌握更多飞行知识和飞行技能,就更有冲劲向玩飞机的更高层次迈进;如果输了,也可在别人那里学到优秀的经验和技能等。这些都让孩子们找到了玩飞机带来的乐趣。

兴趣能催化和激发学生的创新欲望与潜能,促使他们积极主动地参与到学习活动中来。中学生的年龄特点和心理特点决定了他们容易被具体、生动有趣的事物刺激和吸引,因此在中学开展玩木飞机适合学生身心发展的特点,能够玩出飞机的趣味性。开展制作木飞机在中学生已具备成熟的条件,制作木飞机的材料和工具在学生的日常生活中是常见也是常用的。木飞机活动可以在玩中学、在学中玩,激发学生学习兴趣;在趣味中保护和满足学生的好奇心与求知欲,捕捉学生的"智慧的火花"与"灵感";在趣味中保护和培养学生的创新意识。

(三) 培养勇于探索、不怕失败的精神

创设靶向探索平台,就是设立同一目标的探索比赛:如模型飞机直线距离比赛、飞机穿越挑战赛、模型飞机六楼投放、自由花式表演滑翔赛等。

有挑战才有进步。这是给具有敢于挑战、勇于探索和百战不挠精神的同学一个锻炼、展示才能的机会。这既是技术的挑战,更是心理的挑战,还是创新思维的挑战。在这个过程中,同学们的品质、知识、身体等综合素质会发挥得淋漓尽致。

（四）铸造求实与求真品格

求实求真，既是做人的道理，又是做事的准则。求实，就是要一切从实际出发，实事求是。求真，就是要在科学探索时追求真理。玩木飞机也是走科技探索之路，"求实求真"同样是它的准则。

木飞机看似简单，但它所蕴含的科学知识相当丰富，一架做出来看似没问题的飞机，飞出去的结果可能会出现与预期的不同。假如木飞机各部件的比例不正确、不对称以及垂直角度不垂直、折角不好等都会影响飞行。这些需要物理知识来解决，例如重心问题、流动空气学问题、升力问题等。知识是要自己去学习的，从一开始的飞机设计，就需要学生运用工具书查资料解决碰到的难题，再不能解决的就要虚心向老师、同学求教。"三人行，必有我师焉""择其善者而从之，其不善者而改之"。木飞机需要每个人都亲自动手制作，制作木飞机很难一次就成功，需要反复修改和调试。飞机能否飞出去，飞得平衡，飞得高，飞得远，飞出自己想要的花样，这些都是要同学们有锲而不舍的探究科学的精神。随着技术的提高，自己的希望也越来越高；怎样才能飞得高和远，就要从飞机的升力和动力入手……实践越深入，求真求实的学习探究也就越要深入。

知识在探究中不断理解、升华，制作飞机过程中运用的物理知识，平时感觉很抽象难懂，同学们在动手进行模型飞机设计时，已经在活动中不知不觉地运用了，原来的那些飞行奥妙就不再显得神秘莫测，而是简单、容易、熟悉。

（五）铸造追求卓越与创新精神

卓越是一种状态，追求卓越是一种精神。要想一直保持追求卓越的精神，就要树立远大的理想。苏格拉底说，世界上最快乐的事情，莫过于为理想而奋斗。我们不仅要发扬追求卓越的精神，更要掌握追求卓越的方法。尽管理想不一定能实现，但在追求理想的过程中个人的体验是满足的、快乐的、骄傲的。

能够善于发现问题，然后进行探索，探索，再探索……直到解决问题为止，这种对真理的追求，就是科技创新精神，就是创新人才独特的品质。

> **思维拓展**　木飞机在实践中

近年来，笔者引导学生以"飞机模型的飞行原理究竟是怎么一回事"为题，开始长期的探究。"飞机如何飞得起来、飞得更好"是我们进行探索的主题：用手、臂合成的力量投掷飞机难以实现力的稳定。为了放飞速度的恒定，朱剑锋同学便首先想到了发明"模型飞机发射器"，让模型稳定放飞；马东荣、林永康同学还想到了发明"水火箭、飞机组合飞行器"，用水火箭带动飞机飞行到空中再分离发射，而后使飞机转入平稳飞行；用美工刀难以削制所需要的翼型时，有同学想到改用木刨，王健威、张溢棋、童晨晖三位同学发明了"电动刨机翼机"，实现自由方便地制作机翼。在检查模型飞机的飞行性能时，需要做"风洞"测量的信息，但这是北京航空航天大学的教学任务，小组的同学们还处在高中阶段，能攻克这个难关吗？

女同学李月儿说："我们现在距大学只有一步之遥，我们已具备了探索的能力，应该发明一种自己的'模型飞机风洞'。"于是，她和伙伴们开始去广州市图书馆查阅资料，研究"风洞"，最后经过一学年的艰辛劳动，终于将"数字化可定量测试的模型飞机风洞"用于我们对模型飞机的测量上，此项目在第十八届全国发明展览中荣获金奖。

我们将自己制作的木飞机起了个名，叫"必胜号"。"必胜是每个人的梦想，我们将自制的木飞机取名叫'必胜号'，它虽然是一架普通的木飞机，但它装载了我的飞天梦想，载满了我想振兴中华的航天事业的决心。"这是同学们玩木飞机的宝贵收获。

（六）锻造团队合作精神

现在学生大多是独生子女，成长环境的相对封闭，使他们有较重的个人主义思想，缺乏成员间相互宽容、相互理解的意识，养成了独立性差、责任心差、劳动观念差、缺乏勇气等人格上的缺陷。长期以来，中国固有的封闭思维方式及内敛的传统自我意识，使人与人之间缺乏合作交流；我国以个人成绩的考核方式，也让学校忽略了学生"团队精神"的培养。而玩木飞机恰好是一个开展团队合作的良好平台。

木飞机在制作过程中，一般会让学生分组合作完成制作。每个人的能力有限，都有长处和缺点。当看到有人制作的飞机某一方面比自己好，就会产生向别人学习、虚心向别人请教、激发交流的欲望。这样你追我赶，就形成相互合作、帮助、促进的氛围。

在海珠区科技夏令营——制作木模型飞机中，学生制作到一定阶段后，组织一次制作心得总结会，每个人都将自己制作飞机的心得与大家分享。有的同学制作了做飞机的模具，有的讲出机尾、机翼、机身等制作技巧，每个同学一下子收获到全班同学的智慧，这可能是他一辈子都想不出、想不到的技巧。因此，经过这次培训，学生在第二届手工制作模型飞机比赛中的成绩有了大的飞跃。

图3-6为"上山下乡"开展科技扶贫活动，图3-7为广州、高州学生手拉手"放飞梦想"。

图3-6 "上山下乡"开展科技扶贫活动　图3-7　广州、高州学生手拉手"放飞梦想"

在飞行练习中，同学们有更多机会发挥团队精神，比飞行，争高低，相互学习、交流和模仿。团队的合作使同学们相互沟通增多，亲近程度增加；同时，小组成员开朗多了，自然对人的热情和宽阔的心怀就产生了。

图3-8为模型飞机探索平台。

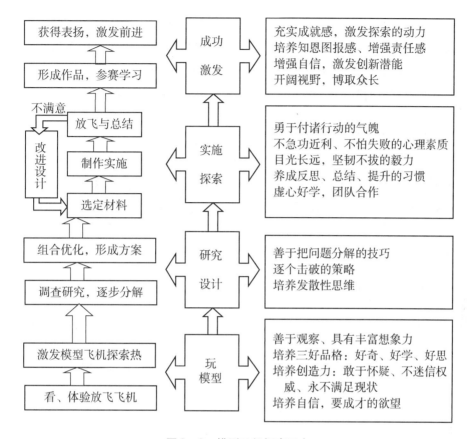

图 3-8 模型飞机探索平台

第四节
家校社联拓展教育潜能

如何利用社会资源来拓展学校的教育潜能，提升办学质量？传统教育以传授知识为主的单一化办学模式，已经无法满足社会对学校办学的期望，以知识教学、生命教育、科技教育等综合性发展的多元潜能开发教育模式，如今已成为学校探索的一个新领域。

一、家校社联简述

家校社联，是指家庭、学校、社区等联合起来，通过资源优化和整合，创建一个更加适合受教育者生活和学习的环境，从传统学校以传授知识文化为主体的教育模式，向知识教育、生命教育和科技教育等结合为时代特征的多元潜能开发教育模式转变。其实质是"拆去围墙"，让学校的小教育走向社会的大教育。

（一）拓展学校的教育资源

学校作为组织机构，与家庭相比较，在社会领域具有更高的信度。

社会是一个很大的概念，家庭是社会的细胞。通过家庭与学校的具体需求，再与社会进行连接，有针对性地整合社会资源为受教育者服务，家庭、学校与社会的资源链接更具效度，这种合作是共赢的选择，并且有效地拓展了学校的教育资源向社会发展。

（二）激活潜能需求层次

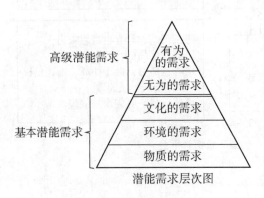

图3-9 潜能需求层次

家校社联是个体潜能在潜能需求层次①（见图3-9）发展上的需要。时代在发展和进步，单纯的知识教育已经无法满足受教育者，急需知识教育、生命教育、科技教育等多元结合的潜能开发型教育。如果我们把知识教育等看作物质的需求，多元结合的潜能开发型教育看作环境的需求，则后者更加注重环境的品质；物质的需求与环境的需求均可以为文化的需求服务，但两者存在品质上的区别。

我们不仅要培养受教育者个人，更需要为受教育者的健康成长创建一个美好的生活和学习环境。"家校社联"是从"环境的需求"这一角度出发，整合学校、家庭、社区等相关优质资源，及时、有效地服务于青少年儿童的各种需要。

---

① 参见韩诚《6Qσ综合素质教育手册》，北京交通大学出版社2014年版，第4页。

（三）保障青少年儿童身心健康

社区资源丰富，社区资源被充分利用需要找到服务对象；学校的主要功能是知识和技能教育，对于部分有特殊需要的家庭，常规的学校教学活动无法满足，尤其是对于边缘性青少年的心理健康辅导等；家庭的需求常常是多元化的，全优生的家长希望孩子更加优秀，潜优生的家长常常因为信息缺乏而困扰。

家庭、学校、社区的联合是各方优缺点的有效补充，而这些补充是围绕着青少年儿童的具体需求开展的，能及时发现他们在健康成长过程中的不足，从而及时补救。这是青少年儿童身心健康的根本保障。

（四）有利于培养智慧父母

人才的发现和培养，首先是沟通。通过家庭、学校、社区之间的有效沟通，能够及时发现充满正能量且有一技之长的智慧型家长。

智慧型家长可以成为非智慧型家长的模范和榜样，引导他们成长为智慧型家长。

（五）促进学校文化、班级文化建设

望子成龙、望女成凤是许多家长的传统思维。家庭、学校和社区之间有效沟通的结果，使家长能够及时发现自己的家庭教育模式是否合理以及孩子在班级中的进步状况等，进而及时有效地帮助青少年儿童健康成长。同学之间发挥正能量，形成积极向上的良好学习氛围，可以有效地激活集体潜能，促进学校文化、班级文化建设。

（六）发掘社会资源，促进教育质量提升

任何一家机构或社会组织，在没有创新、没有与社会紧密结合的情况下，其资源都有可能枯竭；社会资源是无尽的宝藏，能够及时为学校输送新鲜血液，提供创新资源。

实践经验、社会监督、社会沟通等，对促进学校教育质量的提升都是有效的。

二、家校社联实施

在过去的一年多时间里,广州市荔湾区环市西路小学积极开展综合实践课,通过家校社联,大力开展家校合作、家社合作、校社合作,让有效的家庭资源、社会资源与学校资源进行匹配和整合,在培养智慧型家长促进班级文化建设和学校文化建设诸方面取得成效。

（一）促进班级和谐与健康发展

家长委员会（简称"家委会"）是家长与学校沟通的重要纽带,每个班分别选举两名代表,组织学校家长委员会。重视家委会的建设,是家校合作的关键。

1. 家委会充分发挥领头羊作用

家委会代表是每个班的家长领头羊,是班主任老师的左膀右臂。

（1）家长是学校活动主要的义工来源。家委会成立以后,学校组织校活动或班级活动,家长们可以到家委会报名做义工,发挥组织窗口的作用；家委会根据家长特长分工,有的做安全维护,有的做裁判员,可解决学校举办活动时人手不足情况,成为学校一道活跃的风景。

（2）家委会代表或家长调解同学间纠纷,消除家长间的误会。同学之间难免会产生一些校内、校外的纠纷,这些小纠纷看似小事,但如果处理不当,容易引发家长之间的误会。俗话说"爱子心切"。家委会代表及时出面协调同学之间的纠纷,讲明事理,就不会产生误会了。实践证明,自家委会成立之后,学校类似的纠纷事件大大减少,同学之间能更加和谐相处。

（3）智慧家长自发组织校外亲子活动,让爱流动。据笔者调查,上学期广州市荔湾区环市西路小学所有班级均有自发组织至少一次以班级为单位的校外亲子活动,多为家委会代表主持。他们以"爸爸去哪儿"或"妈妈去哪儿"为活动主题,组织家长与同学一起参加亲子活动,促进户外亲子沟通,提升同学们爱的智慧、培养其情商,促进了班级和谐。

（4）建立班级小图书馆,进一步激发学生的阅读兴趣。家长的智慧是无穷尽的宝库。例如,在与家长们沟通交流的过程中,发现 A 学生阅读过的图书,可能正是 B 学生想要阅读的图书；于是,他们提出将图书捐赠出来,放到班级里统一管理,形成资源互换使用。热心的家长把家里准备丢掉的桌椅搬到学校,加工成书柜,再选举几名班级图书管理员轮值。这样,既达到了图书互换,又培养了同学们的善德智慧、管理能力等。

(5)成立家长互助小组。家长互助小组的成立,有效地加强了家长之间的互相支持和友好协作。家长以就近原则,以家为单位,每6户家庭组建一个互助队,实现"互助成长",特别是辅导学生做作业等。实践证明,该方法不仅可行,并且效果很好。

家长互助小组是家委会代表的得力助手,这是一个分级管理模式的有效应用:班主任老师有重要通知时,在"校迅通"发布消息之后,再通知家委会代表,实现了双重通知;家长互助小组代表协助家委会代表通知互助小组内成员,省时而更有效。

2. 让家长智慧在学校绽放光芒

(1)在家校合作中发现家长智慧。家长可以分为三类:一是先知先觉型家长,他们积极主动,有一技之长并且愿意付出;二是后知后觉型家长,他们渴望了解自己的孩子,帮助孩子成长,也愿意做义工付出自己的劳动,但常常不知道从何下手;三是不知不觉型家长,这些家长不重视家庭教育,孩子在学校时经常在同学间制造麻烦,比如把某个同学的饭盒或书本藏起来、把铅笔屑放到某个同学的饭盒里、故意惹怒其他同学引发矛盾等等,他们用恶作剧来获得快乐。针对第三点情况,我们把这些同学的表现耐心地告诉家长时,他们并不接受,有的甚至产生了老师故意为难孩子的想法。这一类家长常常认为自己的孩子是最优秀的,不可能有这些行为产生,这类"独生子女溺爱现象"成为老师与部分家长的沟通障碍。通过家长互助成长,由先知先觉的家长帮带后知后觉型家长并影响不知不觉型家长,有效地激发并利用家长资源这一教育潜能,促进家校沟通与合作,让家长成为老师的助教,从烦琐的信息沟通中解放老师的时间与保存老师的精力,使其能全身心地投入培养孩子的综合素质教育。先知先觉型家长,就是我们需要寻找和重点培养的智慧型家长。

(2)引进家长智慧为学校文化建设服务。通过聘请客座教师,召开家长会让智慧型家长分享育儿经验,邀请智慧型家长参与公益的家庭教育专题讲座等活动,引进家长智慧为学校文化建设服务。

（二）帮助"学困生"成长，促进班级共同进步

家社合作，是指家庭与社区的合作，尤其是家庭与家庭综合服务中心等社会机构合作，帮助学生实现学习进步的活动。部分学生不在父母身边，由爷爷奶奶或外公外婆管理生活和学习。老年人多不会辅导学生学习，一旦遇到学习困难型学生，依靠家委会和家长互助小组就有办法解决这一难题了。

1. 社区家庭综合服务中心提供学习和心理辅导服务

街道的家庭综合服务中心，其服务已经由政府付费购买，为了有效利用好这一优质资源，学校与家长之间保持积极沟通，让有需要的家长能够及时获得帮助。据2014年统计，广州市荔湾区环市西路小学有20多位学习困难的学生在社区的家庭综合服务中心获得帮助，且效果明显，有效地缓解了家长和班主任老师的压力，提升了学生的学习兴趣，缩小了班级同学之间的学习差距，促进了班级同学的共同进步。

2. 介绍社会热心公益的专业人士帮助学校的家长和同学

借力社会热心公益的专业人士力量帮助学校的家长和同学，把"负担"转化为教育资源。这里的"负担"，是指老师心有余而力不足，无法帮助家长解决的那些疑难问题，比如孩子有情绪需要疏导、家长长期打骂孩子造成心理问题等；老师不是万能的，但社会资源的宝库却是无限的。家长也需要成长，在适当的时候，我们提供一些成长的机会给他们，使其更加智慧，也帮助了他们的孩子，对班级文化建设起到了促进作用，这是合作共赢。

（三）"校社合作"提升办学品质

教育潜能的巨大宝库在社会，学校与社会合作，即引进符合学校发展并且当前学校紧缺的社会资源，为家长排忧解难，为学校和班级文化建设锦上添花。校社合作的方式多种多样。例如，可以通过邀请社会知名人士到学校做讲座，拓宽智慧型家长的视野；积极报名参与社会实践和社会竞赛，提升学生综合实践能力；邀请专业艺术社团到学校办辅导班等，创造更丰富的育人环境。

（四）家校社联的资源整合拓展教育

通过家校合作、家社合作、校社合作等家校社联的方式，把有限的

学校资源拓展到家庭与社会领域，挖掘巨大的潜能宝库，有效地培养智慧型家长，从而更有效地服务于学生，有助于创造大教育的优越环境。

1. 生命教育是培养智慧型家长的前提

（1）普及生命教育，让学生从小学会照顾自己。当前的独生子女多，很多家长喜欢包办替代，学生独立生活能力弱化了，不会照顾自己。启发学生学会照顾自己，从生活能力的自理，到培养独立人格、降低疾病与性侵害等风险；引导学生学会管理情绪，有爱心、喜幽默、善于处理人际关系，学会释放自己的压力等，充满正能量的孩子情商（EQ）相对较高；培养孩子面对挫折的能力，人生谁不会遇到困境？我们要学习的，不是避开困难的方法，而是"危机公关"的能力。

（2）在实践中提升生命的智慧。生命的智慧来自于实践，从小让孩子多参与劳动，尤其是家务劳动，做高智慧父母，而不是单纯地宠爱自己的孩子。让孩子学会爱自己，也要学会爱父母、爱老师、爱同学和他人；爱学习，不要把学习当成任务，而是把学习当作一种兴趣、娱乐。爱的智慧，建立在家庭教养的基础上，包容、接纳，学会宽恕他人。有了智慧，人便会倍加珍惜生命。

2. 科技教育是培养智慧型家长的方向

（1）培养学生热爱思考的习惯。没有创新就没有发展。创新来源于生活、来源于思考，从低年级就开始培养学生热爱思考的良好习惯，培养其兴趣，激发学生对科普知识的热爱，扩大他们的阅读广度，为他们创造有利条件。如果家长能够陪伴孩子做亲子思维活动，则是更加智慧的选择。

（2）鼓励学生积极参与实践活动。劳动创造了人类，实践是检验真理的唯一标准。因此，综合实践十分重要。现在的学生十分聪明，很多长辈想不到的事情，他们想到了；但想到与做到是有差距的，实践与反复实践是检验和提升智慧的方式，积极参与社会活动和综合实践活动是学生实践增长智慧的有效渠道。

（3）科技创新是培养学生走向成功的法宝。科技创新体现了创新的价值，是科学发展观指导思想下的实践活动。科技创新首先要有创新思维，然后把思维方法绘制为设计图，再不断地思考和修改设计图，将自己满意的设计图与指导老师一起讨论，最终获得满意的方案。这一过程中可能需要筹备材料，如按设计完成科技小发明实物模型等，是对参与者的又一考验。

第五节 创新型人才素养

思维,是人类能够生存与发展的一项"基本功",每个正常人都会思考,而且是创造性思考,因而成为世界上有能力认识世界、改造世界和创造世界的高级动物。当今世界的精神文明、物质文明与社会进步,是人类具有进行创造性思维能力的结果。人类的创新之路没有固定模式,奋斗人生也没有统一"轨迹"可循,但人生摸、爬、滚、打的舞台绝不能没有"三大支柱"的支撑——健康的身体、良好的心理素质和过硬的本领。它们三者的关系宛如满载的列车之所以能在轨道上安全行驶,离不开车轮、方向盘和发动机。

一、思维概述

(一) 发现、发明与创造

发现、发明、创造是人类进行创造性活动的三大主战场。如果没有创造性活动能力,就没有人类的一切。[①] 从这个意义上讲,人类的历史就是人类的发现、发明和创造史,发现、发明、创造是人类文明进步的阶梯。这是一个只有起点没有终点的阶梯。人类创造性活动的三大主战场(发现、发明与创造的内涵及其相互关系)见表3-1。

表3-1 人类创造性活动的三大主战场

人类创造性活动的三大主战场	内 涵	与世界的关系
发现	(1) 应用有关科学知识、科学技术揭示或摸清客观世界本来就存在的现象、特征、规律; (2) 是发明、创造的重要源泉和理论依据:一项重大新发现,往往会促成一系列的新发明,而一项重大发明又往往引起一场巨大变革(甚至是一次技术革命)	认识世界

---

① 参见许光明《创新思维简明读本》,广东教育出版社2006年版,第5页。

续表 3-1

人类创造性活动的三大主战场	内　涵	与世界的关系
发明	(1) 应用有关科学知识、科学技术，首创前所未有的事物、方法； (2) 首创的"事物、方法"具有新颖性、创造性和实用性； (3) 小发明孕育着大发明，小发明是大发明的"摇篮"	创造世界、改造世界
创造	(1) 提供新颖的、独特的、具有社会意义和价值的事物与方法； (2) 创造出来的东西必须是前所未有并具有一定的社会意义和价值，因而科学方面的发现、技术方面的发明、文学艺术方面的创造等都是创造性的活动	

（二）思维的四大特征

思维是人的大脑最重要的机能，主要表现在发现问题、处理问题、解决问题的整个过程，是人类智力因素的核心。思维可以揭示客观事物的本质及内部联系，是人类认识世界、改造世界和创造世界的高级形式。思维具有四大特征，即概括性、间接性、时代性（局限性）、传播性（表达性），见表 3-2。

表 3-2　思维的四大特征

特　征	内　涵
概括性	在大量感性素材的基础上，把一类事物共有的本质特征及其规律加以归纳，谓之思维的概括性。它在人类思维活动中的重要意义在于：使人的认识活动摆脱了囿于具体事物的局限性，以及对具体事物的依赖关系；拓宽了人对事物认识的深度和广度
间接性	通过一些途径（媒介、知识、经验、推理）间接地反映客观事物的本质，谓之思想的间接性，它在人类思维活动中的重要意义在于： (1) 使人有可能超越感知觉提供的信息，认识那些没有（或不可能）直接作用于人的各种事物之属性，揭示其本质与规律，预测其发展过程； (2) 使思维认识比感知觉认识在广度与深度方面都有质的飞跃

续表 3-2

特 征	内 涵
时代性（局限性）	实践是检验真理的唯一标准，也是人类思维活动的基础。不同时代，人们实践活动的空间与条件不同，因而其思维能力、思维方式、思维水平也不同，这就是思维的时代性（局限性），或称之为实践环境的制约性
传播性（表达性）	人的思维需要通过载体（主要是语言、文字，有时甚至是表情、手势和思路）进行传播（表达），才能实现人际交流的目的，这是人类文明与进步的重要标志

（三）创造的定义及分类

创造是指首创前所未有的思想、理论、方式、方法、途径和事物。创造可分为广义创造和狭义创造。（见表3-3）

表3-3 创造的定义与分类

创造的类型	定 义
广义创造	所产生的成果仅为个人（或本单位、本地区、本国）之新产物，而在世界范围内并无"新"义可言
狭义创造	所产生的成果在世界范围内都是新的（前所未有）、独创的、有价值的

（四）创造性思维的特征

创造性思维是重新运用已获得的知识、经验，提出新途径（方式、方法、方案、程序），并创造出新思维成果的一种思想方式；创造性思维是在一般思维基础上发展起来的，是人类思维的最高级形式，是人类思维能力高度发展的体现；创造性思维是多种思维形式优化组合的结晶——在创造性思维过程中，抽象思维、形象思维、逻辑思维、非逻辑思维、发散思维、收敛思维之间相互补充，各显神通。一个完整的创造性思维通常要经过"发散思维—收敛思维—再发散思维—再收敛思维"的多次循环才能完成。创造性思维的八个特征见表3-4。

表 3-4 创造性思维的八个特征

特 征	内 涵
独特性（独创性、首创性、新颖性）	（1）是创造性思维最重要的特征——表明其思维内容与众不同、独一无二； （2）是具有创造能力的人最重要、最有价值的思维特色，是衡量一个人创造性活力的重要因素； （3）反映思维的深度，以及对事物本质特征加强的力度； （4）表现为认识问题、处理问题和解决问题的独特性、开创性
求异性（求新性）	（1）创造性思维用已有知识、经验的重新组合作为基础，以获得新思维成果为目的，因而是一种求异性（求新）性思维； （2）创造性思维往往是一个破旧立新和推陈出新的过程，冲破了传统思维模式，超越习惯性思维
灵活性（变通性）	创造性思维最忌讳"以不变应万变"的教条思考模式，而强调要"因人、因时、因地制宜"地认识问题、处理问题和解决问题
敏捷性	基于创造性思维是以创新为根本宗旨，因此进行创造性思维必须思维敏捷、行动迅速、捷足先登——发现别人觉察不到的问题，提出别人想不到的构思，拿出别人做不到的成果
偶然性（突发性、随机性）	由于创造性思维通常都要经过"准备阶段、酝酿阶段、顿悟阶段、验证阶段"几个过程，因而既有偶然性，偶然的背后隐藏必然，突发的基础是积累
跳跃性	创造性思维过程中最精彩的一段是一些偶然因素诱发的灵感顿悟——一种导致成功的判断和结论随之产生
综合性	（1）知识是创造性思维的必备基础——见多识广的人才有可能站得高，看得远；综合各种知识能力强的人才有可能产生联想，提出独特见解； （2）创造是灵活运用各种知识、综合多种思维方法的一门高超艺术
联动性	创造性思维是一种联动思维——它善于由此及彼，由里到外，由一类事物联系到另一类事物，从一种思路延伸到多种思维，由正向到逆向，从纵向到横向——这意味创造性思维具有灵活性、多变性、流畅性，可产生奇特的、五彩缤纷的效果

二、"三大支柱"

（一）健康的身体

健康的身体犹如奔驰列车的"车轮"，它是我们正常生活和工作的基本保证。越来越多杰出人才英年早逝的个案确实令人惋惜。例如，美国苹果公司的乔布斯还处于事业巅峰却过早离世，多可惜！人的身体属于硬实力，来不得虚假，要细心呵护照顾，才能为你默默耕耘发光发热，要好好感恩和爱惜自己的身体。

（二）良好的心理素质

心理素质就像列车的"方向盘"和"制动器"，有勇有谋应万变。学会心理平衡，给内心世界"私设"自控的"恒温器"和"稳压器"，充分进行自主调节，是世界上最可靠的自控装置。心理素质属于软实力，学会自爱才能自强，面临困境能生智，以退为进等时机；避直就曲可迂回，此路不通绕着走；以小换大要耐心，能屈能伸成大器。智者千虑，必有一失；愚者千虑，必有一得。强者低头也无妨，变通思维也创新，练就一身敢把问题当"魔方"。

（三）过硬的本领

人的基本功包括人的智慧和本领，它是奔驰列车的"发动机"，具有"火车头"的作用。扎实的基本功、健全的能力也犹如人生列车的"推进器"，勤学求知是人生的本性，好学近乎智。"一世劝人以言，百世劝人以书"，尽管如今已进入网络时代，但真正的阅读者才能站在巨人肩膀上少走弯路，手机阅读只属于碎片式阅读。实践是检验理论、假设、方案设计的唯一标准。工欲善其事，必先利其器。虽然可以暂时借鉴别人成功的经验，但绝不能盲从跟风，盲从是最大的无知和无智之举。

如果一辆列车只有车轮没有方向盘，不能按一定轨迹行驶，横冲直撞很危险，内耗大，容易出大问题；如果只有车轮和方向盘，缺少发动机的动力，列车跑不动或跑不远也跑不快。所以，要让自己正常运行，要明白三大支柱的互相作用和互相制约。对每个人来说，走好其奋斗人生之路，是一个相当复杂的系统工程，必须有个健康的身体，有良好的心理素质，还必须有扎实的基本功，三者缺一不可。

三、智慧与智者

(一) 智慧

智慧是人对问题特别是复杂问题能快捷、灵活、正确地理解并提出解决途径的能力,它主要指人在知性方面的精神能力。智慧不只是一种才能,更是一种人生觉悟,一种眼光和胸怀。智慧之人不会把人生成败与得失看得很重,而是能站在世间一切成败与得失之上,以这种心态成为自己命运的主人。智慧高于学历,是对知识终生不懈的追求和用心感悟及灵活应用。时至今日,世上还没有一条能造就智慧的捷径,它是人生经验的综合体现,是知识的善用,智慧胜于知识。智慧需要时时刻刻在每个经历的事件上下苦功夫进行修炼。

(二) 智者

智者"智""慧"兼备。"智"强调的是知识与胆识,能对事态做出全面评估、正确判断、明智选择、果敢决策;"慧"主要是一种悟性,是对是与非、真与伪、善与恶、优与劣、得与失、成与败快捷感受与理解的掌控。

智者具有远大目光与胸怀,是具有谦逊兼听、从善如流品德的人,具有好学善思、崇尚真理性格的人。这种人站得高,看得远,能明辨是非,顾全大局;目光敏锐,考虑周到;善于选择,既能果敢担当,又能随机应变;淡定自若,冷静应对;敢于正视,有勇有谋。智者不同于传统意义上的"聪明人"。聪明人与智者的区别见表3-5。

表3-5 聪明人与智者的区别

聪明人	智者
(1) 聪明人工于心计,凡事首先考虑权衡功利,其行动之依据是趋利避害,因而聪明人往往与智慧擦肩而过; (2) 聪明相当于力学概念的标量,不必计及作用力方向,更不考虑道德与意志等因素	(1) 智者不用心计,他们意志坚定、行为果敢,常常是"知其不可为而为之",他们为信仰不计较成败与得失,智慧乐于追随意志坚定、行为持久之人; (2) 智慧更像矢量,要计及作用力方向,还得考虑道德与意志等因素,智慧是认知能力与无私之心相结合的产物。德国科学家克林格尔一针见血地指出:"可以碰上千个学者,但不一定碰上一个智者"

四、"五动"与"五识"

(一)"五动"意识能力

1. 动脑
要有丰富的知识,必须善思,就要乐于动脑、勤于动脑、善于动脑。这是踏入创新之门、走上成功之路的先决条件。

2. 动口
要善于表达思维和情感,能说会道是一个人最便捷的技术途径,是处世制胜的第一法宝。

3. 动笔
能写是表达思维和情感最细微、最生动、最长久的技术途径。一个人的文才是其威力无比的制胜武器。

4. 动脚
千里之行始于足下,要勇于主动走进社会、深入实际,善于做调查研究,是与人沟通的必由"通道"。

5. 动手
如果只有才智过人、能说会写的科学家,没有心灵手巧和埋头苦干的能工巧匠,这个世界必将止步不前。

人生在世,一个人的才华固然重要,但这只不过是他的一只手;善于与人沟通共事更重要,这相当于他的另一只手。人们靠双手才能去创造世界。能"文"(懂讲会写)、能"武"(动手动脚)才能更有力量去闯天下。还要培养好奇和好问,勤学、善思、勇于实践、善于实践是人类在发现、发明、创造这三大主战场上节节胜利的必由之路。

缺少知识无法思考,缺乏思考也不能掌握真正的知识。善思是开启创新大门的"金钥匙",善于观测、综合分析、准确判断、清晰表达,这些都是创新型人才的基本功。

(二)三把"金钥匙"

1. 好奇
好奇心是人类进步的动力,很多发明创新都不是为了升官发财或者满足自己的荣誉感,而是为了满足自己的好奇心,同时在客观上给人类带来了技术的进步。好奇是长知识、增才干的最佳向导，好奇心能成就一个真正的科学家。

2. 好思

好思是通向创新之路的"敲门砖"。孔子语录："不学而好思，虽知不广矣。学而慢其身，虽学不尊矣。"也就是说，不去做而只是用想的，虽能知道一些道理，却无法广博透彻；只知道学习却不重视自身的修养，即使学到了知识也不会有高尚的品格。

3. 好学

好学是抵达成功彼岸永不过时的法宝。世界上所有的重大发现、发明、创新都离不开好学的推动，也是基于好思、善思和坚韧意志力等品质才能最终得以实现。

思维拓展

在人类科学技术史上，达·芬奇是不可多得的博学多才者，他在数学、力学、光学、植物学、动物学、人体生理学、天文学、地质学、气象学、哲学、艺术、博物学以及机械设计、土木工程、水利工程等方面都有不少创造和发明。

达·芬奇对鸟的飞行进行长期的观察和解剖研究，他细心观察各种飞鸟、蝙蝠、昆虫，甚至研究水中的游鱼，分析它们飞行游动动作和各部位活动的机理。他还把小鸟弄到房子里，以便长时间考查鸟不同飞行姿态与身体各部位动作的相关性。经过20多年的潜心探索，达·芬奇积累了大量有关鸟类飞行的研究心得、手稿和草图，完成《论鸟的飞行》专著的手稿。该书中涉及飞行的三个主要原理：第一原理是鸟的持续飞行原理——空气上升原理；第二原理是关于鸟如何利用气流飞行的技巧；第三原理是分析鸟如何采取各种省力措施进行飞行。达·芬奇的飞行研究分三大领域：第一大领域是解决飞行的原理；第二大领域是飞行的稳定与控制；第三大领域是飞行器的设计。

令人百思不得其解的是，达·芬奇并没有将完整的专著公开发表，因而许多先进理念和天才预见在当时无法发挥应有的作用。据说他所设计的机械装置和发明有上千项，达·芬奇可以说是航空科学的开创者，可惜他的工作不为世人所知，致使其航空研究被埋没了两百多年，当拿破仑军队于18世纪侵入佛罗伦萨并将他的遗物运到法国，才使他的众多手稿得以重见天日。可那些研究、处理这些珍贵手稿的人"不识货",他们几乎全是些艺术家、历史学家或地质家。直到20世纪20年代,人们才发现早在四百多年前,达·芬奇在飞行研究方面已做了大量奠基性的贡献,但到头来他对人类航空事业的发展没有产生任何实际上的影响。

从这个故事中,我们可以悟到一个很重要的且必须树立的理念:一个人的才华固然重要,如何让他的才华能够充分发挥并得以实现更重要,否则是浪费资源、埋没才智。同时,也让我们看到,五百年前就已出现达·芬奇这样博学多才的科学家,足以证明人获取知识的能力与创新的潜能是惊人的,这对我们现代人来说无疑是个巨大的鼓舞和激励。①

(资料来源:《达·芬奇的故事》,北方妇女儿童出版社2010年版,第68页。)

(三) 认识"五识"

知识、学识、才识、器识和胆识这"五识"构成人生存智慧和生命活力,打造出人的能力、气质与魅力。在胆识统领下,"五识"组成奋斗人生路上的远征军。具备"五识"的人,能决定自己人生的价值及其在社会的能量和将在人生中会留下怎样的足迹,有理想、有抱负的年轻人都应该知道、爱惜及磨炼它。

1. 知识

什么是知识?知识也是人类在实践中认识客观世界和辨识事物的能力。人类的知识来自于漫长生活实践的积累,更是人类在认识世界、改造环境、创造财富的发现、发明、创造三大主战场的体验和提炼,是社会实践的认识成果。其初级形态是经验知识,高级形态是系统科学理论。高尔基曾说过:"知识是人类进步的阶梯。"它符合文明方向,是人类对物质世界以及精神世界探索结果的总和。

2. 学识

学识着重从学科方面对知识进行研究、整理、分类。学识像知识的建筑,如系统工程,令人神往;学识是知识的队列,一目了然,纵横分明;学识要理性思考,按科学规律办事。学识的基础是知识,各种知识

---

① 参见许光明《人类创新足迹》,广东教育出版社2012年版,第13项。

经过人们深入研究，再实践检验，可形成不同学科的知识链或知识树；它们既有相对独立性，又有千丝万缕的联系，甚至产生相互渗透，派生出一系列的交叉学科、边缘学科、综合学科，形成纵横交错、奥妙无穷的知识殿堂。它能激发人们的求知欲望和探索激情，是社会发展和人类文明的强大推动力。当一个人被认为有学识，他将比仅有知识的人更令人起敬。

3. 才识

才识着重以人的才情智慧对知识进行提炼，才识像知识的舞蹈，千姿百态，张扬个性；才识像知识的火焰，闪闪发光，充满活力；才识可自由想象，让激情与智慧在理性天空飞舞。

4. 器识

器识指器量与见识被认知主体的人格底蕴与人生的经验再造过的知识。器识是学识、才识的升华，它可能是学识的飞跃，也可能是才识的凝聚，更是学识与才识的融合。器识已成为思想的旋律，将知识的音符巧编成催人奋进的乐章。一个人的器识与其见识、涵养、精神境界乃至言谈举止都密不可分，评估一个人的器识主要视其判断是非、鉴别真伪、评判优劣的能力与水平。

5. 胆识

胆识与见识都是被意志和勇气锤炼过的知识。胆识超越知识的初级形态，它直接从人生实践的经验中提炼，由知识与心灵糅合而成，与人的气质、灵魂和志趣融为一体。评估一个人的胆识，主要视其指挥行动、驾驭命运的谋略、勇气和能力。一个人的胆识在其智慧人生中足以承担最高统帅的重任，没有胆识的人，其一生难以成就伟业。

知识是学识、才识、器识和胆识的基础，好学是生智的前提。但知识只是工具不是目的，一个人的才干必须借助于系统的知识，通常门门都略知一二要比只精通一门强得多，知识以多面性为佳，这就是所谓"博览群书"的内涵。时至今日，别说个人，即便是全人类，知道的东西都是有限的，不知道的则是无穷的。由此可见，卖弄知识的人实在是无知。

此外，一个年轻人如何变得博学多闻？你可能有很好的记忆力，也或许有的人认为已经是网络时代了，没必要记忆，因为电脑或手机可以携带所有知识，人类已不需要太多知识了，以前说知识可以改变命运该过时了，博学只不过是一个机械装置，人脑无非是用资讯"喂"它罢了；同时你可能会说，自己比老年人更有知识，因为你通过电脑和手机，学习新知识比他们快得多。但不能忘记，从各种资讯获得的都只是别人的经验，没有经过自己的感悟或体证是绝对难以将其上升转化为学识、才识、器识和胆识的。当然没有足够知识的基础，特别是仅靠手机得来碎片式的知识所装备的头脑，何以形成学识、才识、器识和胆识？所以，好学、多思、善思、多问、勤于实践，仍是当代年轻人不能丢弃的法宝。同时，培养报恩感、责任感、成就感也是年轻人不可缺少的美德。我们希望年轻人要有埋头苦干的拼搏精神与甘于奉献的高尚情操，更要有用智慧取胜的谋略与胆识。

每个人都具有优秀的潜能，这是现代人本主义教育思想的一块基石。教育潜能具有潜在性、极限性、差异性、转化的动态性特点。教育潜能可分为体能和智能，后天教育潜能是可以丧失和恢复的。认知教育潜能具有现实意义，主要表现为正确认识教育手段在成才中的地位，正确认识考试在选拔人才中的作用，对极限体育的指导，对因材施教的指导。

因此，本章强调教育是传承人类文明的主要手段，教育可以改变人的命运，它是人类永恒探索的主题。教育就是激发潜能、积累知识和培养习惯。只有正确认识自己，找到激发自己潜能的最佳点，才可能在学业与工作上不断进步，健康成长！

思考题

1. 谈一谈自己的长处和短处分别是什么？如何扬长避短？
2. 什么是爱商？爱商与影响人综合素质其余几个商数有何关系？
3. 爱为何能产生正能量？如何提升和发挥自己的正能量？
4. 试写出10个与"心"有关的词组或词汇。
5. 以"木飞机航模与潜能开发"为主题，提出自己的建议。
6. 如果自己是一个中小学的老师或是一个家长，会怎么做？
7. 小制作、小发明孕育着大制作、大发明，如何理解小发明是大发明的"摇篮"?

8. 假设自己是一名小学校长,简述自己的"家校社联"策略。

9. 假设自己是一名家长,谈一谈对"家校社联"有何建议?

10. 什么是思维?思维有何特征?思维有哪些主要形式?人类创造性活动主要指什么?

11. 什么是知识?什么是智慧?聪明人与智者有何区别?年轻人一定比长者更有知识吗?可以说长者一般比年轻人更有智慧吗?为什么?

12. 什么是"五动"意识与"五动"能力?自己在日常生活中是如何发挥其作用的?

13. 知识与学识、见识、器识、胆识有何关系和区别?谈一谈如何培养造就这"五识"?

第四章
学习潜能

　　学习潜能是人在生活过程中,通过实践训练获得经验而产生的相对持久的行为方式。它是自身潜在的学习能力,通常隐藏在学习者身上,不通过训练、开发和挖掘,一般显现不出来。学习潜能的开发是指通过一系列科学、合理、长期的训练,把隐藏在学习者身上(主要是大脑)的学习能力充分展现出来。学习潜能的开发包括知识学习、行为学习和技能学习,以及观察力、注意力、思维力、想象力、记忆力、阅读能力、吸收与转化能力等方面的培养。

　　学习潜能的开发,能够帮助我们树立理想、明确目标,设计更好的自我形象,激励自己的斗志;能够发挥自己的正能量,提高自己的信心和勇气;有利于培养我们良好的生活习惯、学习习惯和勇于磨炼的精神,为成功人生打下坚实基础。本章通过开发学习潜能的方法、综合型思维的发展、高效学习的三法宝、6Q潜能与个人品牌,以及潜优生帮助计划,阐述了学习潜能的方法与应用。

第一节
开发学习潜能　开悟致慧人生

"人类潜能开发理论与实践"是一门由多学科中相关理论和方法，经交叉、融合而形成的综合性新学科。本节论述的主题是如何开发学习潜能，开悟人生智慧。未来的文盲不光是不识字的人，也包括没有学会学习的人。怎样学会学习，发挥学习潜能？笔者将自我实践体验概括为"运用全脑、心灵手巧、开悟致慧"三个方面，与大家共同探讨。

一、运用全脑

（一）发挥大脑整体功能，开发学习潜能

大脑是一个左右脑各具功能又相互联系的整体。左脑是自身脑，储存着出生后人一生的信息；右脑是祖先脑，积淀祖先几百万年人类智慧的经验。左右脑以不同方式处理信息，并通过胼胝体进行连接，有意识地运用左右大脑各种不同的功能，才能发挥大脑的威力，开发我们的学习潜能。例如，我们的大脑能在一秒的时间内接收外界传来的一个人的面孔映像，大脑从海马体记忆库所储存的几千个人的面孔中，把这张特定的面孔识别出来，同时回忆起与这张面孔有关的言谈举止、交往经历，然后通过神经系统的信号传导，由杏仁核做出决定：表达出面露笑容、点头招呼还是亲切握手等行为；而以上所发生的全部过程用时不到一秒，这样惊人的速度，只有高等动物的高级神经中枢进行整体协调合作才能做到。右脑无论多么机智，如果左脑不能发挥作用，事情也很难办妥。当然，如果只注意训练左脑，不开发右脑，就只能进行分析，不懂运用计谋，更不可能产生质的飞跃。任何一种心理活动都是双脑协调活动的结果，任何一侧大脑的所谓优势都只具有相对的意义。有意识地运用大脑多种不同的功能，我们才能发挥大脑的最大威力，开发我们的学习潜能。

（二）给脑细胞输入愉快信息，开发学习潜能

每个脑细胞都蕴含着智慧的软件。脑细胞有一个突触，是细胞与细胞之间传递信息的构造。突触点的增加及其相互连接网络的不断扩展，显示出大脑皮质内部的沟通更加丰富，人的聪明睿智的潜能更加扩大。

一个愉快信息的输入，脑细胞会释放出一种带有脑吗啡的神经递质，可称得上是一种"愉快激素"，它使人感到舒适和愉悦，还促使人不断追求重复出现这种感觉；在脑吗啡产生的同时，大脑还会呈现α波，它的出现又可以提升人的记忆力、想象力和创造力。这使我们明白，人的聪明睿智，不但取决于是否不断学习，更取决于是否拥有愉快的学习态度。只要不断输入愉快的信息，使大脑不断释放脑吗啡，就可以提升我们的学习创造力。如果用自己所有的智力和感觉，通过音乐、韵律、图画、情感、动作，以及故事、游戏的配合，学习潜能的发挥将更为有效。

（三）利用智能优势和五官功能，开发学习潜能

一个人在某一方面表现劣势，不一定就是智商不高，而且很可能在另一方面非常优秀。比如数学家陈景润，他不善言辞，表述能力很差，因而讲不好中学的课程，但却具备了极强的逻辑推理和数学技能，使他能够解决哥德巴赫猜想这样的难题，成为世人公认的数学天才。

每个人都普遍具备语言、数学逻辑、视觉空间、音乐、肢体运动、人际交往、自省、自然观察等智能，但在多种智能之间存在着差异性。每个人都有自己相对的优势和弱势。陈景润等"偏材"运用自己的优势智能和感官优势，开发了自己的学习创新潜能。所以，不难理解，对于人的潜能开发，"上帝关闭了一道门，必然为他打开另一扇窗"就是这个道理，只要从实际出发，就一定能把自己的优势潜能发挥出来。

二、心灵手巧

开发学习潜能有很多方法，所有方法都是在实践中获得体验并逐步完善丰富的。下面仅就笔者实践、应用过程中的一些带原则性的体会和大家分享。

（一）静心放松

静心就是进入内在的世界，是一种内在的呼吸。静心的全部秘密就是使人成为一个观照者。静心放松的心态是每次开始学习时进入潜意识唯一有效的途径，目的在于驱除分散的思想，使大脑处于"放松性警觉"的状态，体验呼吸平和的心态，控制专注能力，令新的学习内容轻松"飘"进大脑。静心放松的方法很多，要学会选择，学会呼吸和按摩算得上是简易有效的方法，但只有实践和不断重复才能奏效。

（二）乐通神明

爱因斯坦讲过，我们许多科学成就都是从音乐中启发出来的。明末医学家张景岳认为音乐能"通神明"，这个"神明"就是大脑。通过聆听，一能引发α波，帮助大脑放松；二能激活右脑接收新信息；三能帮助将信息移入长期记忆库中。如果在睡觉前放些巴鲁克音乐或中国的五音乐曲，再想想自己学习的脑图及其关联，并尽量将它形象化，大脑对此记忆将特别深刻。专家们经过研究和实践同样认为，α脑电波是诱发人学习潜能的重要武器。

（三）积极暗示

心理学认为，自我暗示是一个人通过语言、动作等暗示方式，将目标输入大脑，它就会自发启动、自动导航，不达目标决不罢休。在日常生活中，凡是与自己输入的目标有关的东西，即使是头发丝般大小的机会都不会放过；但凡是与输入的目标无关的，即使大如泰山也可能会视而不见。

如果一个人经常对自己说，我真笨，我学习成绩不行，那么他的大脑活动程序就会按否定的方式指挥行动；如果改变其否定的语言，他的大脑就会按肯定的方式指挥其工作。所以，正面积极的暗示可以帮助人们达成开发学习潜能的心愿。根据潜意识的特点，暗示的句子要简明扼要，要具积极性，要有确定性和可行性，要配合想象、注入感情，才能发挥作用。

（四）增强自信

美国心理学家韦克斯勒曾收集了众多诺贝尔奖获得者青少年时代的智商资料，发现他们的智商大都处于中等或中等偏上水平；他们能取得巨大科学成就是孜孜不倦的追求、增强意志力、树立自信心的结果。

增强自信心有九大技巧：①开会坐到前面去；②勇于发表自己的意见；③练习正眼看人；④加快走路步伐；⑤笑口常开；⑥把衣服穿好；⑦及时理发，容光焕发；⑧从不说失败；⑨走路和坐都要挺直腰骨、挺起胸膛。方法很简单，但却被很多人所忽视。其实，简单之所以有用，因为它符合自然。

（五）好为人师

对此要从正面理解，一个人教一个人，一个人教一班人，每个人都可以通过学习成为一名教师。不管年龄多大，把知识与经验和别人分享，将原则教给别人，自己获得的知识和经验就会越来越富有。对此，笔者有深刻的体会：在传道授业解惑的同时提高了自己，实现了教学相长。

（六）肢体锻炼

肢体运动对开发学习潜能起到不可替代的作用：它可以使学习者集中注意力，增强记忆力，提升观察力，丰富想象力。

1. 手指灵巧训练

手指的活动能刺激大脑皮层中手指运动中枢，从而使智力得到提高，使人更加聪明；脑又促进手变成思维和创造的工具。锻炼手指的运动，具体方法很多，通过思考，可以创造适合自己的方法。

2. 眼部运动

可以整合左右视界，改善视觉深度，帮助平衡、集中和协调。

3. 平衡左右脑训练

可增加大脑神经传导信息的速度，使大脑进行更高层次的思维。具体方法围绕"平衡"两字，可以自己创造，例如"金鸡独立"等。

三、开悟致慧

(一) 丰富多彩的致慧游戏

1. 什么叫开悟

"开悟"就是通过体验，开启悟性，举一反三，触类旁通。六祖惠能初入佛门，仅是个伙夫。五祖要传衣钵，要求弟子写一首佛偈诗。神秀写道：身是菩提树，心如明镜台，时时勤拂拭，莫使惹尘埃。六祖虽不识字，但也口占一首，请人写上：菩提本无树，明镜亦非台，本来无一物，何处惹尘埃。他从佛学中悟到一种无色无相的思想境界，菩提树、明镜台、尘埃，都是"无一物"的虚幻景象，他悟到了佛教的真谛；而神秀却被一种现实所束缚，未能忘我进入佛学的深奥之门。

最后，五祖把衣钵传给了惠能。六祖慧能是个不识字的农民，却与老子、孔子并称为东方三大圣人，欧洲将六祖列入世界十大思想家之一，他还是中国佛教始祖，这不能不说是他开发了学习潜能的结果。

2. 什么叫致慧

致慧就是能够发现别人平时看不到的东西，想到别人想不到的东西，发现事物背后的东西，将智慧发挥到极致。这是笔者的致慧导师于蓝教授给我的。他出了一道题：24小时可以构成什么字？当时已有10多个答案，好像没有人再想到添加新答案了，笔者和爱人思索良久，终于想出了一个"孩"字，因而受到了表扬。这启发了我：学习并非纯粹是知识的积累，更主要是把它作为提升自己智慧的工具。因此，必须强调在学习中开启悟性，举一反三，触类旁通，把握事物内在的精粹，加以灵活运用，达到致慧。

3. 致慧的呈现方式

专家说，致慧是无法在书中获得的，它只能被唤醒，只能受到启发。致慧一经教授，就立刻脱变为知识了。那么，怎样才能达致致慧呢？

致慧的呈现方式是丰富多彩的。洞察、想象和变通都是达致致慧的基本方式。

（1）洞察，是对事物入木三分的观察本领。它以观察的深度为标志，一个人只有能够洞察事物的本质，才能够探究其更深层次的内涵，掌握其规律，从而有所发现、有所创造。

（2）想象，是指在知觉材料的基础上，经过新的配合而创造出新形象的心理过程。通过这个过程能够体现一叶知秋的致慧。

（3）变通，是指一种灵活善变的素质。通过多维思考看清事物的本质，把不可能变可能。

致慧游戏（游戏方法略）可以测试人的洞察力、想象力、变通力和综合智慧，游戏题目所要求的知识只相当于一个小学生的水平，但大学生有时却未能交出答案。通过练习，目的在于让我们跳出固有思维，明白答案并非只有一个。

（二）运用"思维导图"开发学习潜能

思维导图是一种开发自身学习创造力的全新思维模式。它透过心智绘图，不但增强思维能力，提升注意力与记忆力，更重要的是能够启发人的联想力与创造力，是开发思维潜能、学习潜能的简单高效工具。它通过独特的画图方式，培养创造性思维，让人们在学习、工作、生活中变得更加轻松和富有创造力。

（三）跟上新的学习革命潮流，摒弃不合时代要求的学习方法

随着学习观念的转变与教育方式的革新，个人未来成功的概率不会再以代表知识的文凭作为依据；随着科技进步，学习者可以通过互联网轻易地学习所想要的任何知识，学习的速度不仅可以大大缩短，更可以多学科、跨领域地学习。学习不再是为了单纯获得和累积知识，而是通过开发学习潜能，培养快速学习能力以及创新能力。在这一方面，年轻人必将大有可为。

第二节 人类综合型思维的发展

我们的教学基本遵循着分析型的思维，例如把各领域的知识归结为不同的学科，并且分别传授。而人类的发明创造大多来自于对现有知识的重新整合，这一思维过程就是综合型思维。我们缺乏综合型思维的训

练，由此严重地影响了民族的创造力和国际竞争力。这就是本节以"人类综合型思维的发展"为话题的理由。

一、分析型思维和综合型思维的定义

人类须臾不能离开的思维方式有两种：分析型思维和综合型思维。分析型思维，就是找出不同事物之间区别点的思维过程，即求异的思维过程；综合型思维，就是找出不同事物之间的共同点，或发现事物之间关联性的思维过程，即求同的思维过程。

二、分析型思维的表现

例证（1）：教科书各科目的划分；医院各科的划分；家族起名，某辈某字；绰号；文字；警察破案排查；等等。

其中，以家族起名为例。中国传统文化是血缘文化，人们的权利义务是以"身份"为依据的，这个身份跟"辈分"有很大的关系，辈分越长的越"尊"，辈分越幼的越"卑"。于是，为了区分辈分尊卑的身份，一个庞大的家族的某一"辈"，其中任何人名字都有一个字是相同的，例如"志"字辈、"伟"字辈等等。

绰号，某人的相貌或性格的某一突出特征；文字的书写和发音，就是为了区别而发明的；刑侦中的排查，就是比较与目标对象的差异，以缩小侦查的范围。

这些都是找出事物之间的区别点，即求异的思维过程。

例证（2）：生物学的分类：域、界、门、纲、目、科、属、种。

这是概念的外延和内涵从大到小发展的思维过程，也就是思维深化的过程。求异导致深度，区别得越细，就要分析得越深，做更多深入细致的研究。

例证（3）：人的定义为"能够制造和使用复杂劳动工具的动物"。

中心词前面的修饰语越多，适应范围越细，认识就越深入。修饰语"复杂"，把人跟黑猩猩区别开来，适用范围进一步收窄，表示认识进一步深化。这一"复杂"修饰语来自如下的例证。"黑猩猩将树枝伸进嘴里，牙齿半合，轻咬这些树枝，使树枝的表面参差不齐，像一把刷子。有时它们还抽出植物纤维，以便更好地捕捉白蚁。这根顶部像刷子的探棒比未经改造的工具可多收集10倍的白蚁。而在西非见到黑猩猩会用石头和树枝击碎坚果。"

三、综合型思维的表现

1. 简析综合型思维

综合型思维，就是找出不同事物之间的共同点，或发现事物之间关联性的思维过程，即求同的思维过程。综合、求同，对众多事物进行概括，就要抓住"本质特征"。本质，某一事物之所以成为该事物；特征，该事物之所以区别于它事物。

例证（1）："中国竞技体育输在大球上"。

中国的足球、篮球、排球在世界大赛中的成绩几乎都是越来越差，于是就有"中国竞技体育输在大球上"一说。其实，这是一个伪命题。

"大球"输的真实原因是，随着30多年来的经济高速发展，人们越来越沉溺于物质享受，越来越远离体力劳动、体育活动，加上商业广告的影响，"皮肤白"成了"美"的标签，令几乎所有女生和许多男生对要晒太阳的室外活动避之唯恐不及，于是全民，尤其是青少年的体质空前孱弱，民族精神越来越萎靡。而"大球"都是集体项目，集体项目是以群体人格、民族性格为背景的——这才是"大球"输掉的真实原因。君不见奥运会我们拿了很多的金牌，却几乎全是单打独斗的个人项目；反过来说，集体项目恰恰是"大球"，于是"输在大球上"这一表面现象就被拿来说事。由"大球"以群体人格、民族性格为背景这一认知，可以推导出"大球"要赢，只有重新振奋民族精神，即如毛泽东时代"到江河湖海游泳去""与天奋斗，其乐无穷，与地奋斗，其乐无穷"那样，泱泱大国，个把大球，有何难哉。

关于"大球"的思维过程，是对个别事物抓住"本质特征"进行深入分析的过程，而此过程又是"对众多事物进行概括"所需。可见，进行综合思维的时候，少不了分析思维（进行分析思维的时候，却未必使用综合思维）。求同导致广度和高度，概括的事物越多就越广，站得就越高，视野就越开阔。

2. 综合型思维的表现

例证（1）：中医，科室设置、望闻问切（"象"的思维）、叉形疗法、异病同治。

医院里，西医分科很细，皮肤科、五官科、妇科、儿科、内分泌科、牙科等。相反，中医却不这样叫，而叫"中医一室""中医二室"，其中的医生则"通杀"，来什么病人看什么病。在此，西医就是"分析型思维"，中医就是"综合型思维"。

中医诊断"望闻问切"，就是通过感官，捕捉病人肤色、声音、气味、脉搏等"象"，推导"象"与"证"（跟西医的"病"相比，更多指向病因）之间的关系，从而为开方施药确立根据。此一思维过程，就是"发现事物之间关联性"的综合思维过程。

周尔晋①发明的"叉形疗法"，治病只需要知道你哪儿不舒服，不用问是什么病，都用相同的穴位按压，都同样见效，"只问病位，不问病名"，即"异病同治"。不但叉形疗法如此，整个中医药体系中，存在大量异病同治的现象。这也是综合型思维。

例证（2）：修辞中的相关。

①谐音相关。唐诗："东边日出西边雨，道是无晴却有晴"，"晴""情"相关。电影《刘三姐》中的"姓陶不见桃花开，姓李不见李结果，姓罗不见锣鼓响，三个都是狗奴才"，这里"陶"和"桃"、"罗"和"锣"都是谐音。②意义相关。食肆字号"川国演义"，主营四川火锅。此川国演义来自《三国演义》，于是，川国演义就有了三种相关性：四川、火锅、对于四川风味的演绎。这一类相关，把原来毫不相关的事物，在特殊语境中"相关"起来，就是"发现事物之间关联性的思维过程，即求同的思维过程"。

例证（3）：国画与西洋画，散点透视与焦点透视。

西洋画是焦点透视，就像照相机原理，是通过镜头一个视点看外部世界的，除了正面的一点之外，两边都以侧面呈现出来。人类的眼睛也是如此。但中国画，尤其是山水长卷，则通过无数个视点看世界，这就是散点透视。站在山水长卷前面，好像延绵不绝的景色，任意一点都是正面呈现在眼前。这就是视觉上焦点透视与散点透视的区别。从思维上看，焦点透视，视野之外与我无关，这是分析型的思维；散点透视，只要主题需要，构图需要，都可以搬进来，产生了关联性，这是综合型的

---

① 周尔晋，安徽省安庆市太湖县人，义务行医39年，约服务10万人次、对230多种病例的临床验证后，总结出不用吃药和打针就能治愈疾病的一种全新的中医治疗方法；著有《人体X形平衡法》和《人体药库学》。

思维。

例证（4）：中国书法与西方现代抽象艺术。

中国书法是美术的特殊形态、是抽象艺术的极致，因其彻底脱离了具象而提供了无限大的想象可能性，使无限多的事物可能进入想象而与主题"关联"了起来，这是综合型的思维。西方现代抽象艺术则或多或少保留了具象，因而也就限制了想象空间，它只能让与具象多少相关的事物进入想象而与主题关联起来，与书法相比较，它是分析型的思维。

四、综合型思维的层次发展

任何事物都是作为系统而存在的，都是由相互联系、相互依存、相互制约的多层次、多方面的因素，按照一定结构组成的有机整体。综合型思维呈现出不同层次的发展。

（一）知识的综合运用

以机枪、房子和碉堡为例。机枪可以杀伤敌人，但不能隐蔽保护自己；房子可以隐蔽自己，但不能杀伤敌人。于是，人们发明了碉堡，碉堡就是机枪和房子的结合，这就是知识的综合运用。

可是，碉堡不能移动，故此只能防御，不能进攻。于是，就把碉堡和装甲车结合起来，创造了坦克。坦克就是可以移动的碉堡，是防御和进攻的完美结合。

后来又创造了航母战斗群。航母战斗群可以看作坦克的延伸——舰队是装甲的延伸，用以保护航母；舰载飞机是大炮的延伸，用以杀伤敌人。

（二）思维方式的综合运用

著名雕塑家万兆全原来是某工厂技术革新小组的组长，他的艺术创作成功来源之一便是"作为技术革新小组的组长"的身份。艺术创作运用形象思维，技术革新运用抽象思维，两者看起来风马牛不相及。但是他解释说，"我用一个个画面来思考技术革新的设计过程"。这就是说，设计过程中别人用一道道方程式来推演，而他却用一个个画面来进行——他把抽象思维转变成形象思维。这是抽象思维方式与形象思维方式的综合运用。如果只用公式来表达，那么他可能是一个出色的工程师，而不可能成为雕塑家。

国外某权威部门曾经做过"从事什么职业的人对美最敏感"的调查。结果令人很意外：数学家对美最敏感。这也是一个形象思维与抽象思维综合运用的案例，同时可以佐证前面雕塑家万兆全的案例。

（三）专业操作型思维方式向哲学思维方式的过渡

有一位初中二年级的学生自己命题写了一篇论文《论数学的美》。他不是用类似于"什么题型套什么公式"来理解数学，这是分析型的思维方式；他跳出了数学学科的范围，去寻找美，横跨自然和人文两大学科领域，这是综合型的思维方式。那么，数学美表现在什么地方？他说在于"把纷繁复杂的世界变得规整有条"——数学去掉了世间万物的个别特征，只抽取它们的数量和空间关系，并且用数字和符号来表达，因此就变得"规整有条"，由此产生了简约的美。

数学美的最常见例子是，在数学方程式中用等号来表示宇宙万物均衡的美。比如，原子弹爆炸时的蘑菇云图、台风来时的卫星云图、各行星围绕恒星公转的轨迹等等，大多是对称的图形，符合数学等式的意义。

对称是均衡的一种形态，它表现的是静态的均衡、静态的美。对称大量存在于建筑物的设计、健康人类和动物的身体、汉字印刷体的结构等等之中。相反，盆景的构图，书法尤其是行书和草书，都是有意打破对称的。盆景利用视觉移动追随，最后集中在兴趣点的规律；书法通过结构和笔画"收""放"的手法，打破对称，在欣赏者的想象中维持着均衡，这就是动态的均衡。

显然，不论是静态的均衡还是动态的均衡，都符合数学等式左右两边权重相当的意义。这位初中生还说："越往高处走，数理化没有区别。"我们来看《八卦图》，它是宇宙万物互动、变化规律的数学模型，是综合型思维的结晶。在这里，完全泯灭了具体事物的个别特性，当然也泯灭了"数理化"各别学科的特性，所以说"越往高处走，数理化没有区别"。因为这一类认识已经超越了专业操作的思维，往往涵盖众多的学科，而向哲学靠近，所以被认为是专业操作型思维方式向哲学思维方式的过渡。

第三节
高效学习三法宝

20世纪末以来,在信息以爆炸式增长的社会,各种学科不断细分,各类学科知识呈几何数字式倍增。有关资料统计表明,人类文明发展的前5000年的文献资料,还不如现在一年出版的多。[①] 而人80%的知识是通过阅读获得的,传统的逐字阅读方式已无法适应知识量的增长。美国科学家托夫勒在80年前就预言:21世纪的文盲不是没有知识的人,而是不会学习的人。

人类面临三大挑战:无限增长的知识量对有限时间的挑战,呈几何倍数增长的信息对接受能力的挑战,大量新知识对人脑理解能力的挑战。所以,这就需要我们更充分地发掘大脑的潜能,运用高效的学习方法。

一、左脑和右脑的区别与分工

(一)左右脑理论溯源

我们每个人都有140亿个左右的脑细胞。如果我们能够使自己的大脑达到其一半的工作能力,就可以轻而易举地学会40种语言,学完数十所大学的课程,拿12个博士学位。[②] 许多生理解剖学家都认为,最杰出的科学家也只不过用了大脑资源的1/10。这说明人的潜能是无限的。研究发现,脑中蕴藏无数待开发的资源,而一般人对脑力的运用不到5%,剩余待开发的部分是脑力与潜能表现优劣与否的关键。

左右脑分工的新观念开始于20世纪50年代,提出者是美国加利福尼亚技术研究院教授、著名心理生物学家斯佩里[③]。

---

① 参见阮炜《文明的表现:对5000年人类文明的评估》,北京大学出版社2001年版,第48页。

② 参见(美)Emily Anthes《60秒脑科学常识——"科学美国人"专栏文集》,蒋苹、王兴译,人民邮电出版社2012年版,第87页。

③ 罗杰·斯佩里(Roger Wolcott Sperry,1913—1994),对大脑半球研究做出杰出贡献,获得1981年诺贝尔生理学和医学奖。

斯佩里和他的学生一开始在动物身上进行裂脑实验研究，发现当切断猫（随后是猴子）左右脑之间的全部联系时，这些动物仍然生活得很正常。更令人兴奋的是，他们可以训练动物的两个脑半球以相反的方式去完成同一项任务。后来，他们又对裂脑人进行了实验研究，即对严重癫痫病人切断两半球之间的神经联系，使其成为相对独立的半脑半球。结果发现，各自独立的半球有其自己的意识流，在同一个头脑中两种独立意识平行存在，它们有各自的感觉、知觉、认知、学习以及记忆等。

如果进行形象一点的描绘，左脑就像个雄辩家，善于语言和逻辑分析；又像一个科学家，长于抽象思维和复杂计算，但刻板，缺少幽默和丰富的情感。右脑就像个艺术家，长于非语言的形象思维和直觉，对音乐、美术、舞蹈等艺术活动有超常的感悟力，空间想象力极强；不擅言辞，但充满激情与创造力，感情丰富、幽默、有人情味。左右脑两部分由3亿个活性神经细胞组成的胼胝体连接成一个整体，不断平稳着外界输入的信息，并将抽象的、整体的图像与具体的逻辑信息连接起来。

奇迹般的事实说明脑功能是一个整体，而且一个半球可以代替另一个半球的功能，半个大脑也能挑起一个大脑的重担。斯佩里的研究在科学史上是相当有特色的。他是在设计大量精巧实验的基础上进行"形象的"推理，从而得出两半球功能性差异的科学结论。由于这一杰出的贡献，1981年他荣获了诺贝尔生理学或医学奖。大脑两半球功能不同的科学论断得到了医学界、心理学界的广泛认可。正是由于斯佩里的这项研究，促使我们产生了右脑革命的新观念，并使我们开始认识右脑的工作，引导我们沿着正确的道路去探索大脑中那些空闲的空间。

关于左右脑的另一种说法完全可以看成对斯佩里脑科学成果的补充，即认为左脑储存的信息一般是我们出生后所获得的，在左脑反复得到强化的信息最终转存在了我们的右脑；而右脑继承了我们祖先的遗传因子，是祖先智慧的代言人。

（二）左右脑的分工（见图4-1）

1. 左脑的功能

①与右半身的神经系统相连，掌管其运动、知觉。右耳、右视野的主宰是左脑。②最大特征在于具有语言中枢，掌管说话，领会文字、数

字、作文、逻辑、判断、分析、直线，因此被称为"知性脑"。③能够把复杂的事物分析为单纯的要素。④比较偏向理性思考。

2. 右脑的功能（本能脑、潜意识脑）

①与左半身的神经系统相连，掌管其运动、知觉。左耳、左视野的主宰是右脑。②掌管图像、感觉，具有鉴赏绘画、

图 4-1　左右脑的分工

音乐等的能力，被称为"艺术脑"。③掌管韵律、想象、颜色、大小、形态、空间、创造力等。④负担较多情绪处理。⑤比较偏向直觉思考。⑥ESP能力（超感觉能力）：靠细胞、波动来感觉，所以能感应到宇宙的信息。⑦图像化机能：瞬间看过、听过的事物可借由意象显现。⑧超高速自动演算机能：是一种高速大量的计算能力。⑨共鸣机能：涉及透视力、直觉力、灵感等不需要通过严谨的五线谱练习，频度只要打开，右脑听一遍，脑海里尽量想画面，就可以流利地演奏音乐。⑩大量记忆机能：具有左脑所没有的快速大量记忆机能，能使我们快速地处理所得的信息。例如，在语言学习方面，小孩子常听外语录音带，能讲四五种语言。

左右脑的运作流程情形，是由左脑透过语言收集信息，把看到、听到、摸到、闻到、尝到，也就是视觉、听觉、触觉、味觉、嗅觉五感接收到的信息转换成语言，再传到右脑加以印象化，接着传回给左脑逻辑处理，再由右脑显现创意或灵感，最后交给左脑，进行语言处理。

二、高效记忆

（一）记忆力的重要性

记忆是思维的工具。如果没有那些已经记住的重要信息，人们甚至根本无法思维。我们可以想一想自己曾经做过的一次选择，这个正确的选择中，应用了多少已经记住的重要信息。有的人认为，现在有了电脑

就不需要记忆太多东西了,可是电脑本身永远不能替代人的记忆并学会知识,电脑本身也不能代替人们做出正确的选择,电脑本身不能让人成为更有智慧的人。而人们对一些知识的牢记与理解就能做到这些。没有了记忆,什么决定也做不了,什么判断也做不成。一位钢琴家的脑袋中可能想到了一首美妙的曲子,但是如果他不能很好地记住的话,他永远也只能演奏出一些破碎的片段。

1. **与记忆相关的名言**

一切知识的获得都是记忆,记忆是一切智力基础。 ——培根
记忆是灵感的前提,失去它即意味着死亡。 ——古希腊谚语
记忆是一切事物的宝藏和卫士。 ——居里夫人
所有的知识不过是记忆。 ——马可尼
记忆是知识的唯一管库人。 ——锡德尼
记忆力并不是智慧;但没有记忆力还成什么智慧呢? ——哈柏

2. **名人记忆举例**

(1)罗马凯撒大帝:能记住每一个士兵的面孔和名字。

(2)亚里士多德:几乎能把所有看过的书一字不差地背诵出来。

(3)拿破仑:能准确记住设置在法国海岸的大炮种类和位置,如果部下报告错误,他能及时纠错。他在制定法典的会议上能随口引证,因其19岁时候在禁闭室看过《罗马法典》。

(4)列宁:记忆力非常出色,他能准确记住国民经济统计的繁杂资料,并能对阅读过的资料了如指掌。他常常指导他的助手,到哪本书的哪一页去查证他所要的资料,助手一翻书,果然如此。

(5)诺贝尔奖与犹太人:犹太人占据了诺贝尔奖得主的30%,这个民族非常重视其教育以记忆为中心,强调反复朗读,背诵《旧约》。

(6)茅盾:能背诵《红楼梦》。

(7)莫扎特,约在1770年到罗马的圣提里教堂,欣赏亚里格的演奏。当时所演奏的乐曲,教堂当局是不准任何人取走乐谱的,所以外面还不曾流传。散会后,莫扎特回到家中,竟能凭记忆一句不漏地写下来,使人们大吃一惊。

(二) 记忆力训练的概括 (见表4-1)

表4-1 记忆力训练的概括

理 论	基本功	运 用
记忆的无穷价值	四大法宝训练	连锁法记忆文学常识
人类的学习模式	图像法训练	如何记忆历史年代和事件
记忆的六种水平	连锁法训练	数字挂钩法的运用
科学的学习方式	心象法训练	熟词熟句挂钩法运用
记忆的自我检测	联想法训练	如何记忆语文和问答题
	定位法训练	英语记忆法
	数字记忆训练	各学科的记忆
	提取关键词法训练	如何记忆专业书籍
		记忆法在生活中的运用

(三) 记忆力训练的方法 (见表4-2)

表4-2 记忆力训练的方法

记七记忆法	悬念记忆法	比喻记忆法
概括记忆法	卡片记忆法	换景记忆法
歌诀记忆法	一本多用法	环境刺激法
提纲记忆法	闭眼记忆法	闹市记忆法
间隙交替法	看批记忆法	安静记忆法
自测记忆法	改错记忆法	杂音记忆法
时间分配法	学习后睡觉记忆法	先易后难法
尝试回忆法	海绵记忆法	录音记忆法
过量复习法	合理饮食	朗读记忆法
排序记忆法	来之不易	音乐记忆法
关己记忆法	及时复习	自问自答法
谐音记忆法	遗忘曲线	讨论记忆法
联系现实法	传授知识法	抄写记忆法

三、快速阅读

(一) 快速阅读的重要性

有一次香港明珠台举办一个节目,这个节目是对世界前两名首富比尔·盖茨和沃伦·巴菲特（见图4-2）两人的共同采访。主持人以及现场观众对他们两人轮流进行了很多提问，两位世界首富也一一做了非常耐心的回答。到了节目的最后，主持人向他们两人提了最后一个问题："请问两位，你们都已经如此的成功了，那么，在你们的人生中，还有什么事情是觉得最遗憾的呢？"

图4-2　比尔·盖茨和沃伦·巴菲特

1. 最遗憾的事情

比尔·盖茨说："我最遗憾的事情，就是没有掌握快速阅读的方法。所有的成功者都是阅读者，所有的领导者都是阅读者。如果我能掌握快速阅读的方法，多看很多书，相信我会更成功！"

沃伦·巴菲特说："我的答案跟盖茨的一样。我在年轻的时候要是能学会快速阅读的方法，多看一些书，多掌握一些资讯，我想，世界首富的位置，估计就轮不上他（盖茨）了。"随后两人相视大笑。

亲爱的朋友，当你听了他们的回答之后，有什么感想？

原来世界首富最遗憾的事情，就是没有能掌握快速阅读的技能！特别是比尔·盖茨的这句话："所有的成功者都是阅读者，所有的领导者都是阅读者。"

通过阅读，能学到很多竞争对手学不到的东西，所以能够超越他们；通过阅读，能了解各种各样解决困境的办法，让自己不断进步；通过阅读，能积累更多别人无法超越的优势，从而获得想要的成功；通过阅读，能掌握各种对你非常有帮助的信息和资讯，让自己处处比别人领先一步；通过阅读，能够领悟到自己在哪些方面还需要提升，从而不断完善自己；通过阅读，能明白幸福的人生需要做些什么样的努力，并懂得怎样去做好。

换句话说，人的任何困境、迷茫、苦恼，都可以通过阅读来找到解决的方法。只要有足够的阅读量，只要了解的知识、方法、资讯足够多，那么，一定可以找到方法来解决自己所遇到的各种问题，一定可以找到方法来让自己更成功，从而实现自己的梦想。

每个人的时间都是有限的，要学习、要工作、要生活，那么，怎样才能在有限的时间之内尽量增加阅读量呢？只有一个方法，那就是提高阅读的速度，即快速阅读。

2. 快速阅读的益处

（1）快速阅读是大脑的翅膀。左脑和右脑协调使用，想象力、创造力、注意力等将变得越来越好，思维敏捷，头脑清醒，越来越自信。

（2）快速阅读是学习的利器。一是阅读速度至少提高2～10倍；二是看书习惯改变了；三是学习注意力集中了；四是记忆力大幅改善了。

（3）快速阅读是考试的"金钥匙"。将使自己轻松学习，如虎添翼，帮助自己更快更好地学习各科知识，记忆知识要点，在考试的战场上主动出击，快人一截，高人一筹，取得令人惊叹的好成绩。

（4）快速阅读是事业的"发动机"。让人事业有成，高效工作。它能让自己在事业的奋斗中迅速提升智力，博采众长，广揽财富，一鸣惊人，工作效率成倍提高。

（5）快速阅读是职场的强助手。它能让人知识丰收，能力提高，绩效倍增。三大能力即工作运用能力、知识吸收能力和事业创新能力让自己充满自信，成就非凡。

（6）快速阅读能提高时效，提升生命品质；增强自制力，提高学习能力；培养开拓型、创造型思维；提升文化素质；有助于身心愉悦。

（二）快速阅读的概括

快速阅读是一种"眼脑直映"式的阅读方法。它将书面的文字信息对眼睛产生光学刺激之后所产生的整体文字图像，直接传送到右脑以图像的形式记忆，之后再由大脑将文字图像解析出来。

快速阅读这种"眼脑直映"式阅读的方法省略了语言中枢和听觉中枢这两个中间环节的信息传递，即文字图像直接映入右脑记忆中枢进行记忆，然后通过左右脑的相互协调处理，再进行文字的复述和理解。这是一种单纯运用视觉的阅读方式。快读阅读强调了三个方面，即理论、基本功和运用。（见表4-3）

表4-3 快读阅读概览

理　　论	基本功	运　　用
快速阅读的含义、起源 快速阅读国内外发展形势 关于快速阅读的九种方法 快速阅读的作用 快速阅读与传统阅读的关系 理论、生理、心理、语言学基础 快速阅读法的设计原则 快速阅读的非智力因素 阅读与记忆、导图的关系 快速阅读与营养 阅读的目的、层次、检测 阅读的注意事项	左右脑协调训练 调整坐姿 腹式呼吸训练 专注力训练 基本功训练 节奏训练 实战训练 回忆训练 眼保健操 收拾整理	小说、杂志的阅读方法 如何阅读语文书籍 如何阅读英语书籍 如何阅读文科书籍 如何阅读理科书籍 如何阅读专业书籍 快速阅读在考试中的运用 阅读诗歌的方法 阅读文言文的方法

（三）快速阅读训练方法及措施

快速阅读现在也叫"全脑速读"。科学原理早已揭示，人的大脑分为左右两个半球，各自分管并对不同的信息内容处理，其中右脑主要是对图形和图像进行记忆和加工，而左脑主要是处理诸如逻辑、数字、文字等非形象化的信息。针对这原理，我们总结出一套训练方法，其中最主要的就是影响快速阅读训练的七个方面及改善措施，具体如图4-3所示。

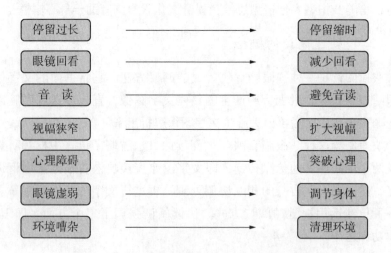

图4-3　影响快速阅读的七个方面及改善措施

四、高效思维

高效思维与高效学习是密不可分的。人类自从有了语言，对自身的发展起到了巨大的推动作用。尤其是文字的产生，对人类思维进一步完善起到了至关重要的作用。有了语言、文字和较完善的思维，人类就有了学习的愿望和知识的创新，促进了人类社会形态的形成。今天的经济发展、文化交流、科技进步更不能离开符合人类思维规律的高效思维和高效学习。人类只有在遵循这些规律的基础上才能有创新，才能有进步。学习是有方法、有规律可循的，遵循规律的学习就是高效的。

（一）高效思维的重要性

思考最大的敌人就是复杂，因为它会导致混乱。如果有非常简单明了的思考方式，思考就会变得更加富有乐趣和收获更多成果。

1. 让思考成为乐趣

（1）笔记。阅读、课堂学习、面试、演讲、开会等需要记录要点时，用思维导图做记录，记录关键词并加以组织，方便记忆。

（2）温习。预备考试、预备演说等需要加深记忆时，将已知的资料根据记忆画出来，或将以往画的思维导图重复画出，加深记忆。

（3）小组学习。在头脑风暴、小组讨论、家庭/小组计划等需要共同思考时，小组学习实效显著。

（4）创作。在写作、学科研习、水平思维和制订计划等需要创新时，用思维导图创作能够同时满足我们对于求知和创造的快感需求。

（5）选择。谨慎选择学习的方向，学会维系团体内的人际关系，等到需要帮忙时，就会有不少人愿意主动伸出援助之手。想要有收获，就得先付出。所以，选择体现在个人行动、团体议决、设定先后次序、解决问题等方面。

（6）展示。演讲、教学、推销、解说、完成报告书等需要向别人说出自己思想时，把要传播的信息展示出来，通过知觉感受，实现预期效果。

（7）计划。在个人计划、行动计划、研究计划等规划制订时，要在思维导图的指导下制订行动的方案，以规划未来。

（8）记忆。使用大脑所有皮层技巧，利用了色彩、线条、关键词、图像等形象的事情，可以提高记忆；同时，简单设计，结构清晰，层次分明，对于信息进行有效的组织和管理，帮助记忆。

2. 学会倾听交流

可以让学习者轻松获得课题的全景，而不再为头绪繁多头疼；让学习者为未来做出清晰的规划，清楚自己的目标和当下的坐标！可以让学习者获得和掌握大量信息，开发并优化其大脑处理数据的功能；创造性地解决问题，真正体会到"条条大路通罗马"的乐趣；让大家享受阅读、分析和沉思的乐趣，掌握倾听与交流的技巧。

总之，高效思维将让人成为一名真正的高效人士，让成功走进人们的生活与事业，并成为一个永远的日常习惯。

（二）思维导图概括

思维导图，又叫心智图，是表达发射性思维的有效的图形思维工具。它虽简单却又极其有效，是一种革命性的思维工具。思维导图运用图文并茂的技巧，把各级主题的关系用相互隶属与相关的层级图表现出来，将主题关键词与图像、颜色等建立记忆链接。思维导图充分运用左右脑的机能，利用记忆、阅读、思维的规律，协助人们在科学与艺术、逻辑与想象之间平衡发展，从而开启人类大脑的无限潜能。思维导图因此具有人类思维的强大功能。（见表4-4）

表4-4 思维导图概览

理　论	基本功	运　用
起源及概念 思维导图的作用 思维导图和线性笔记的比较 思维导图可以提高学习效率 思维导图的运用层次	发散性思维游戏 推理游戏 词语分类练习 搜索关键词训练 思维导图的制作方法	思维导图背诵简答题 思维导图分析文章 思维导图分析章节 听讲座记录 如何分析一整本书 用导图做计划 用导图做会议记录

（三）常用思维方式

常用思维方式如图 4-4 所示。

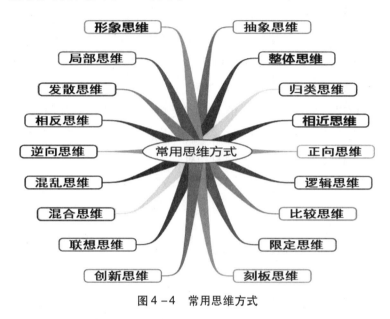

图 4-4　常用思维方式

第四节　6Q 潜能与个人品牌

"互联网+"已经成为时代的主旋律，影响着媒介传播的广度和深度，使之不断地发生变化；更多的人认识到个人品牌建设的重要性，并积极重视自己个人品牌形象的培育、塑造、推广实施等。6Q 潜能作为潜能开发的六大模块，是个人品牌建设的有力工具，本节从 6Q 潜能与个人品牌的关系开始，简要地介绍个人品牌的定义、功能和五个发展阶段，然后通过"中心连锁扩散法则"的实践介绍"互联网+"背景下的个人品牌传播。

一、6Q 潜能与个人品牌简述

（一）6Q 潜能与个人品牌的关系

6Q 潜能是个人品牌建设的工具，个人品牌是 6Q 潜能需要达成的综合目标。个人品牌与6Q潜能的关系分别如下。

1. 德商（MQ）决定个人品牌的文明程度

道德和诚信是个人品牌的基础，德商高的人，善于承担社会责任，更多地参与慈善、公益等助人活动，不断提升个人文明形象，同时推动社会文明进步；个人品牌反过来促进其德商进一步提升。

2. 情商（EQ）决定个人品牌的人脉品质

情商高的人，善于处理人际关系，积累人脉资源，从情商的角度，个人品牌可以理解为圈子文化的海浪式延展，适用于中心连锁扩散法则；同时，个人品牌在文明、价值、公关、创新、智慧等方面的需要，制约着品牌方选择合理的目标客户群与之对应发展。

3. 智商（IQ）决定个人品牌的智慧高度

个性是个人品牌的必要条件，智商高且重视个人品牌建设的人，善于运用智慧能量，实现其个人特有的魅力特质。

4. 财商（FQ）决定个人品牌的财富价值

个人品牌传播个人价值，为其带来财富，成功的个人品牌塑造者，财商FQ助其实现财务自由或高度财务自由。

5. 逆商（AQ）决定个人品牌的危机公关能力

抗逆能力是逆商的主要特征，成功的个人品牌人士善于危机公关；个人品牌考验品牌方的心理承受能力，由此可以测试其心理弹性的强弱。

6. 娱商（PQ）决定个人品牌的创新潜能

创新是个人品牌的生命线，始于兴趣、兴于实践，决定个人品牌的生命力。

（二）个人品牌的定义和功能

个人品牌是以人为载体，以其所拥有的独特、鲜明、确定且易被感知的外在形象与内在修养等无形资产为信息的集合体，其功能如下。

1. 识别功能

快速帮助消费者找到所需要的产品，节省选购过程中的时间与精力。

2. 信息功能

通过个人品牌效应，诱发信息接受者产生该信息所能导致的某些行为。

3. 促销功能

良好的个人品牌往往代表着优质服务和信誉，能给消费者带来依赖感。

4. 价值功能

个人品牌作为无形资产，可以通过市场交换带来经济效益。

（三）个人品牌发展的五个阶段

个人品牌从第一阶段向第五阶段发展，其影响力、传播力、散发力、公信力等品牌价值越高，6Q潜能匹配的程度相应地就越来越高。（见图4-5）

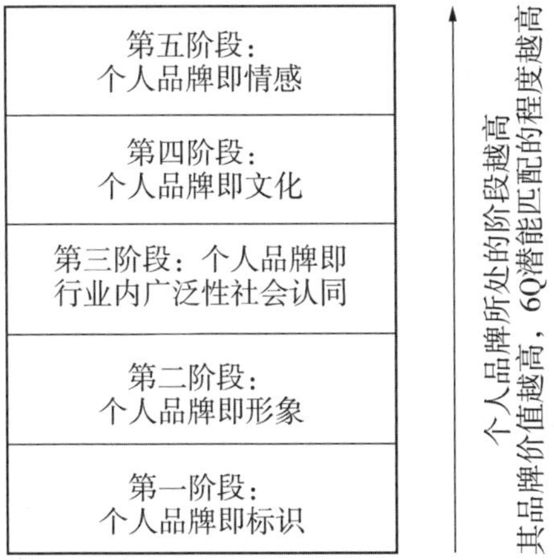

图4-5 个人品牌的阶段、价值和6Q潜能的关系

第五阶段：个人品牌即情感
第四阶段：个人品牌即文化
第三阶段：个人品牌即行业内广泛性社会认同
第二阶段：个人品牌即形象
第一阶段：个人品牌即标识

（个人品牌所处的阶段越高，其品牌价值越高，6Q潜能匹配的程度越高）

1. 第一阶段：个人品牌即标识

（1）标识1：与众不同。做不到第一，尽可能做到唯一。

（2）标识2：出类拔萃。第一印象在心理学中作用巨大，人们容易记住第一名的概率是95%左右、第二名的概率是4%左右、第三名的概率有1%左右，第四名之后就很少人关注了。

（3）标识3：始终如一。给人以稳定可靠的情怀。

（4）标识4：形象标识。外貌、装扮、言谈举止、表情、姿势、品德修养、气质特征、文化内涵、能力水平等6Q潜能的综合素质。

（5）标识5：精神标识。即知名度、美誉度及忠诚度，个人品牌精神标识符号就是个人的人格魅力展示。

2. 第二阶段：个人品牌即形象

（1）塑内在。世界观、人生观、价值观、人才观、工作观以及学术观等思想部分，体现的是品牌方的内涵与修养，着重于自身的"内秀"。

（2）塑外在。服饰礼仪、签名、用车、办公用品以及办公环境等，体现的是品牌方的外表风格，着重于个人形象的外在表现。

（3）塑风格特色。说话风格、为人处世、社交活动、运动休闲、生活喜好等，表现的是品牌方对社会的态度。

3. 第三阶段：个人品牌即行业内广泛性社会认同

个人品牌在经历标识、形象等修炼与发展后，将在某一领域出类拔萃，从而获得该领域内广泛性社会认同，品牌方价值对领域或行业价值具有一定的影响力。

4. 第四阶段：个人品牌即文化

个人品牌以文化营销为主导的阶段，是品牌在潜能需求层次上的一个重大突破，文化促进个人品牌的发展和突破，同时个人品牌推动该领域的文明进步，正所谓"无为，而无所不为"。

5. 第五阶段：个人品牌即情感

个人品牌须拥有鲜明、独特的个性与情感化特征，全面从知名度、美誉度、满意度、忠诚度等出发，通过情感营销，激发消费者对品牌方产生持久的情感需求，加深个人品牌需求的情感黏度。

二、"互联网+"与个人品牌传播

"互联网+"时代，为个人品牌的传播开辟了更加优质的媒介渠道，如何通过"互联网+"把个人品牌传播出去呢？

（一）围绕自己的核心竞争优势建立吸引力场

1. 自然界的吸引力场

图4-6 太阳系吸引力场图

（1）自然现象：地球绕着太阳转动，月球绕着地球转动，等等，这是自然界吸引力作用的结果。

（2）八大行星为什么要围绕着太阳转动呢？太阳有着巨大而且持续的吸引力，形成了自然界的吸引力场；吸引力场在各行星之间平衡分布，是行星持续和有序围绕太阳转动的前提条件。（见图4-6）

2. 打造属于自己的吸引力场

（1）找寻到自己的核心竞争优势。没有核心竞争力，就没有吸引力；

什么都会，但没有突出的竞争优势，就等于没有吸引力。以意大利经济学家V. Pareto（帕累托）名字而命名的V. Pareto图①（见图4-7）告诉我们，只有排在前三的重要项目，其优势比重之和才能超过80%；心理学研究告诉我们，人们最容易关注的项目数介于5个到9个之间，且越靠前越容易受到关注。所以，找到自己最热爱、最擅长的项目作为核心竞争力，是成功的起点。

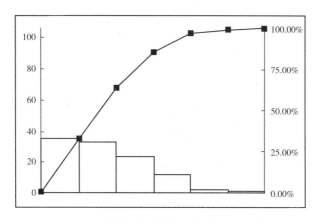

图4-7　V. Pareto图

（2）围绕核心竞争力建立高关联度。互为需求是高关联度的必要条件。关联是彼此的，既要考虑品牌方自身的收益，更要思考品牌方能为客户做些什么。关联度最强的需求产品是民生类衣食住行等刚需产品，其次是由刚需所衍生出来的次刚需产业链。

（3）修身、齐家、治学、和天下。选定核心竞争优势后，"修身"就是重要工作内容了，鲜明并且突出的修身须与核心竞争力产品匹配，对个人品牌形象的塑造极为关键。"齐家"的重要性，犹如两军交战时的后勤补给线。"治学"是个人品牌的智慧投资，智慧的高度影响个人品牌的决策与发展。"和天下"必先和自己，拿得起、放得下，修炼自己包容、接纳的开放式胸襟，自己能容得下多大的世界，自己的个人品牌才具有多大的发展空间。

---

①　参见（英）理查德·科克《帕累托80/20效率法则》，海潮出版社2014年版，第147页。

3. "互联网+"与布局个人品牌的强引力场

(1) 为"互联网+"添置必备硬件。必备硬件有智能手机、上网流量等;条件较好的还需要考虑电脑,及智能手机的最低内存配置不低于8G、SD卡①扩展大于16G、网络为4G等要素。

(2) 选择适合自己的互联网传播渠道。传统的传播渠道有QQ、博客、纸媒、电视传媒等;时代快速发展,当前微信公众号是一个非常优秀的个人品牌传播渠道,推荐大家使用,一来免费,二来后台功能十分强大,可以管理足够多的粉丝。

(3) 微信公众号质优价廉。微信公众号相较于其他社交媒介,有其独特的竞争优势。首先是微信公众号有着极高的营销效率,采用"一对多"传播,只要点击群发,所有关注的粉丝就能够及时收到传播的信息资料;其次,微信的约束制度有效制约了"网络水军"②及提升了文章品质等,比如点击计量的方法、订阅号每天限制一篇文章对提升软文品质有重要作用;再次,微信综合功能全面爆发,助微信公众平台如虎添翼;最后,营销成本更低,可持续性更强。

注册微信公众号时,一是要注意取名与核心竞争力密切相关,也可以直接用自己的姓名作为个人品牌名;二是微信公众号一经选定便不能修改,选择时一定要"大道至简",复杂了不利于大众记忆。

(二) 中心连锁扩散法则

1. 中心连锁扩散法则简介

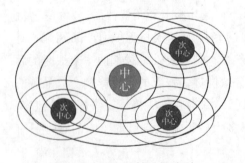

图4-8 中心连锁扩散法则

中心连锁扩散法则(Central Chain Diffusion Rule,简称CCDR)(见图4-8),是以某一核心点(办公地址、品牌等)为中心,并以无数围绕中心转动的次中心为连锁扩散点,通过核心团队成员共同努力,把

---

① SD卡(Secure Digital Memory Card)是一种基于半导体闪存工艺的存储卡。
② 指受雇于网络公关公司,为他人发帖、回帖造势的网络人员,通过注水发帖来获取报酬。

品牌方与核心竞争力相关的所有资讯，定期、有序、系统地不断向外连锁扩散的传播模式。

吸引力法则指将思想集中在某一领域的时候，跟这个领域相关的人、事、物就会被他吸引而来。吸引力法则[①]的重点是向内聚，在品牌方传播的有效范畴内以正能量的方式引起重视和关注；中心连锁扩散法则重点是传播出去，重点在于开拓新的品牌方尚未能辐射到的区域，引起新的关注和建立新的吸引力场。中心连锁扩散法则是"互联网+"背景下，对吸引力法则的有效补充。

2. 绝对中心的建立和运营（以微信公众号的运营为例）

（1）绝对中心，是指个人品牌方所确定的某一品牌中心只能是一个，而且是最优、最核心的那一个，因为，中心多了便分散了客户流量。

（2）中心建立朋友圈的微信通讯录，其成员不少于1000人。微信公众号建立初期，关注的人员是逐步积累的，关注量的累积过程需要微信朋友圈、微信群等熟人网络、小众传播来积累和整合相关资源。微信通讯录成员越多，自己被朋友拉入微信大群的机会越多，自己的圈子发展就会越来越有效率；朋友圈是微信活跃度最高的社交网络，中心的软文等资讯被转发的概率最大。

（3）建立中心微信群，将信息及时传达到"次中心"。微信公众号的订阅号，情感沟通便捷度不高，微信群有效地弥补了核心成员之间的情感传递、信息沟通等，尤其是及时反馈次中心客户咨询、阅读反应等。

（4）组建中心的核心产品开发团队。订阅号每天发一篇文章，这一文章由谁来写，品质如何，由谁做图文、声音、视频等编辑，等等，这些都需要组建团队来分工完成。

（5）中心拓展团队。寻找到适合的地区、人员等建立次中心，连锁扩散中心的品牌策略。

（6）客服专员注意事项。尊重所有点赞人员，与所有关注的人员互动，发挥情感营销优势；为所有转发软文的人员点赞，这是潜在客户；高度重视持续点赞和转发咨询的人员，这是"铁粉"。从"铁粉"中培养未来次中心站的人选，并VIP服务他们；建立好次中心站与中心站之间的

---

① 参见（美）威廉·沃克·阿特金森《吸引力法则》，新世界出版社2013年版，第264页。

信息反馈纽带，重视客户提出的所有建议，哪怕是对作者暂时不利的建议。

3. 软文推送时机的选择

（1）上午上班、中午下班、下午上班和下班，以及晚饭后，均是软文阅读高峰期。

（2）充分把握高峰期来推送，有利于阅读高潮收集阅读量。

（3）中心站的推送频率需要做内部协调，分工分时段推送，不要在一小时内大家都推送完毕，之后就没有消息了。

（4）过去的文章也要反复推送。

4. 中心资讯产品的品质把关

（1）中心要建立资讯产品审核制度，所有发布的产品均符合该中心的规则，并与中心核心竞争力密切相关。

（2）重要资讯的发布，可能涉及团队成员的共同利益，须经中心核心成员会议讨论共同决定。

（3）中心资讯产品需要不断地创新，紧跟时代和市场需求，尽可能满足现有客户的基本愿望。

（4）软文标题的吸引力程度，决定陌生人是否愿意花费流量打开阅读。

（5）文章本身的品质，决定阅读者是否愿意转发、关注等行为。

5. 次中心的建立与维护

（1）次中心的建立与维护由中心拓展团队承担，根据中心的规划选点、定人、定责，签订协议，规范次中心团队的责、权、利等。

（2）次中心团队要绝对维护中心的利益。

（3）次中心团队的建设，6Q潜能是重要工具，德商为人才评价的首选项，人品是关键指标；情商是核心项，人脉资源和人际关系的维护能力是重要指标；智慧、理财能力、危机公关能力、创新娱乐能力等均为参照指标。

三、个人品牌小策略

树立个人品牌是21世纪的工作法则，在这个"酒香也怕巷子深"的时代，我们必须把自己营销出去，再吸收粉丝，创建圈子，做最佳价值整合。公众人物的言行举止，在信息化的社会里往往影响着许多人。对于国家、企业和个人而言,品牌的建设至关重要。

1. 亲切、易记的名称

阿里巴巴集团由我国著名企业家马云创办,目前已成为全球最大的零售交易平台。"阿里巴巴"一名取自著名故事集《一千零一夜》,对广大用户而言亲切生动、寓意鲜明、朗朗上口,从侧面为品牌的推广与升级注入了新的活力。

2. 简单而又清晰的定位

中国梦是国家领导人提出的重要指导思想和执政理念。中国梦是实现中华民族伟大复兴的梦想,是每一位中华儿女的共同期盼。它的提出高度体现了新时期国家发展的目标,凝聚了全国人民谋求进步的力量。由此可见,树立品牌需要确定自身的核心竞争力和核心价值,优秀的核心竞争力是成功的关键。

3. 贴近民众

家喻户晓的中央电视台《焦点访谈》是一档收视率较高的精品栏目。在信息传播日益多样化的今天,该栏目依然秉承贴近民众生活的原则,广泛关注社会热点,赢得了各界群众的喜爱与支持。

4. "一带一路"、亚投行战略

把中国与世界紧密连接在一起,实现合作共赢,采用传统的营销理念与创新营销的价值整合,充分发挥品牌的特别魅力之处,即可产生巨大的"吸粉"效应。

5. 在求同存异的国际战略体系中加强危机公关能力

在和平共处、求同存异的国际战略体系中,应对和处置各种国际危机时,危机公关就显得格外重要。提升自己的逆商和危机公关能力,平和地应对各种突发事件,是最终取得突破和发展的前提条件。因此,危机公关能力也在一定程度上决定了品牌的生命力。

第五节
潜优生帮助计划(LEAP)

人口数量向人口质量转变的过程,不仅仅是人们生活态度和家庭教育方式的转变,更是要以人为本,根据不同个体的需求制订不同的潜能开发方案,帮助他们"扬长补短"①,提升其学习潜能,打下坚实的人生基础。"潜优生"② 这个词从潜能开发的角度提出来,极具建设性,在经历"差生""双差生""后进生"等名词的演变之后,被越来越多的人接受和喜爱;潜优生帮助计划是针对特定对象制订"潜能开发方案",并提升"潜优生"综合素质的程序。

一、潜优生概述

(一) 潜优生的定义

潜优生是指学习出现偏科,德、智、体、美、劳等某些方面尚有巨大提升空间的青少年儿童。左右脑不平衡发展是出现潜优生现象的基础,左脑或右脑未发挥出应有的功能,制约了个体综合素质的有效发挥。潜能开发是帮助潜优生进步的最佳途径,通过"扬长补短"原则,在保持优势潜能的基础上激活弱势潜能,助其全面发展并转化为全优生。

有的潜优生是学优生,IQ 高、成绩好,可他们不喜欢人际沟通与交往,EQ 表现低迷。有的潜优生严重偏科,他们可能十分喜欢文科,而理科成绩一落千丈;有的同学则恰好相反。有的潜优生同学,其优势潜能藏得很深,根本就没有表现出来。天生就左右脑平衡的人只有极少数,成长过程中保持左右脑平衡发展也是有难度的;左右脑失衡是人在发展心理学上的一种现象,可以通过科学的潜能开发予以矫正,激活身体巨大的潜能。与潜优生相对应的是全优生,是指 MQ、EQ、IQ、FQ、AQ、PQ 等 6Q 潜能全面发展的青少年儿童。

(二) 潜优生的特征

大脑分为两个半球③:左半球是理智脑,主导 IQ 智能的发挥;右半球是情绪脑,主导 EQ 智能的发挥。左右脑不平衡发展不仅影响人的社会功能,更是造成身心亚健康的重要根源。通过实践总结,我们发现潜优

---

① "扬长补短"是以加德纳"每个人都具有八大智能"为依据,建立的潜能开发原则。即通过"潜能测试"分别找到受试者的优势潜能和弱势潜能,在绽放优势潜能的基础上通过补缺教育弥补其弱势潜能,使其均衡发展。
② 韩诚在《情绪分析入门》一书中正式提出"潜优生"的概念。
③ 斯佩里提出的"左右脑分工理论"。

生分别具有五个特征。

1. 左右脑不平衡发展

左右脑不平衡发展是潜优生的最主要特征。轻微者出现学习严重偏科现象，严重者将发展到左右脑失衡，甚至演变为过阳证[①]（多动）或过阴证[②]（自闭）患者；原本成绩很优秀的青少年儿童，突然间表现出社会性退缩、闭门不出等现象，均与左右脑不平衡发展密切相关。家庭不和谐、滥用游戏类电子产品、不良生活习惯、长期情绪过激且得不到合理宣泄等，均是产生左右脑失衡的潜在危险。

2. 易紧张和自卑

EQ表现低迷的潜优生，他们常处于消极状态，却渴望获得别人的尊重和认可；他们非常担心听到批评或不认可的声音，过于关注负面信息，让自己常常生活在紧张状态。过度的紧张容易出错，出错后可能被批评，不和谐的声音又刺激到他们脆弱的自卑心理，从而形成不利于健康成长的负循环。这是急需获得家庭、学校或社会帮助的群体。

3. 自大和逞能

与易紧张和自卑相反的是自大和逞能。这类潜优生的EQ同样低迷，但他们不甘于落后，经常用放大镜来看自己取得的成绩，并在同伴面前吹嘘、夸大；有时候他们为了达到逞能的目的，不惜编造谎言来掩盖事实真相。

4. 逆反心理

逆反心理在潜优生中比较常见，他们常表现出矛盾、疑虑和不安的心理状态，逆反是他们达到目的的一种手段。

5. 考场战绩欠佳

成绩好不等于能力强，社会是人类的必修课，谁也逃避不了，传统单纯追求分数的学习模式，正在向知识教育与综合实践相结合的多元教育转变。越来越多的家长也认识到这一点，并通过潜能开发帮助这一群体走向优秀。

[①] 过阳证，指阳太过而阴不足的现象，是从阴阳平衡的角度来辨证的方法，具有多动的特征。

[②] 过阴证，指阴太过而阳不足的现象，是从阴阳平衡的角度来辨证的方法，具有内向且少动等特征。

二、潜优生帮助计划（LEAP）

潜优生帮助计划（英文缩写 LEAP）是运用多元人格工具，测试出被试者的优势潜能及弱势潜能，在保持优势潜能的基础上，通过潜能开发激活被试者弱势潜能的详细方案介绍。补缺教育①是潜优生帮助计划实施的重要工具。

（一）潜能测试

潜能测试分为两个步骤进行。

1. 多元人格测试

第一个步骤为"多元人格测试"②，量表为多选题，总共 8 道测试题。

（1）你认为自己：A. 内向；B. 外向；C. 感性；D. 理性。

（2）你的生活中：A. 很多朋友；B. 朋友多为专业人士；C. 平时很宅；D. 应酬多。

（3）你与朋友一起时：A. 话较多；B. 话较少；C. 喜欢倾听；D. 喜欢表达。

（4）你做事时：A. 有点粗心；B. 非常细心；C. 特别自信；D. 有依赖感。

（5）面对目标时：A. 注重兴趣和快乐；B. 目标明确且坚定；C. 目标重要，责任更重要；D. 随大流，但求稳定。

（6）行动时：A. 追求刺激；B. 直奔主题；C. 守时且冷静思考；D. 有点拖延。

（7）面对 1 年前的重要成就：A. 善于运用夸张手法，描述栩栩如生；B. 经常提起，希望获得专业人士肯定；C. 内心很重视，但不表现出来；D. 无所谓。

（8）面对公益：A. 热心公益人士；B. 乐于指导公益热心人士；C. 时间与精力受限，通常只参加自己认为有意义的公益活动；D. 默默付

---

① 补缺教育是韩诚和刘少廷在多年的研究和实践中共同提出的一种潜能开发教育方法。

② 韩诚在加德纳"多元智能"的基础上，结合"五位人格"开发出的一套潜能测试方法，是多元智能理论的实践应用。

出，公益好助理。

2. 优势潜能与弱势潜能测试

第二个步骤为"优势潜能与弱势潜能测试",是精细型潜能测试,分别对优势潜能项打"√"和弱势潜能项打"×",总共243题,测试时间较长,对测试目标的针对性较强。

(具体测试题略,共243题)

(二) 潜优生帮助计划的制订

以多元人格测试结果和优势潜能与弱势潜能测试结果为依据,为被试者制订潜优生帮助计划,计划须包含以下内容。

1. 主要优势潜能与弱势潜能内容

潜能开发的目标,是在保持原有优势潜能的基础上,运用补缺教育等手段激发被试者的弱势潜能,最终达到左右脑平衡发展和全面优秀的既定目标。所以,潜能开发实施前的优势潜能与弱势潜能内容,是一个衡量潜能开发效果的参数指标。

2. 潜能开发详细方案

为被试者量身定制一套合适、详细的潜能开发方案,包含具体的潜能开发项目、实施时间表、潜能开发指导老师、助教老师、预计达到的效果等内容。

(三) 签订潜优生帮助计划协议书

为保障潜优生帮助计划顺利进行,与潜优生本人或其监护人签订潜优生帮助计划协议书是必要的。鉴于潜优生帮助计划的特殊性,协议书需要特别注意以下内容。

1. 保密条款

保密条款主要就个人资料、技术、信息等需要保密内容做出约定。

2. 合作协议

在双方自愿协商基础上,就责、权、利做出明确的约定。

3. 违约责任条款

对双方的违约责任进行约定。

(四) 潜优生帮助计划的实施

严格实施潜能开发方案,及时完成各项任务;老师要尽职、尽责、按时完成协议中的目标内容，潜能开发的实际效果不得低于协议中规定的潜能开发目标。

实施潜优生帮助计划过程中，如果遇到不可克服的困难，或实际达成效果低于规定的目标效果时，辅导老师要主动并及时与当事人沟通，清楚地解释客观因素，以便获得谅解。

（五）潜优生帮助计划实施效果的评估

实施效果的评估，分为定期评估和非定期评估。定期评估是潜能开发方案的阶段性小结或最终结果总结；非定期评估是老师日常工作的一部分，需要实时实地进行，可由老师或助教老师根据活动需要临时安排。

潜优生帮助计划实施效果的评估必须是客观、量化的，杜绝表达模糊的词汇，如"表现良好、还行、不错"等，最好使用数据来表达。

（六）回访与跟进

潜能开发方案顺利完成后，潜能开发主体工程便结束。自结束后的第二周内完成第一次回访与跟进。电话回访一般在3～5分钟（也可用微信、邮件等方式沟通），主要就被试者身体感受、学习进步情况，对潜能开发的效果与服务建议等展开回访。

回访与跟进次数不少于3次，每次回访结束均需要有严格的文字记录，并与潜能开发指导老师、助理老师等分享重要信息。

小 结

每个人都是独一无二的，都有着聪明之处；没有人是全能的，也没有人是无能的。学习潜能就是潜在的学习能力，通常隐藏在学习者身上，不通过训练、开发与挖掘，一般显现不出来。学习潜能开发就是通过一系列科学合理长期的室内外训练，把隐藏在学习者身上（主要是大脑）的学习能力充分地开发出来。

学习潜能开发的目的和意义：通过训练，充分调动和创造一切能够促进学习成绩提高的积极因素，消除和减少不利于学习成绩提高的一切消极因素，最终把学习者的能量集中到学习上来，考出好成绩。在训练中激发学习者极其强烈的学习欲望，有效增强学习者的学习积极性和主动性，挖掘出学习者在学习上的潜能，把"好好学习，一定成功"的强烈信念深深地根植于学习者的大脑深处，伴随其一生的成人成长成才成功。

让自己乐意去接受新事物，乐意去寻找乐趣，要能正确认识自己的智能和潜能，并通过不断的训练和实践活动，有意识地培养和开发自己的各种智能。

思考题

1. 简述自己是如何开发学习潜能的。
2. 简述致慧与开悟的区别与联系。
3. 简述分析型思维的表现。
4. 简述综合型思维的表现和层次发展。
5. 为什么说一般意思的哲学是综合型思维发展的最高阶段？
6. 简述自己对"高效学习三法宝"的看法。
7. 简述自己是如何高效记忆和阅读的。
8. 高效思维的重要性是什么？
9. 简述自己的个人品牌建设策略。
10. 谈一谈如何运用中心连锁扩散法则传播自己的个人品牌？
11. 提供3个自己独特的个人品牌策略。
12. 简述潜优生帮助计划的意义。
13. 简述如何制订个人潜能开发计划。
14. 如果自己是一名小学三年级老师，打算如何运用"潜优生帮助计划"？

第五章
艺术潜能

艺术潜能是运用潜能开发工具激发人们对艺术的创新和创造的能力，提升人们用形象来反映现实但比现实更有典型性的社会意识形态作品，包括文学、魔术、绘画、雕塑、建筑、音乐、舞蹈、戏剧、电影、曲艺、茶艺等。

范英在《精神文明的内部结构和外部联系》[①] 一文中指出："到目前为止，我们可以把人类社会的精神文明现象大体归结为文化、思想和审美三大现象，也即人类社会精神文明这个系统所具有的三大子系统结构。"艺术潜能通过文化、思想、审美诸方面的完整结合，充分发挥各项艺术的优势潜能，为社会精神文明建设做出了积极贡献，是社会主义精神文明建设中不可或缺的精神食粮。审美价值是艺术潜能最主要、最基本的特征，表达艺术需要一定的天赋优势，更需要后天的努力和潜能开发。本章从色彩能量、声音塑造形象、魔术潜能、心灵茶道等方面，呈现了艺术潜能的构图。

[①] 转引自范英《文明与社会漫论》，中国评论学术出版社2014年版，第54页。

第一节
色彩能量学

我国祖先把构成宇宙的基本元素总结为金、木、水、火、土五种元素，称为"五行"，形成五行理论来说明世界万物的形成及其相互关系。五行是色彩能量学的密码。色彩能量学讲述的是个人五行色彩应用原理。

一、五行能量的开发

（一）五行能量的来源

五行能量源自阴阳学[①]。古人认为，盘古天地开辟，阳清为天，阴浊为地，阴阳二气混杂从而化育了万物，万物中阴阳比较平均的就演化成了生命。古人相信，人们通过认准自身个体能量结构特性，选取吸纳与之匹配的自然物质能量，从而激发出自身的正能量，提高生命力。

中国有着五千年的文明历史，认为大自然由五种要素构成，随着这五个要素的盛衰，而使得大自然产生变化，不但影响到人的生命力，同时也使宇宙万物循环不已。

古人认为宇宙万物，都由木、火、土、金、水五种基本物质的运行（运动）和变化所构成，这就是五行能量学说。它强调整体概念，描绘了事物的能量转换关系和运动形式，对五行的观念形成了自己独特的学说体系；广泛应用于华夏人民社会生活的各个领域，多用于哲学、中医学、文化、民俗和玄学等学科，成了中国文化的核心学说，影响深远。

（二）五行能量体系

现代人对五行相生的理解：金生水、水生木、木生火、火生土、土生金；对五行相克的理解：金克木、木克土、土克水、水克火、火克金。（见图5-1）

[①] 阴阳学说是古代汉族人民创造的一种哲学思想，来自《易经》。

木、火、土、金、水是指五种运动的物质，而五行是指木、火、土、金、水五种物质的运动变化。《易经》中乾卦的"天行健"这句话里"行"是代表运动的意思，就是"动能"，宇宙间物质最大的互相关系，就在这个动能，这个"动能"有五大体系，以金、木、水、火、土做代表。（见表5-1）

图 5-1　五行相生相克

表 5-1　五行对照

五行	木	火	土	金	水
八卦	震巽	离	坤艮	乾兑	坎
五季	春	夏	长夏	秋	冬
五方	东	南	中	西	北
五气	风	热、火	湿	燥	寒
五色	青（绿）	红（紫）	黄（棕）	白（金）	黑（蓝）
五味	酸	苦	甘	辛	咸
五体	盘膜	血脉	肌肉	皮毛	骨髓
五官	眼	舌	口	鼻	耳
五脏	肝	心	脾	肺	肾
六腑	胆	小肠	胃	大肠	膀胱
五常	仁	礼	信	义	智
五情	怒	喜	思	悲	恐

五行是中国古代的一种物质能量观。五行学说指出世界五种元素，即木、火、土、金、水。从能量磁场理论来看，这代表世界五种不同的能量。在人体，也有这五行能量系统，而且，这五种能量往往处于不平衡的生克互动辩证关系。五行文化是一种和谐文化，和谐代表着自然、定律、健康，和谐是健康生活的灵魂，只有和谐才能创造生机与活力、信念和希望，这就是平衡健康生活之道。

二、五行色彩潜能的应用

（一）个人五行能量定位

色彩能量学研发的主要特色，是在形象设计体系中结合五行能量之色彩、材质和图形等应用于日常着装服饰上，打造个人独有的美丽设计方案；该体系所选定的五行能量元素组合，如能量配色（吉祥色）是专属私人的，而单纯按星座、生肖或季节所选的仅是群体泛指的范畴则并不科学，也不精准。

在个人服饰选配中，美丽能量元素体现在服饰的图案、色彩和配饰上，挑选最适合个人能量所需要的五行元素，设计本人美丽能量搭配方案。美丽潜能在装扮上得以正确应用，不但令人们美丽帅气，更令人身心愉悦、精神焕发；这是真正的从内往外的人体能量潜能开发的真实体现。

在形象设计体系中，外在视觉大体由发型、妆容及服饰构成，服饰的设计构成除色彩之外就是款式了。我们将服装及饰品的外在设计简称为款式，款式是由材质、图案、剪裁和装饰等元素构成。视觉审美的原理是通过巧用色彩搭配、掌握个人风格与款式的陪衬技法，以及扬长避短的外貌和体态个性设计等完成。因此，日常装扮中的色彩、图案和装饰物等元素均明显体现五行属性，是调配个人能量平衡的实用对象。

服装图案（剪裁）及饰品形状（数量）与五行的能量关系为：圆形图案属于金性；长方形、条形图案属木性；波浪、曲线形图案属于水性；菱形、三角形图案属火性；方形图案属土性。

颜色的本质是能量，颜色是不同波长的电磁波在我们视觉器官的反映，由于电磁波具有能量，所以不同的颜色是有不同的能量的。于是，不同的颜色就能够补充人体不同的能量需要。

一般，人体五行比较失衡的时候，人会比较自觉地特别喜欢某一种颜色；同时，去发现和选择适合于自己的颜色。我们生活中的衣、食、住、行，几乎都离不开视觉色彩，而其中"个人服饰色彩"与个人关系最密切，在无形之中深深影响着每个人每一天的精神状态。利用色彩创造能量，随时随地让色彩再生的能量充满生活，让平凡的生活因色彩而精彩。

当然，人体的五行在不同的时间、环境下是会改变的。但是，最专业的判断一个人的五行结构，最常用的是通过运用个人的出生年份和季节等时令参数，了解其五运六气特性及甲子历（四柱）等相关的周易玄学信息来做综合判断分析。

（二）服饰的五行色彩情感

以下阐述服饰的五行色彩情感，主要以女性为主。

1. 火——红色、紫色属火的能量

（1）红色。

性情：开朗、热情、积极、权威、自信、活力和个性。

色系：大红色非常醒目，浅红色较温柔和充满幻想，深红色热情得更深沉、更浓郁。

服饰：红色最易展现个人的自信和权威，能很快引起他人注意；红色是十分适合喜庆欢乐气氛的颜色；红色有挑衅意味，在谈判或协商事宜时应回避。

（2）紫色。

性情：神秘、幻想、华丽、优雅、高贵、权势、忧郁。

色系：浅紫色令女性形象更优雅、温柔，深紫色令人感觉华丽、性感。

服饰：紫色服饰具有神秘感，并充满幻想感，是约会的最佳选择，紫色晚礼服倍增高贵的气质。

2. 土——黄色、啡色属土的能量

黄色。

性情：活泼、天真、浪漫、欢愉、明亮、年轻。

色系：柠檬黄有青春、清爽、新鲜感，米黄有稳重、高雅和信赖感，明黄色给人时尚潮流感。

服饰：很受注目和表达快乐心情的用色，因为显得过于自信，使人感觉自大固执，在议事场合少穿大面积的黄色，尤其是亮黄色；嫩黄和奶黄色都惹人怜爱，能表达女性情怀。

3. 木——绿色、青色属木的能量

绿色。

性情：和平、安详、自由、安全、清新、舒适、轻松和宁静。

色系：黄绿色呈现单纯和年轻感，蓝绿色呈现清秀和豁达感，灰绿色呈现宁静及平和，深绿色配浅绿色有一种丰盈的和谐。

服饰：绿色呈宁静及祥和气氛，休闲或平静心情时可选择绿色的衣裳；绿色有轻松随意感，在正式的工作场合就不应穿大面积的绿色。

4. 水——蓝色、黑色属水的能量

（1）蓝色。

性情：宽阔、知性、智慧、内敛、忧郁、诚实、权威、可靠。

色系：浅蓝色干净、淡雅，深蓝色沉稳、庄严和知性，蓝紫色有神秘感，蓝绿色显豁达和从容。

服饰：蓝色让人情绪稳定，易使对方精神集中，适合谈判和议事；蓝色衣服易令客方信任，是职场较佳选择。

（2）黑色。

性情：永恒、高贵、经典。

服饰：黑色有收缩感这是事实，在色彩万千世界中，黑色的确是最经典、最易配、最省时、最保险的；它耐脏、不过时，能掩饰服饰的做工、面料及款式上的缺陷；好像跟冷暖色都能配，相比之下，衬托冷色效果更好，因而色彩师将它归到冷色系。

而黑色是最有沉重感的颜色，丰满而不高的人，"一身黑"会使重心下沉显得更矮；明亮花色的围巾、丝巾和配饰可以使黑色着装有亮点；上下装都是黑色时，选用不同质地的面料做对比会产生层次感，其品位妙不可言。穿黑色服装时，需要充分运用自己的灵感，选好款式、面料以及配饰，突出亮点和变化，增加更多趣味。

5. 金——白色、金银色属金的能量

白色。

性情：纯洁、干净、斯文。

服饰：白色也是很受用的基本色，可以与大多数的颜色相配，任何深沉的、杂乱的、狂野的颜色与白色相配，都增添一分清、亮、静和雅的气色。

冷色系多选配纯白色，暖色系则配米白色、象牙白（牡蛎色）更协调。例如，咖啡色配米白色最易体现暖色系的和谐感，也就是"咖啡加奶茶"，而迷人的粉色、紫色或玫瑰红配纯白色更显女性的柔美姿色。

如穿暗色的服装，配白色衬衣可提高服饰整体明亮度；而当穿鲜艳的颜色时，配白色使自己看上去更斯文。

白色既有青春少女的浪漫情怀，又能演绎职场丽人的沉着干练，更有永远的时尚味，是飘逸或职业化的代表，营造出一种冰清玉洁的色彩氛围，表现出女性对纯洁、干净、斯文、亮度向往和追求。

（三）色调的情感

色调是指画面色彩的效果及色彩的强弱，也就是两色或两色以上色彩经过艺术的特殊加工，从而形成的总体色彩倾向。色调在画面中起着建立画面色彩效果的作用。

色调在画面中具有十分重要的作用，它在表现作品主题和意境的创造上是不可缺少的组成部分，能通俗而又直观地诉诸观众的视觉，从而产生联想。所以，掌握好色调是控制画面情感表现的有力保证。

情感是人在生活中对客观事物所持的态度和体验。在色调作中，由于人们对生活体验与感受的个性差异，情感在色调中的表现也各不相同。色调与情感的关系是互为一体的，色调是表现人们情感的重要载体。

而色彩在人们心目中就独具浪漫情感，着装色彩配搭在形象装扮中是大家最想掌握、最想了解，却是最难以把握的范畴，因而这就变成了人们关心的永恒话题。在万紫千红的大千世界，自然颜色通常可分为无彩色系和有彩色系两大类。无彩色系是指白色、黑色和灰色，有彩色系则是指色环谱上的各种颜色。

色调的情感分类：①鲜艳色代表热情、奔放、妩媚、活力；②浅淡色代表洁净、素雅、纯情、轻快；③柔软色代表温婉、恬静、柔美、优雅；④灰浊色代表品位、谦和、知性、雅致；⑤浓重色代表浓郁、华丽、贵气、沉稳；⑥深暗色代表端庄、厚重、冷酷、坚强。

（四）活用百搭色系

色彩艺术潜能开发，主要应用于个人服饰选配的生活应用中，培养人们对审美要素的感受力，可以到大自然中感受现实生活中的色彩、线条图案、饰物材质；此外，通过掌握形象设计、视觉审美的平衡和对称等审美的要素，创造生动的审美源泉，更可以激发内在的艺术潜能。

掌握着装色彩搭配技巧，学会分辨冷、暖色系。在暖色系中，偏浅或偏艳的有黄绿、亮橘、杏桃色、杏色、象牙白、浅棕、浅褐色系、驼色等等，偏浓郁的有橙色系、橙红色系、金黄色系、金色系、棕褐色、砖红色、暖绿色、暖蓝色系等。

咖啡色系、奶白色、暖灰色系及暖绿色系，它们都是暖色系中的百搭色。也就是说，它们是暖色系的基础色，比较容易陪衬其他暖色。

暖色系的百搭色：米白、杏色、驼色、暖灰、卡其、棕啡、灰绿、金黄色系、金色系、棕褐色、砖红色、暖绿色系、暖蓝色系等。

在暖色系中，采用深棕色、深暖灰或橄榄绿来代替黑色，远距离有黑色的效用，近距离比配黑色更协调，建议暖肤色的人更要少用黑色。

在冷色系中，常见有浅淡的冰色系和粉色系，如粉蓝、粉红、粉紫、玫瑰红、绿蓝灰、灰蓝、灰绿、豆沙色、灰酒红等；较纯正及沉重的如正红、正蓝、正绿、正黄、桃红、酒红、宝蓝、银灰、黑褐色，当然包括黑色、冷灰色系、纯白色、海军蓝以及偏冷调的紫色系等。

冷色系的百搭色：纯白、粉色、黑色、海军蓝、皇家蓝、藏蓝色、蓝灰色、深蓝灰、深灰蓝、银灰、深紫蓝、冷紫色系、冷灰色系等。

服饰色彩搭配在生活中要做到既易搭配又美观，既省时又省钱，就需要充分采用百搭色（也称中性色）；它们比较容易与其他色彩陪衬，常常充当配角。同时，还要学会活用基础色系，我们的下装、外套、大衣、腰带、鞋子、包袋和配饰都该以百搭色系为主，只有这样才更容易达到一衣多搭的合理配置。

（五）色彩的场合应用

掌握了个人整体的色彩搭配规律后，还要根据不同的场合选择不同的颜色使用或搭配。

了解各种场合的氛围是首要的，如果服饰色彩搭配所传达出的视觉感受与特定的氛围相吻合，那么这组色彩搭配得就非常理想；如果不相吻合，则色彩搭配得就不理想。

例如，在非常严肃的职业场合，要求表达高效和干练，对于明亮的暖基调的人来说，就不能自由选择适合自己的鲜艳颜色了，那么可以选择如浅暖灰色等套装，搭配小面积的浅水蓝或清金色等浅淡的彩色，就非常恰当了。

而对淡雅的冷基调的人来说，职业场合用色配色都非常容易，随意的一件蓝灰色套装加淡粉或白衬衫就能体现出最佳效果。而在派对或酒会上，仍然选择白色加蓝灰色就显得逊色了；此时选择高贵的紫色，配以粉色珠光饰物和披纱，立刻显现十足的女性魅力。

根据场合的不同，我们可以把时装分为三类，即职业装、晚礼装、休闲装。三者的色彩搭配原则如下。

（1）职业装：下深上浅、外素内花、多中性色、少浓艳、剪裁简、装饰精。

（2）晚礼装：光质面料、色彩纯、宜对比、装饰亮丽。

（3）休闲装：上深下浅、松软面料、色鲜妆淡。

另外，在时尚休闲场合，用自己最佳的色彩相互搭配来表现自己独有的个性再合适不过了。当然，每个季恰当地选择流行色彩与最佳色彩搭配，才会更加出色。

灯光闪烁是晚会或宴会的一大特点，一般要求突出华丽、典雅、高贵、时尚、耀目的对比色彩搭配，光质感的面料是关键。灵活地运用自己的整体搭配规律，在不同场合选择带来不同视觉感受，才能让自己真正把握色彩。

美丽能量元素以一种独特的方式跟人体的能量系统互动，借由它可以稳定身体各种情绪、心理以及精神的状况；色彩对人的影响是很明显的，我们应该广泛地重视它，积极地利用好它，美丽艺术潜能开发得以激发而让生活因美丽而出彩！

第二节
用声音塑造形象　用语言传播感动

在人际交往中，首先留给他人印象的是一个人的衣着打扮，其次是他的声音。声音在塑造人的形象方面具有非常重要的作用，尤其当两个人通过电话交流的时候，声音就是唯一能够代表人形象的东西。好听、悦耳的声音让人感到愉悦、开心，会使人乐于与说话者进一步交谈。所以，好的声音可以为人加分，提高人受欢迎的程度。

一、声音塑造形象

(一) 声音形象的可信度

声音形象给人留下的印象是32%，可信度达到85%。声音是人的"第二张脸"。99%的人不能够出类拔萃，就是嗓子差。比如，一个人的嘴巴里说出"嘿"字，声音为什么十分洪亮？是由于他很用力吗？不是！其实，声音大小与力气无关。声音的5%靠声带，95%与喇叭有关。人自带五个喇叭，要声音洪亮，首先是将自己自带的五个喇叭打开。这五个自带喇叭就是：头腔、鼻腔、口腔、喉腔、胸腔，下面我们展开分析。

1. 头腔

头腔共鸣是声乐发声的一种方法。头腔共鸣是沿袭了科学知识尚不发达的19世纪的声乐术语，是一种练声方法。头腔共鸣感觉的获得是在口腔共鸣的基础上，然后把声波在硬腭上的集中反射点稍向后面移动一些，把下腭放下来（好像把上牙床往上提高一些的感觉）；同时，软腭和小舌头也随之上抬，舌根则有放下一些的感觉，使口、鼻、咽腔之间的通道和空间更宽广些，声波沿着上腭传递向鼻咽腔、鼻腔和诸窦，引起声波的回荡。头腔在发高音（头声区）时为主要的共鸣器官，口腔、咽腔次之，胸腔更次之。

具体来说，比如孙悟空的声音"妖怪，俺老孙来了"，表现的是一种强势。再比如，中央电视台著名的节目主持人朱军的声音，就是用头腔发声，传递的是一种正能量。

2. 鼻腔

鼻腔共鸣是声波在鼻骨上的振动，即将声音的焦点定位在鼻腔。由于声音明亮的焦点在鼻腔，所以也叫"面罩唱法"。这样的感觉是声音的焦点靠前，声音薄而明亮，比较灵活。

随着焦点向后移动，声音越来越接近美声。随着焦点向后向上移动，声音的位置也就越高，越浑厚，越不灵活，越美声化。所以，美声歌曲中高速吐字快速变换音高，都是极难的声乐技巧。

例如，名模林志玲声音甜美，她招牌的娃娃音自出道以来，各方的评价褒贬不一。商场大减价的广告如果用这种声音就很具吸引力。

还有电视上经常播放的治疗灰指甲的广告也是用鼻腔共鸣来发声的。

鼻腔共鸣发音最典型的是流行音乐家刘欢，如他在演唱 2008 年北京奥运会主题曲《我和你》的声音就是明亮加鼻音。

3. 口腔

口腔共鸣是声乐发声方法之一。口腔共鸣的获得是要在发音时，口腔自然上下打开，笑肌微提，下腭自然放下稍后拉，上腭有上提的感觉。基音通过声带附近的肌肉、软骨和气息的传送，使声波沿着硬腭向上齿背方向推送。这时，声波随着气息的推送离开喉咽部分流畅向前，在口腔的前上部分引起振动，声音即在硬腭前部集中反射，这时兼有鼻腔打开、畅通的感觉。这种共鸣使声音明亮靠前，但过多的口腔共鸣，容易使声音出现"白声"。发中音（中声区的音）时，以口腔、咽腔为主要共鸣器官，头腔次之，胸腔更次之。

我们发言时 90% 都在用口腔。我们收看香港凤凰卫视中文台时，经常会听到洪亮的声音："您现在收看的是，凤凰卫视中文台。"这就是用口腔共鸣发声的。

4. 喉腔

喉腔上经喉口与喉咽相通，下通气管。内面衬以黏膜，喉腔黏膜亦与咽和气管的黏膜相连续，可分为上、中、下三部分。上部最宽大为喉前庭，中部最狭窄为喉中间部，下部为喉下腔。声音要耐用就要少用喉腔。我们要使自己发声圆润和有弹性，就千万记住，少用喉腔来发音。一般在发音时，喉腔只用 5%，95% 是不用的。同时，发音时闭合问题一定要注意。

5. 胸腔

胸腔共鸣是沿袭了科学尚不发达的 19 世纪的说法，是一种练声方法，一个声乐术语。胸腔共鸣就决定了胸腔不能是僵硬状态，即胸腔不能再呼吸时大幅运动，所以，胸腔共鸣的呼吸控制在于腹式呼吸或者胸腹式联合呼吸，保证胸腔一直处于放松状态。其次，提软腭，使气流冲击在软腭上面，使胸腔通过气管与发声器官（声带）连接畅通，保证共鸣的发生，这是胸腔共鸣的喉部控制要点。当然，声带也要放松，保证气管的共振。

胸腔共鸣，形象地说就是"低音炮"，其给人的感觉是有权威感和信任度。

（二）声音形象的训练

1. 练习说悄悄话

练习说悄悄话的目的是要锻炼自己嘴唇的灵活，发音的清晰是由嘴唇的灵活决定的。例如，请一位同学离自己 10 米左右，然后跟他说练习说悄悄话："小×，下午几点钟你有空，我想请你吃饭。"

练习说悄悄话要注意两点：①嘴皮夸张；②不出声。然后，请对方回答，自己的悄悄话到底说了什么内容？如果对方回答正确，说明自己说悄悄话的训练成功。

2. 发声不累秘诀

练习说悄悄话，声音靠前就不累。我们可以两手叉腰，说四句话："你好！我好！大家好！越来越好！"注意要用气来发声。

3. 声音形象的亲和力

声音有形象要表现亲和力，"大家好，很高兴认识你！"其声音的表现是由高到低。中国性格色彩研究中心创办人、"FPA 性格色彩"创始人乐嘉刚开始担任江苏卫视《非诚勿扰》节目嘉宾时，很强势，后来改变说话的厚度，变成了观众的"大爱"。

好声音条件：①上开：打开口腔；②下沉：如朗读这句话，"大家好！好，很好，非常好，越来越好！"③声前：声音靠前；④音润：圆润；⑤情真：练习说，"你不要一意孤行！"声音一定要有弹性。

二、挖掘嗓音的潜能

用声音塑造形象，用语言传播感动，意在帮助读者珍视人类嗓音的无限潜能以及嗓音在生活中所起的重要作用。其实，一旦对人体发声器官的解剖结构有所了解，以及掌握基本的生理知识，就很容易理解嗓音潜能这一新事物。用声音塑造形象要将潜能和艺术融为一体，满足了大众的精神文化需要，尤其是那些满怀抱负的语言传播者的需要。它提倡声音的表达与生活自如完美地结合。

（一）朗诵和演唱练习

歌唱与朗诵同为语言艺术，朗诵是声乐演唱学习中的一种有效的学习方法，在歌唱中应用朗诵的技巧进行语言训练，可以让演唱者受益匪浅。读者可以从朗诵的语言发音技巧及语言情感表达手法等方面入手，让朗诵在歌唱语言训练中得到应用。

（1）亲爱的朋友们，大家早上好！

（2）亲爱的，我爱你！

（3）（闻一多：《最后的演讲》）"今天，在这里，有没有特务，有种的给我站出来！"（用横格膜的力量发声：收发自如，高低有序，才能够产生震撼力。）

（4）地球是人类的摇篮，但是人类不能永远生活在摇篮里。总有一天，人类要冲出大气层，开始是小心翼翼的，最后是征服整个太阳系！

（5）鸟在高飞，花在盛开，江山壮丽，人民豪迈！

（6）我和你，心连心，同住地球村；为梦想，千里行，相会在北京。来吧，朋友，伸出你的手。我和你，心连心，永远是一家人。[学会唱歌用气，气往下拉，切记唱到高音时，气一定要往下唱（压）。]

（二）对嗓音潜能理解

1. 认知水平感悟

挖掘歌唱嗓音潜能，艺术表现"声情并茂"和"字正腔圆"是我们对声乐艺术发声方法的追求。笔者认为，每个人都有取得成就的需要："十个手指有长短"。一个群体成员的智力、品德、个性等方面往往存在很大差异，而指导者应该根据每一个学习者的学习情况和认知水平，对学习者给予不同的鼓励。

2. 小组合作学习作用

小组合作学习可以激活学习者的主动性，促进学生个性全面、持续、和谐发展。在学习中，科学组建小组，强化学习者的相互合作意识，让大家享受到集体温暖；创设乐于合作的情景，激发参与热情；摆正角色定位，实现多维互动；选择合作时机，训练技能技巧；科学运用评价，促进主动合作，使之对嗓音潜能开发有一个正确理解。

3. 重视游戏中的声音

游戏中的声音不仅仅是陪衬，当我们的祖先意识到交流的重要性时，语言便应运而生了；他们在劳动过程中心有所感时，音乐便出现了。时至今日，语言与音乐已经形成博大精深的体系，它们的复杂程度使其成了独具魅力的一门学科。没有声音，这个世界将会枯燥乏味；没有声音，再优秀的游戏也会黯然失色，游戏体验也将大打折扣。

4. 欣赏大师作品

学习嗓音潜能的最高境界是审美层次，在理解的前提下，获得欣赏的美感，这就需要有一定的文化准备（人文、历史、民族、地域等知识，以及意识形态、哲学背景），否则接受起来就有障碍。同时，要学习大师作品，大师作品就是经典诗歌和歌曲。诗歌的精髓就是一个大写的"爱"字。诗歌中饱含着对祖国、对人民的热爱。这种博大的胸怀，是每个诗人都应该有的品质。能用诗意的语言，艺术化地呈现看似普通的事情难度很大。那些具有鲜明时代感，又结合了中华民族优秀的文化传统和现代意识的诗歌，尤其值得我们学习。

学会欣赏大师作品，就要了解雅文化与俗文化，以及两者之间的关系。雅文化是在人类活动以及劳动过程中，产生的以"高雅、典雅、幽雅、儒雅"为显著特点的文化。俗文化其实就是通俗、大众化的文化，是人们日常生活中的文化。雅文化源于俗文化，精于俗文化，高于俗文化。雅文化的基础是俗文化，雅文化不能脱离俗文化而独自存在。了解了雅文化与俗文化之间的关系，我们在欣赏大师作品时，就能将被动变为主动，通过能动的思索，得到举一反三的效果，使我们想到了人生、世界和历史，包括自己怎么活着。

思维拓展 发掘明星潜能与自信，《跨界歌王》刘涛夺冠

北京卫视大型明星跨界竞技类歌唱节目《跨界歌王》完美落幕，其历时三个月，13期节目，14位跨界歌手，80场秀，可谓是这个夏天最受瞩饕餮盛宴，更是一次对眼睛和耳朵的华美洗礼。同时，跨界歌王拿下了同时段综艺节目收视第一、微博热门话题榜第一、省级卫视排名第一等多项惊人的数字。

北京卫视大型明星跨界音乐节目《跨界歌王》经过十期晋级赛和两期半决赛，8月20日迎来总决赛战，经过三轮的对决，在最后的歌王争霸环节，刘涛以3分优势险胜王祖蓝，成为《跨界歌王》第一季的总冠军（见图5-2）。

在《跨界歌王》总决赛播出之前的8月18日，一场围绕《跨界歌王》的专家研讨会在北京电视台举行，《跨界歌王》主创人员以及来自电

图 5-2 《跨界歌王》刘涛夺冠

视界、音乐界、学术界的资深专家围绕跨界精神、节目创新、音乐推动等论题展开深度研讨。

《跨界歌王》节目设计打造的"三度空间":与其说它是真人秀的元素,不如说它是真实记录明星对音乐的理解和台前幕后的心情,是一种思想表达,可以让观众更加了解明星。

对于"三度空间"的设计,从一层试听空间到二层音乐表演秀空间,采用了舞台升降机的装置。这个升降的过程,完成了一个从"心动"到"冲动"的过程。短短4.5米的升降,演员们要被迫在20秒的时间里迅速完成从忐忑紧张到自信自强的转变。这是一个激发潜能的过程,是一个找回自我的过程,是跨界精神的有形转化。将《跨界歌王》定义为"人性潜能开发真人秀",即"参与这个节目,你永远不知道自己能做多大的事"。

作为国内首档明星跨界歌唱节目,在跨界歌手的选择上节目组也克服了不小的挑战。这档节目编导从接手到录制只有 35 天,简直就是烫手的山芋,无从下口。在选人方面,中国戏曲中的生旦净末丑给了编导很多启示,编导把演员类型分成大青衣、小生、花旦等,然后再进行筛选。

《跨界歌王》让人称道的是,它对于明星的展现完全用艺术和美来进行包装。其实它的核心,仍然是满足观众想要看到明星另一面的心理,但是它不走左道旁门,而是用唱歌、用音乐、用舞台剧,做了一个非常好的包装。

《跨界歌王》在音乐性上来说是非常专业的，给观众看到的是一档有意义、有水准的节目。这档节目的突破，是影视演员回归到音乐舞台，给这两种艺术形式带来了双赢。

（资料来源：《〈跨界歌王〉总决赛　刘涛成功夺冠》，载《北京晚报》2016年8月23日。）

第三节
魔术与潜能开发

优秀的魔术师既是专才也是通才！因为魔术涉猎的知识面很广，声、光、电、理、化还有心理学等等。反过来，学习和研究魔术会开发和培养人的几种潜在能力，比如开发和培养人的逆向思维能力、专注能力、观察能力等。

一、逆向思维能力

逆向思维也叫求异思维，它是对司空见惯的似乎已成定论的事物或观点反过来思考的一种思维方式。敢于"反其道而思之"，让思维向对立面的方向发展，从问题的相反面深入地进行探索，树立新思想，创立新形象。当大家都朝着一个固定的思维方向思考问题时，而你却独自朝相反的方向思索，这样的思维方式就叫逆向思维。人们习惯于沿着事物发展的正方向去思考问题并寻求解决办法。其实，对于某些问题，尤其是一些特殊问题，从结论往回推，倒过来思考，从求解回到已知条件，反而会使问题简单化。

（一）逆向思维启示

1. 先看看"我初入行的故事"

笔者年轻时非常喜欢魔术，但苦于无人教授，一直无法入门；后来因缘际遇，结识了笔者的师傅（20世纪三四十年代的岭南魔术大师）。但师傅不是所有人要拜师都收为徒弟的，他要首先测试一下"我与他是否有缘、是否与魔术有缘"，否则不会收徒。他把一条1米左右长的绳子摆在笔者面前，条件是：双手不能放开绳子的两端，要将绳子打上一个死结。

"手不离绳"学习时，笔者比画、动手和思考了15分钟，弄得满头大汗还是无法完成，按这条件真的无法进行的。看来拜师是不成了，笔者摇头表示放弃，但师傅最后一句话的提示使笔者豁然开朗。他说："绳子是不能自己打结的，但你的手可以打结，我们叫：它不动你动，它不变你变。"笔者马上根据他的提示，双手先打结然后再拿起绳子两端，轻轻一拉，绳子就打上了死结……（见图5-3）

图5-3 手不离绳打结示范

"手不离绳"是打不来结的，但人的双手可以，"它不动你动，它不变你变"就是逆向思维的运用。

2. 再看看司马光砸缸的启示

有人落水，常规的思维模式是"救人离水"，而司马光面对紧急险情，运用了逆向思维，果断地用石头把缸砸破，"让水离人"，救了小伙伴的性命。（见图5-4）

图5-4 司马光砸缸救人

逆向是与正向比较而言的。正向是指常规的、常识的、公认的或习惯的想法与做法；逆向思维则恰恰相反，是对传统、惯例、常识的反叛，是对常规的挑战。逆向思维能够克服思维定式，破除由经验和习惯造成的僵化的认识模式。

（二）逆向思维的新颖性

循规蹈矩的思维和按传统方式解决问题虽然简单，但容易使思路僵化、刻板，摆脱不掉习惯的束缚，得到的往往是一些司空见惯的答案。其实，任何事物都具有多方面属性。由于受过去经验的影响，人们容易看到熟悉的一面，而对另一面却视而不见。逆向思维能克服这一障碍，往往是出人意料,给人以耳目一新的感觉。在日常生活中,有许多通过逆向思维取得成功的例子。

某时装店的经理不小心将一条高档裙子烧了一个洞,其商品价值一落千丈。如果用织补法补救,也只是蒙混过关,欺骗顾客。这位经理突发奇想,干脆在小洞的周围又挖了许多小洞,并精心修饰,将其命名为"凤尾裙"。一下子,"凤尾裙"销路顿开,该时装商店也出了名。于是,逆向思维带来了可观的经济效益。无跟袜的诞生与"凤尾裙"异曲同工。因为袜跟容易破,一破就毁了一双袜子。商家运用逆向思维,试制成功无跟袜,创造了非常好的商机。

而且逆向思维可以使人年轻。我们每个人都要走向明年,明年会比今年大一岁;但反过来想,则是今年比明年年轻一岁。对于老年人,这样的逆向思维,可以让人越活越年轻;对于年轻人,则可以借此学会珍惜时间,从而更加努力。

(三) 逆向思维法类型

1. 反转型逆向思维法

反转型逆向思维法是指从已知事物的相反方向进行思考,产生发明构思的途径。"事物的相反方方向"常常从事物的功能、结构、因果关系等三个方面做反向思维。比如,市场上出售的无烟煎鱼锅就是把原有煎鱼锅的热源从锅的下方安装到上方。这是利用逆向思维,对结构进行反转型思考的产物。

2. 转换型逆向思维法

转换型逆向思维法是指在研究一问题时,由于解决该问题的手段受阻,而转换成另一种手段,或转换思考角度思考,以使问题顺利解决的思维方法。

(1) 如历史上被传为佳话的"司马光砸缸救落水儿童"的故事,实质上就是一个运用转换型逆向思维法的例子。

(2) "我初入行的故事"中以"手不离绳"为条件,笔者用了"它不动你动,它不变你变",绳子不能打结,笔者手先打结,进而顺利地解决了问题。

3. 缺点逆向思维法

这是一种利用事物的缺点,将缺点变为可利用的东西,化被动为主动、化不利为有利的思维方法。这种方法并不以克服事物的缺点为目的；相反，它是将缺点化弊为利，找到解决方法。

（四）逆向思维的方向性

一个人只能在一个时刻做一件事，一个人只能在一个时刻朝一个方向。所以，人们在一个时刻思维时，就只能朝一个方向思考，这是思维和运用的相互结合，这要求在思维的时候要有方向。诚然，在某一时刻的思维方向可以是各种各样，方向也可以在空间中存在，所以就可以用空间来给各种各样的思维方向下定义。这就是人们常用的思维归类方法。简单而实用，也容易被接受。

最简单的思维方向是线性方向，它是由线性思维演绎而来，分为正向思维和逆向思维两种。人们最常用的思维是垂线思维，也就是正向思维。容易忽视了逆向思维，它应该和正向思维处于同等地位。复杂的就是发散和辐合思维，发散的方向是向外，辐合思维的方向是向内。要说明的是，它们不是线性思维。发散思维就是由一个起点或多个起点向外发散，辐合思维只能由多个起点向里聚合为一点。常用是发散思维，这种思维它不是解答各种算术题、应用题、方程题的思维，而是解答开放性试题的思维。

思维拓展 解密魔术师大卫[①]怎样变走美国自由女神

美国超级魔术大师大卫·科波菲尔在自由岛升起了一幅巨大的幕布，几秒钟后揭开幕布却不见自由女神的塑像了。（见图5-5）为了证明自由女神像确实消失了，科波菲尔还在曾经竖立雕像的探照灯之间来回走动。现场的观众亲身经历这些，闪光灯也记录下了这一幕。大卫·科波菲尔表演的魔术：自由女神消失，着实让世人大吃一惊。这一魔术谜底至今仍未能揭示。大家都明白，自由女神是不可能消失的，消失的只会是我们短暂的记忆。那么，自由女神到哪里去了？

其实很简单，大卫让观者在舞台一个方向上看到自由女神，然后台帘一遮，利用音乐和光迷惑观众，把舞台转到另外一个方向，打开台帘

[①] 大卫·科波菲尔（David Copperfield，原名 David Seth Kotkin），美国籍，世界知名魔术师。

图5-5 著名魔术师大卫变走美国自由女神

观众当然看不到自由女神（什么录像机也无用，因为都是同一方向，跟着观众转）；台帘一遮，音乐响起，舞台又回到原来的方向，台帘一打开，自由女神又回来了。这就是巧妙地利用了"逆向思维"——观众没有想到的地方：舞台在变！观众在变！变了方向而已！

其实，好多好看的魔术大部分都是利用"逆向思维"在表演和创作的！

（资料来源：《揭秘"魔王"大卫：如何变走自由女神》，见大洋论坛，2002年7月25日。）

二、专注能力

专注能力，又称注意力，指一个人专心于某一事物或活动时的心理状态。人的注意力，受多方面因素的影响，注意力缺陷，常常是许多学习差学生的共同特点。

（一）保持良好的专注能力

良好的专注能力是大脑进行感知、记忆、思维等认识活动的基本条件。在我们的学习过程中，注意力是开启心灵的门户，而且是唯一的门户。"门"开得越大，我们学到的东西就越多。而一旦注意力涣散了或无法集中，心灵的门户就关闭了，一切有用的知识信息都无法进入。正因为如此，法国生物学家乔治·居维叶说："天才，首先是注意力。"

在正常情况下，注意力使我们的心理活动朝向某一事物，有选择地接受某些信息，而抑制其他活动和其他信息，并集中全部的心理能量用于所指向的事物。因而，良好的注意力会提高我们工作与学习的效率。

注意力障碍主要表现为无法将心理活动指向某一具体事物，或无法将全部精力集中到这一事物上，同时无法抑制对无关事物的注意。造成这种情况的原因比较复杂，许多较严重的心理障碍都可以引起注意力障碍。而对于学生来说，主要是由于学习负担重、心理压力过大，造成高度的紧张和焦虑，从而导致了注意力无法集中的障碍。另外，睡眠不足，大脑得不到充分休息，也可能出现注意力涣散的情况。

下面的故事也许会给人们带来一些启示。

少林寺有个小和尚，他有一个绝招，可以把面前飞过的蚊子用筷子把它活生生夹住，几分钟就夹下活蚊子几十个。问他怎样做到的，他的回答却很简单：我天天都在练习——先观察蚊子，把它放大，然后再动手夹，日久就成功了。换句话来说：小和尚天天都把注意力集中在夹蚊子的功夫上。而我们常人呢，用了一辈子筷子，充其量豆子夹好点就不错了，哪能夹活蚊子！其中的原因是我们用筷子时的注意力在菜、在饭上。

（二）保持良好专注能力的训练方法

笔者在魔术训练上真的需要这种专注力，"当着观众的面把纸牌变（偷）走"（见图5-6），从分解动作到连贯动作，一天练上几小时，笔者手笨，得练上3年才敢表演。

图5-6　变走纸牌图

除了练习魔术外，还有其他一些注意力的训练。

我国年轻的数学家杨乐、张广厚小时候都曾采用快速做习题的办法，严格训练自己集中注意力。

这里给大家介绍注意力训练的舒尔特方格①（见图5-7）：在一张有

---

①　舒尔特发明的一种训练注意力的方格表，是在一张方形卡片上画上1cm×1cm的25个方格，格子内任意填写上阿拉伯数字1~25；这种方格也叫舒尔特表。

25	8	14	10	19
7	24	17	11	13
23	16	1	9	21
15	18	2	4	20
22	12	3	6	5

图5-7　舒尔特方格

25个小方格的表中，将数字1~25打乱顺序，填写在里面，然后以最快的速度从1数到25，要边读边指出，同时计时。

研究表明，7~8岁儿童按顺序找到每张图表上的数字的时间是30~50秒，平均40~42秒；正常成年人看一张图表的时间是25~30秒，有些人可以缩短到十几秒。我们可以多制作几张这样的训练表，每天训练一遍，相信注意力水平一定会逐步提高。

干任何事时，脑中只能想这件事忘掉其他所有的一切与此无关的事，将自己的全身所有思维、所有精力、所有心集于此事。

三、观察力

观察力是指大脑对事物的观察能力，如通过观察发现新奇的事物等，在观察过程中对声音、气味、温度等有一个新的认识。

看过《福尔摩斯探案全集》的人应该还记得这样一个场景：在福尔摩斯第一次与华生见面时，就立刻辨别出华生是一名去过阿富汗的军医。福尔摩斯为什么能够那么快地辨别出来面前的这个人就是一名军医呢？是观察力。敏锐的观察力使得福尔摩斯能够迅速地辨别一个人的职业、经历。从这个例子可以看出，福尔摩斯之所以能够很快地侦破案件，敏锐的观察力是其中的决定因素之一。

（一）观察人从脚开始观察

观察能力对于一个人来说是非常重要的。敏锐的观察力可以使我们避免受表面现象的迷惑，而真正地看到事物的本质和变化趋势。观察力可以使一个人变得更加睿智、严谨，发现许多人所不能发现的东西。要观察一个人，就要把握这样一个顺序：从下至上。也就是说，从他的鞋子开始观察。可能有人会问：为什么不先从他的脸开始观察呢？其实，一旦一开始就观察了一个人的脸，我们就会很容易主观地对这个人进行评价，而因此影响或忽略了很多关于此人重要的信息；而从脚开始观察可以很好地避免这种情况。

1. 观察的步骤

首先，观察鞋子。这个人鞋子如果很脏，那说明这个人对于生活卫生方面并不怎么在意，同时也可以推测这个人对于生活方面并不严谨，甚至还可以进行这样一种假设：可能他性格就是这样的。其次，观察裤子。如果衣裤上有些褶皱或是污迹，那就可以证明上面的部分论断是正确的。再次观察衣服。一个人身上的饰物也是辨认此人的主要依据。有时将一个人身上的耳环、项链、戒指之类的比较个人化的东西记住，往往成为辨认此人的关键。最后观察脸。接下来可以观察这个人的体格，如手臂肌肉的粗壮程度、身高体型等等。在种种信息搜寻齐全之后，就可以对这个人进行一个综合的评价了。

2. 观察特征

所谓一些职业可能带有的特征，主要包括习惯穿着、习惯动作、身体特征等等。

比方说，一个经常使用计算机的人，那么他的右手手掌根部就会有老茧，因为他经常使用鼠标；如果是在银行工作的人，那么在他的手的大拇指与食指之间的老茧比较厚；如果是司机，那么在他手上，经常握方向盘的部分的老茧特别厚；如果是打针的医生，那么在他的大拇指、食指、中指部分有老茧，因为医生打针时一般情况下需要用三根手指来拿针筒；如果是一个军人，他的体格一定比较健壮、皮肤较黝黑、吃饭速度快、腰板挺直、脾气倔强甚至有些死板，整个人散发出一种特殊的气质，这种气质只有通过对军人的观察才能慢慢掌握，不通过观察是很难掌握这种特殊的气质的。

想要在不问当事人的情况下得知那人所从事的职业，最好的方法就是获知许许多多职业所具有的特征，能够将之熟记并运用自如。如果不行，可以根据他在说话时透露出的信息来推断他从事的职业的范围，这需要一定的联想能力。比如握手时，感觉对方手指特别纤长有力，那么说明他可能有相当的艺术才能，比如写得一手好字或绘画、弹钢琴等。

3. 观察力培养

人的观察力并非与生俱来，而是在学习中培养、在实践中锻炼起来的。培养认真地观察各种自然现象的习惯、兴趣和能力，通过直接体验，积累对自然现象的感性认识，培养对事物进行科学观察的能力和习惯。为了有效地进行观察，更好地锻炼观察力，掌握良好的观察方法是必要的：①确立观察目的；②制订观察计划；③培养浓厚的观察兴趣；④观察现象，探寻本质；⑤培养良好的观察方法。

例如，观看魔术更需要良好的观察力，要看人家（同行）表演的关键点在哪，人家的手法高明在哪。例如，手表走着走着，放在手掌上，叫它停就停。（见图5-8）

图5-8 "时间停顿"表演

（二）锻炼观察能力的方法

要锻炼观察力，应从身边的事物、所处的环境、人的特点着手。比如，你家里桌子的位置有轻微变化，你的一个新朋友的眼皮是内双的，今天路上的车辆比以往少了一点（据此你可以推断为什么少、发生了什么等），餐厅见的某个陌生人是个左撇子，你周围的人的表情、穿着，等等。

观察是一种用心的行为，而非随随便便地"看"。观察一个楼梯，你可以算它的级数、高低，光是看的话，你可能只是记得它是一个楼梯。在初练观察力时，最好养成有意识的观察。针对一个平凡无常的事物，应有意细微地观察它所具有的特征，注意常人难以发现的地方。

再有，通过对比也是训练观察力的好方法。例如，今天和昨天的窗户上的灰尘有什么变化，股市有什么变化并推测其未来趋势。观察，不仅要观察其内在本质，也要着重于发现事物的变化。

总之，持有一颗观察的心并付诸实践，长此以往，便可以训练出潜意识的观察能力，即对于什么事物都会习惯性地去观察。观察是一种受益终生的好习惯。

1. 静视——一目了然

（1）在房间里或屋外找一样东西，比如表、自来水、笔、台灯、一张椅子或一棵花草，距离约60厘米，平视前方，自然眨眼，集中注意力注视这一件物体。默数60～90下，即1～1.5分钟，在默数的同时，要专心致志地仔细观察。闭上眼睛，努力在脑海中勾勒出该物体的形象，应尽可能地加以详细描述，最好用文字将其特征描述出来。然后，重复细看一遍，如果有错，加以补充。

（2）熟练后，逐渐转到更复杂的物体上，观察周围事物的特征，然后闭眼回想。重复几次，直到每个细节都看到。可以观察地平线、衣服的颜色、植物的形状、人们的姿势和动作、天空阴云的形状和颜色等。观察的要点是，不断改变目光的焦点，尽可能多的记住完整物体不同部分的特征，记得越多越好。在每一分析练习完成之后，闭上眼睛，用心灵的眼睛全面地观察，然后睁开眼睛，对照实物，校正心中的印象，然后再闭再睁，直到完全相同为止。还可以在某一环境中关注一种形状或颜色，试着在周围其他地方找到它。

（3）在上述训练的基础上，再去观察名画。必须把自己的描述与原物加以对照，力求做到描写精微、细致。在用名画做练习时，应通过形象思维激发自己的感情，由感受产生兴致，由兴致上升到感情。

这样，不仅可以改善观察力、注意力，而且可以提高记忆力和创造力。因为在制作心中的形象的过程中，大脑接收了大量清晰的视觉信息，并且把它储藏在脑海中。

2. 行视——边走边看

以中等速度穿过自己的房间、教室、办公室，或者绕着房间走一圈，迅速留意尽可能多的物体。之后回想，把自己所看到的尽可能详细地说出来，最好写出来，然后对照补充。

在日常生活中，眼睛像闪电一样快速浏览。可以在眨眼的工夫，即 $1\sim4$ 秒之间，看眼前的物品，然后回想其种类和位置；看马路上疾驶的汽车车牌号，然后回想其字母、号码；看一张陌生的面孔，然后回想其特征；看路边的树、楼，然后回想其棵数、层数；看广告牌，然后回想其画面和文字。所谓"心明眼亮"，这样不仅可以有效锻炼视觉的灵敏度，锻炼视觉和大脑在瞬间的注意力，而且可以使自己从内到外更加聪慧。

3. 抛视——天女散花

取 $25\sim30$ 块大小适中的彩色圆球，或积木、跳棋子，其中红色、黄色、白色或其他颜色的各占 1/3，将它们完全混合在一起，放在盆里。用两手迅速抓起两把，然后放手，让它们同时从手中滚落。当它们全部落下后，迅速看一眼这些落下的物体，然后转过身去，将每种颜色的数目凭记忆而不是猜测写下来，检查是否正确。重复这一练习 10 天，在第 10 天看看自己的进步。

4. 速视——疏而不漏

取 50 张 7 厘米见方的纸片（也可用扑克牌），每一张纸片上面都写上一个汉字或字母，字迹应清晰、工整，将有字的一面朝下。取出 10 张，闭着眼使它们面朝上，尽量分散放在桌面上。接着，睁眼用极短的时间仔细看它们一眼。然后转过身，凭着自己的记忆把所看到的字写下来。紧接着，用另 10 张纸片重复这一练习。每天这样练习 3 次，重复 10 天。在第 10 天注意一下自己取得了多大进步。

5. 统视——尽收眼底

睁大自己的眼睛，但不要过分以至于让自己觉得不适。注意力完全集中，注视正前方，观察自己视野中的所有物体，但眼珠不可以有丝毫的转动。坚持 10 秒钟后，回想所看到的东西，凭借自己的记忆，将所能想起来的物体的名字写下来，不要凭借已有的信息和猜测来做记录。重复 10 天，每天变换观察的位置和视野。在第 10 天看看自己的进步。

（三）观察的注意事项

无论做什么事，只要能坚持下去，就会取得成功。习惯成自然，观察力贵在培养，更重要的是能养成长期观察的良好习惯。观察应注意些什么呢？

1. 忌漫无目的

许多人在观察事物时，东张西望，漫无目标，他们观察过的事物如过眼烟云，脑子里没有留下丝毫印象，因而总形不成观点。

2. 忌片面观察

有的人观察事物，只注意它的正面，不注意它的反面；只观察表面，不观察内部；只注意现在，不注意过去；只去注意事物的一个方面而忽视其他方面。由于这种片面观察，他们所观察到的往往是一些假象，因而得出了错误的结论。中国古代兵书上有疑兵计和兵不厌诈的谋略，就是故意利用一些手段混淆敌人的视听，破坏他们的观察能力，引导他们做出错误的判断。

比如《三国演义》中"张飞独断当阳桥"的故事。曹操看见张飞雄赳赳地横矛立马在桥头之上，又看见张飞身后的树林背后尘埃蔽日，似乎埋伏有大队人马。他又想起关羽曾经告诉他的话："吾弟张翼德于万马军中取上将首级如探囊取物耳。"这时张飞连吼三声,声如巨雷,势如猛虎,曹操立即转身逃走,退兵 30 里。曹操这时犯的就是片面观察的错误。

3. 忌无重点

有人虽然去观察事物却不带目的性,一股脑儿地观察,把所有现象都"收留下来",囫囵吞枣,结果抓不住重点、浪费时间,造成观察结果不理想。

4. 忌走马观花

有人观察事物不深入、不细致,只是粗略地浏览一下。这样既得不到具体印象,又遗漏许多细节,使观察结果一般化。

5. 忌不用心思

有人在观察中,不用心去分析、去比较,也不思考事物的来龙去脉,因而也得不到令人信服的结论。中学生因为兴趣广泛、性情活泼,最容易在观察中出现这样的错误。他们往往凭借一时的好奇心,不做更深入的探求。

6. 忌半途而废

有人在观察中,遇到复杂和难于解决的问题时,便停止观察,结果常常功亏一篑。

第四节 心灵茶道

茶道是把茶视为珍贵、高尚的饮料。饮茶是一种精神上的享受,是一门艺术,也是一种激发人的潜能、达到修身养性和交结朋友的手段。在潜能开发中认识茶道的四谛,即和、静、怡、真。其中,"和"是茶道哲学思想的核心,是茶道的灵魂;"静"是茶道修习的方法;"怡"是茶道修习的心灵感受;"真"是茶道的终极追求。这就是"心灵茶道"。

中国是茶的故乡,是世界上最早发现茶、种植茶、利用茶的国家。大概人类进入到文明时代时中国就对茶有了认识,据《神农本草》记载:"神农[①]尝百草,日遇七十二毒,得茶而解之。"唐代上元初

[①] 神农氏,即炎帝,距今 5500 年至 6000 年前生于姜水之岸,三皇五帝之一,农业的发明者,医药之祖。

年，陆羽①编写了世界上第一部茶叶专著《茶经》，书中将"荼"字减去一横，成了"茶"，至此，茶字统一读音和书写。翻开中华民族五千年文明史，几乎每一页都可以看到茶色，听到茶声，闻到茶香，品到茶味。

一、茶之物性

潜能与茶道的相互联系。饮茶实是最朴素最淡泊的美事，生活在喧闹的大城市里的人们，多么渴望能在满山青绿、山涧溪流的环境里，无须刻意求禅，更无须高谈阔论，一方石桌，一杯清茶，浅啜慢饮就已足矣。潜能开发主要在自身的内在潜力，它能引领我们细细品味人生，多少难解的结，多少生命无助的虑，都会在品茶的沉浮中渐渐淡泊，在潜能开发中，智慧会迸发而出，力量会涌流而出；潜能能使我们与志同道合的朋友共饮一壶茶，以一颗如茶般纯净澄明的心灵去慢慢体味诗意般的人生。

人类对美好事物有了追求，把一片物性的树叶创造出了千姿百态。

茶属双子叶植物，约30属，500种，分布于热带和亚热带地区。我国有14属，397种。云南临沧凤庆县现存着一株3200年树龄的栽培型古茶树，说明了早在3200年前华夏人民就有栽种茶树的历史。

茶叶色素中的黄酮醇、花青素、茶黄素、茶红素和茶褐素能溶于水，统称为水溶性色素，决定着茶汤的颜色。早在唐朝陆羽所著的《茶经》中就已经记载了用颜色来辨别茶叶的优劣及盛茶器具与茶汤颜色的互相调和。《茶经·一之源》："阳崖阴林，紫者上，绿者次。"说明了当时对茶叶品饮要求的用料以芽叶呈紫色的为好，绿色的差些。《茶经·四之器》："越州瓷、岳瓷皆青，青则益茶，茶作白红之色。邢州瓷白，茶色红；寿州瓷黄，茶色紫；洪州瓷褐，茶色黑，悉不宜茶。"亦道出了唐朝时期茶汤颜色只以红汤为主调的单一制作工艺。

经过了多年来各产茶地区不断摸索，因应各茶树品种的内含物质的多寡衍生出不同发酵程度的茶，形成了今天普遍意义上的六大茶类，即白茶、黄茶、绿茶、青茶、红茶、黑茶。白茶，属轻微发酵茶，因其成品茶多为芽头，满披白毫，如银似雪而得名；黄茶，属于轻微发酵茶，

---

① 陆羽（733—804），字鸿渐，复州竟陵（今湖北天门）人，号"茶山御史"；唐代著名的茶学家，被誉为"茶仙"、尊为"茶圣"、祀为"茶神"。

制茶经过闷堆渥黄，因而形成黄叶、黄汤；绿茶，又称不发酵茶，以茶树新梢为原料，干茶色泽和冲泡后的茶汤、叶底以绿色为主调；青茶是属半发酵的茶，即乌龙茶，色泽青褐如铁，制作时使其适当发酵，让叶片稍有红变，是介于绿茶与红茶之间的一种茶类，其叶片中间为绿色，叶缘呈红色，素有"绿叶红镶边"的美称，汤色清澈金黄；红茶其干茶色泽和冲泡的茶汤以红色为主调，茶叶中无色的多酚类物质，被空气中的氧气氧化后生成红茶色素；黑茶一般原料较粗老，制造过程中往往堆积发酵时间较长，因而叶色油黑或黑褐，故称黑茶。

陆羽在《茶经》中把茶分为"上、次、下、又下"四个等级，当时仍无茶名。几十年后，李肇在《国史补》一书中说，"风俗贵茶，茶之名品益众"，并列举了"方山之露芽""西山之白露"等14种名茶与茶名。发展至今，名茶与美丽的茶名交相辉映，在民间广泛流传的名茶已达数千种。

茶的名字通常有以下几种命名方式。

（1）根据茶叶的形状命名：如六安瓜片、君山银针、雀舌、珍眉。

（2）结合产地山川名胜命名：如西湖龙井、黄山毛峰、庐山云雾。

（3）依据香气命名：如兰花香、蜜兰香、桂花香。

（4）根据采摘时期和季节命名：如雨前茶、明前茶、春茶、秋茶、陈茶。

（5）根据加工制造工艺命名：如烘青、炒青、紧压茶、饼茶、砖茶。

（6）根据销路命名：如边销茶、外销茶、出口茶。

（7）根据茶树品种的名称命名：如大红袍、乌龙、水仙、铁观音。

（8）根据外形色泽或汤色命名：如苍山雪绿、峨眉竹叶青、君山银针。

其中，流传最广的是关于碧螺春的典故。扬名中外的太湖洞庭东山的碧螺春茶，素有"一嫩三鲜"的美称。"嫩"指芽叶嫩，鲜指色、香、味俱佳。据《太湖备考》记载，相传古时有个人叫朱正元，在东山碧螺峰的石壁里采了几株野茶，发现香气惊人，就取名叫"吓煞人"。而据民间传说，有一年碧螺峰的野茶产量特多，竹筐装不下，大家把多余的放在怀里。不料茶叶沾上了热气，透出阵阵清香，采茶姑娘惊呼道："吓煞人香！"这"吓煞人香"是苏州方言，意思是香气浓郁得使人惊奇。于是，众口争传，"吓煞人香"便成了茶名。在《清朝野史大观·清宫遗闻》中有一段关于"吓煞人香"改名"碧螺春"的记载："洞庭东山碧螺峰石壁，岁产野茶数株，土人称曰：吓煞人香。康熙己卯车驾幸太湖，抚臣宋荦购此茶以进，圣祖以其名不雅，题之曰：碧螺春。自是地方有司，岁必采办进奉矣。"（康熙皇帝到达太湖，大臣宋荦买了这种吓煞人香的野茶进献给康熙皇帝，康熙皇帝认为它的名称不雅致，改名为碧螺春）过后，还有一诗赞云："从来隽物有嘉名，物以名传愈见珍。梅盛每称香雪海，茶尖争说碧螺春。已知焙制传三地，喜得恹扬到上京。吓杀人香原夸语，还须早摘趁春分。"后来人们对碧螺春的名字又有了新解释，说碧是状其颜色，好似碧玉；螺是指其形状卷曲如螺蛳；春是因采摘在早春；所以合称为碧螺春。

人类对美好事物有了追求，把一片平凡的树叶创造出了千姿百态，无论从生产制作上还是从茶艺美学上都可见一斑。

二、茶之人性

茶道过程体现了形式和潜能的相互统一，是茶道活动过程中形成的文化现象。茶之人性，即从茶事活动中发掘隐藏在潜能下的专注与宁静。

在一次次感受茶的深远隽秀、茶和心灵辅导的互融和谐后，研究人员做了前无古人的大胆假设，试图把茶艺和心灵活动相结合，认为在茶的静谧和细腻融入生命后，心灵感受外界的能力会变得敏感和柔软，必定会引起对生活的思考和改变。为此，在广州第十一中学开设心灵茶艺组，正式开始实践检验假设。

茶艺和心灵活动相结合的过程设计如下。

每学年为28周次课时，每次90分钟，共设计28次课程内容。

上学期的茶艺课程包括三大方面：①茶艺知识首访；②介绍传统茶文化；③六大茶的冲泡方法和常识。课程主要立足点为对茶叶基本知识的了解、对茶叶在中国传统文化中的位置的了解、感受冲泡茶叶的心灵变化。穿插其中的心灵活动包括四方面：①自信心训练；②团体合作；③物我一体；④人际关系沟通。主要立足点为培养成员对自己能力的信任、团结合作的心态及对团体的信任度、有效的人际沟通能力、与自然的一体感受。

下学期的茶艺课程包括泡茶姿势、气质训练。课程的立足点是要求学员练习泡茶的动作姿势，要求学员不仅仅学习泡一壶茶，而是精心泡好一壶茶，是对泡茶功底的精进研究。穿插的心灵活动包括专注力训练、自我觉察能力训练、发散性思维启发三方面。主修的是品茶中渗透的心灵内涵、灵敏的心灵感受。

一学年以来心灵茶艺组课程的开展及成员的心灵变化：①首次访谈下的冷漠和麻木。②首次喝自己泡的茶——自私、退缩和害怕。③首次自我了解——触碰内心、情感流露。④分享泡茶感受——增强表达能力、建立自信。⑤熟悉各种茶具交替运用——物我一体。⑥小组茶艺竞赛——团队合作、团结精神。⑦以茶会友——人际关系沟通和茶艺能力考验。⑧短暂离别——下学期我还会回来。⑨自发式安静品茗——专注力训练。⑩根据茶汤颜色判别茶类——视觉训练。⑪根据茶汤滋味判别茶类——味觉训练。⑫调茶——发散性思维训练。

在心灵茶艺组的茶艺与心灵的互融结合尝试中，我们的原来设想得到了证实。在茶的静谧和细腻融入生命后，我们的心灵会更透彻，更敏锐地感受内心所求的东西，引起我们对生活的思考和改变。

三、茶之精神性

潜能的动力深藏在我们的深层意识，即潜意识当中。也就是人类原本具备却忘了使用的能力，这种能力我们称为"潜力"。茶道潜力包括茶叶品评技法、艺术操作手段的鉴赏和品茗，在美好环境中以茶为载体，传承中华孝道、传播茶之精神。

奉一杯香茗，报父母恩情。2014年初，笔者在中山图书馆为近20个少儿的家庭讲了6个下午的少儿茶艺课。因为人数较多，且学员年龄比较小，没办法让他们每个人都学会动手泡茶。为了增加课堂的互动参与感，设计了其中一个环节"奉茶"，让同学们轮流把讲学时泡好的各类茶分到饮杯里，然后奉给家长和同学。同学们拿着盛了茶汤的饮杯，走到被奉茶者面前，先尊称对方（爷爷奶奶，叔叔阿姨，姐姐妹妹，哥哥弟弟），然后再道"请喝茶"。从刚开始捧茶双手颤抖，声调害羞，到6天后奉茶气定神闲，声音欢快嘹亮。整个课程顺利地、欢乐地结束了。

一个月之后，其中一位家长出现在3天成人茶艺班里，在互相介绍时，她讲到儿子上完茶艺班这个月来，每天晚饭后都兴致勃勃地泡上一壶茶，然后把正在做家务的她拉到茶桌前，奉上一杯茶，欢快嘹亮地说："妈妈，请喝茶！"为了和孩子更好的互动，她决心要把六大类茶学好泡好，让这份温馨在家里可以持续。在之后的3天里，这位学员分享了儿子把奉茶的礼仪教给邻居小朋友，邻居小朋友又把这个礼仪带回各自家中的故事，每次提到儿子奉茶，温暖的泪水便在学员眼眶里打转，在场的每一位同学都能感受到这份爱的涌动。对于笔者来讲，奉茶初衷只是为了活跃课堂气氛，没想到带来的孝道亲情是如此的爱意浓浓。

《佛说父母恩重难报经》里面详细说明了父母给儿女的十种恩情："如斯重苦，出生此儿，更分析言，尚有十恩：第一，怀胎守护恩；第二，临产受苦恩；第三，生子忘忧恩；第四，咽苦吐甘恩；第五，回干恩就湿恩；第六，哺乳养育恩；第七，洗濯不净恩；第八，远行忆念恩；第九，深加体恤恩；第十，究竟怜悯恩。"《弟子规》与《三字经》中也同时出现了"首孝悌"，这也说明了在中国传统思想中孝是首要头等之事，充分体现了中华民族五千年的优良品德。作为儿女如何去报答父母的深恩呢？那就从生活中的点滴做起，从手边的一杯茶做起吧。

2014 年年末，应海珠区图书馆邀请，经多方商议，笔者的课程主题定为：品茶论孝。课程分别从视觉、嗅觉、味觉向大家介绍了绿茶、白茶、黄茶、乌龙茶、红茶、黑茶六大茶类以及其制作，并简单介绍了茶树生长的知识和采摘方法。接着向大家传授泡茶的各道工序，以及六大茶类的冲泡方法、功效等基本知识，还教会了小朋友们端茶、敬茶、喝茶的礼仪。请每位小朋友分别向父母奉上第一杯茶，当中有位读者在接受完孩子的敬茶之后，随即将茶转敬一同前来的父母，他以身行孝的行为顿时赢得了在场所有人的热烈掌声，把当天的活动推向了高潮。

广州荔枝湾孕育了传统的广府文化①，也如我们伟大的母亲孕育了最幸福的儿女。2015 年母亲节，应国学会的邀请，笔者在"感恩汇演"中展示茶艺冲泡，并带领在场为人子女们，"奉一杯香茗，报父母恩情"。家长们听着一声"父亲/母亲，请喝茶"，接过一杯温情满满的热茶，有的高兴得笑不拢嘴，有的感动得热泪盈眶，强烈的爱意暖流充满整个会场。

无色无味的水，遇上了茶这片神奇的叶子，有了颜色与气味。平淡的生活也因茶有了多彩的缤纷，五千年的中华历史长河中人与茶的交汇，它是一种深厚的力量，激发我们向往心灵之美，以活出生命的热度，造就了茶文化的升华。

---

① 广府文化，即汉族广府民系的文化，是中华汉文明的重要组成部分，在各个领域中常被作为粤文化的代称。

艺术潜能是内存于人的头脑肌理中一种特殊的无形语式、内涵性概念，就是人的心理和生理相关要素、人的情感指向、人的意识与理念、艺术元素、人的艺术思维力、人的艺术潜动力、人的艺术思维模式、人的艺术自觉能动性及其运筹能力和思维体系组织等。艺术潜能主要构成人的内在艺术综合潜能素质，有时会意蕴地表达人的艺术主观臆向，扩展其艺术想象力的时空观念。这种潜在内涵可理解为人的艺术特质，就是人的潜能驱使下的个性潜力。人的潜能意识也称个性潜力软文化，具有艺术个性文化特征的内涵。

　　艺术潜能彰显了一种显力文化的要素特征，给人以一种图画符号、色彩能量与艺术认知的艺术语言，透过艺术形式给人以更多的联想，赋予其思想性。五行是色彩能量的密码，阴阳学说是五行理论的基础。"用声音塑造形象，用语言传播感动"的练习方法，可以挖掘语言的潜能。魔术可以培养人的逆向思维能力、专注能力和观察能力。弘扬叶子文化，佐以潜能开发，享受心灵茶道。

　　培养艺术潜能，首先要找到学习者的艺术敏感点，然后再为学习者的艺术发展提供环境条件。让学习者在愉快的气氛中体验到艺术发展，注重能力的培养而非技能灌输。

思考题

1. 五行的相生相克关系是怎样的？
2. 以自己为例，简述个人五行能量的定位。
3. 以自己为例，浅谈服饰的五行色彩搭配。
4. 谈一谈人自带的五个喇叭。
5. 谈一谈自己对声音形象训练的感悟。
6. 简述逆向思维法的类型。
7. 如何培养自己的专注能力？
8. 简述观察能力的练习方法。
9. 简述茶的分类及发酵程度。
10. 心灵茶艺组成员的心灵变化有哪些？
11. 简述茶之精神性。

第六章
心理潜能

心理潜能是以多元人格理论等潜能开发理论为指导依据,从个体的知、情、意出发,结合其需要、动机和人格,运用笔迹分析、情绪分析等潜能开发工具,发展心理动能、精神功能和行为的科学。人类有尚未开发的、未可限量的潜能,首先就是心理潜能。

20世纪60年代,美国心理学界兴起了有关人类潜能(心灵力)的研究,并将其研究成果运用于心理治疗、工商管理和青少年教育上,对社会产生了巨大的影响。

1966年,美国的琼斯·西尔瓦博士将心理学、哲学、医学、艺术等理论融为一体,创立了"心灵自控术"。这在心理学界引起了轰动。

本章分别讲述了心理潜能的七大策略、《易经》智慧与心理学的关系、笔迹修炼处方、开发学生心理潜能的研究和实验、情绪分析、脑感潜能、心态文明与潜能机制,从策略、方法到实验,对心理潜能做了一个立体式的呈现。

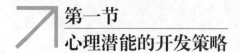
第一节 心理潜能的开发策略

人的潜能开发是一个非常庞大而复杂的系统工程。美国著名心理学家陆奇·赫胥勒无限感慨地说:"编撰 20 世纪人类历史的时候,可以这样述写,我们最大的悲剧不是恐怖的地震,而是千千万万的人生活着,然后悄然死去,却从未意识到存在于他自身的、人类从未开发的巨大潜能。"① 现就心理潜能的开发,重点推荐七大策略。

一、认识自我,省察潜能

每个人的潜能都是无穷无尽的,就像待开发的一座金矿,能开发出多少,全凭对自己的认识——要清楚地认识自己的优势和劣势。我们对自己的认识、对自己的角色定位以及准备实现的目标,还有对身边资源的认识,以及整合的能力,决定了我们在社会上的独特位置和潜能开发的程度及成效。

(一) 成长经历和家庭、家族背景

我是谁?我是怎样的一个人?请就这个问题,列出 20 个以上不同类型的答案,比如人际及时空关系,从思想的层面出发,自己还有别人的看法等。

1. 出生和家庭情况

比如,我出生在人杰地灵的普宁,从出生便在农村生活了 18 年;我常翻山越岭去干农活;我常去采中草药并拿去卖钱;我曾夜闯"鬼屋"等;我的爷爷是村里的族长,我的爸爸是昆虫学家且最会讲故事;我老家有一片 300 亩的山林……家庭和家乡的能量,能为人们的潜能开发提供源源不断的动力。

---

① 转引自王海《从 20 世纪最大的悲剧说起》,载《连锁与特许》2000 年第 5 期,第 42 页。

2. **求学和成长经历**

比如，小学时，我是班长，且常代表学校去参加数学比赛。又比如，初中时，我就读的学校是文化底蕴深厚的"普宁学宫"——"孔庙"，我在寒暑假就开始做小买卖；我曾获市物业竞赛二等奖；等等。再比如，高中时，我就读时普宁第一中学校园是清朝时"两广"（广东、广西）水师总督方耀的故居，我有许多同学和朋友，等等。成长经历就是人生最为宝贵和不可多得的财富。

3. **性情、人际和家族背景**

比如，在性情方面，我特别有耐心、特别爱钻研、阅读量很大、朋友特别多等。而在人际方面，举例时则是层面越广、层级越高、交际越深就越好。比如，认识某学科的领军人物，结识心理学院的某著名教授，等等。再如，在家族背景方面，我是汉高祖刘邦的第 68 代传人，我的爷爷是村里的武术教头，我家里还收藏有族谱……关键是要对自己、家庭及家族要有深刻的认识和领悟，并能转化为有能量的故事，上升为有味道的人生。率性谓之道。真性情最有能量。

（二）我的专长

"扬长"犹如顺水推舟，易见成效；"避短"犹如避开雷区，以免触礁。当然，适当的时候，也要考虑"补短"的问题。要注意水桶理论和短板理论的问题。

1. **在能力方面**

比如，我有文案策划、演讲或者组织协调的能力，我开办有微信订阅号，我拍过 MV 或微电影，等等。

2. **在兴趣爱好方面**

比如，我喜欢爬山或者唱歌，或者曾骑行从广州到北京，等等。

3. **在社团经验方面**

比如，我参加过心理协会或者演讲（辩论）协会等，参加过多次助学、义卖或献血等活动。

专长贵在保持个人的专注性，且有专业性，形成特长和有成果。此外，也要认识到自己的短板，并客观、虚心和诚实地对待之。

（三）我能整合的各种资源

比如，某兴趣社团，某乐队，某专业社团，某专家或教授，某财团、某董事长或总经理，某产品生产者或供应商，等等。关键是对各种社会资源乃至自然资源有一定的认识、牵动、调配和整合的能力。

二、目标引领，拓展潜能

人生发展的关键是"定位"，因为定位的目标就是向导。人在"我是谁"的基础上，要清楚知道"我要去哪里"，并让目标引领自己一路成长。

（一）目标要清晰且可量化

心里要明确"我想成为怎么样的人"。具体包括自己的健康、财富、职位、专业、游历、名望等不同的方面。而且在目标形象上，要全面化、立体化和清晰可期，以及有清晰的时间设置和明确的数量指引。

（二）时常提醒自己"我的目标（标杆）是什么"

强化目标可以克服惰性、形成惯性动力和产生力量。因此，要时常暗示自己"我'是'怎么样的人（理想的形象）"。

（三）实施目标管理，创造条件，实现目标

目标规划要明确设定长期、中期和近期（短期）的目标。要善于将目标逐步分解后，一件件地努力做好和实现它。"跳起来，够得着"——通过努力，或逼自己一把，就能实现的目标，则最有动力。

（四）善于反思，不断调整，确保实现大目标

在实践中，要及时因应时势的变化、情景的变更和条件的转换而不断调整和校正目标。要看到差距，善于检讨和勇于认错，并且改善得要比别人快，不断提升效能和确保顺应大目标走，才能促进大目标的现实。

三、强化信念，增强信心，推动潜能

心态决定人生。伟人之所以伟大，是因为他们有伟大的心态。信念是一个人坚信的某种观点、思想或知识。信念，就是坚强的意志力。自信就是魅力！自信者，犹如在灵魂上开了一扇天窗，让阳光照进来。于是，他们的外表也像太阳，抬首挺胸，目光灼灼，精力充沛，神采飞扬。

自信的人最美，他们做事干脆果决，不必存心讨好别人，也不刻意扭曲自己。

（一）时常提醒自己："我是自己生命的主宰"

信念是生命的精神支柱，是力量的源泉，是胜利的基石。这句话，可以提升自己的聚焦（专注）能力。

（二）心中树立一个成功者形象，脑海中时常进行预演

心中常预演自己理想的样子，或者参照自己偶像的形象进行演练。这有利于调节控制自己行动的人格倾向性。

（三）常暗示自己："我会做得更好""肯定还会有别的方法"

这有助于强化正向思维，让自己产生轻松感、愉悦感和力量感。

（四）实施去恐惧训练，并常告诫自己："勇者无惧，仁者无敌"

一是对心中的惧怕者或者崇拜者，进行预演且实践。例如，见面时径直挺胸向他走过去，说话时看着对方的眼睛；二是常回忆自己成功的经验和描绘成功蓝图，以驱除自己的消极想法；三是每天临睡前，梳理并告诉自己："今天值得我高兴的三件事（不论大小，务必真实）"；四是不轻易承诺自己做不到的事情，以免自信心受损。

四、营造环境，激发潜能

营造良好的环境包括两个方面，一是指客体环境，二是指主体环境。前者主要是指和谐的人际关系，后者主要是指愉快的心境。和谐是自然的法则，也是社会的法则。

（一）适应团队，和谐共进

"一个篱笆三个桩，一个好汉三个帮"，这句话是至理名言。这说明，发挥潜能首先是适应团队，而并非标新立异；其次才是创新和带动，营造新气氛，实现新突破。有和谐带动，才能引领群雄；做到群策群力，才能共创伟业。

(二) 常用"请、谢谢、对不起"等礼貌词语

这看似简单，却是人际和谐的润滑剂。良好的人际关系可以促使人有良好的情感交流，可以促进事业成功。

(三) 常用引领性强的话语来引领团队

比如常讲："我需要你的帮助（支持）""我相信你行""我就来""我想听听你的意见""也许你是对的""走你的路，让别人去说吧"……这些话是很难能可贵的，可以助人头脑冷静，可以平息纷争。

(四) 按"和为贵"和"成人之美"法则行事

赠人玫瑰，手有余香。以上两个法则在吸引力法则[①]的引领下，将助人好事连连。

五、时间管理，专精潜能

当今的"互联网+"思维和"地球村格局"，导致信息泛滥，生活中的事情变得千头万绪。在现实面前，总有让人感到疲于奔命和穷于应付的时候。因此，时间效能方面大有学问。那么，规律何在呢？

(一) 做重要且紧要的事

凡事总有"重要、不重要和紧要、不紧要"四个基本的方面。因此，我们要有的放矢地把时间安排来做"重要且紧要"的事情。

(二) 专精法则，聚集时间

古人有言说，锲而不舍，金石可镂。善于利用碎片时间，捡拾时间，随时随地依照目标行事，定然有助人们的潜能显现。

(三) 充分授权和团队行动

一是信任团队，领导者要善于放权，做到分工合作，步调一致；二

---

① 吸引力法则，指思想集中在某一领域的时候，跟这个领域相关的人、事、物就会被他吸引而来。

是狼群战术，团队行动，更显时间效能。

六、积极行动，引爆潜能

只有敢于冒险，敢于接受挑战，持续大量的行动，才能获得机遇的青睐，才有更多的机会发掘自己的潜能。

（一）以行动为先导，坚信"实践是检验真理的唯一标准"[1]

行动就是最响亮的语言。我们要养成"'坐而论道'不如'起而行之'"的良好习惯。在行动中不断实现目标，才能实现质的飞跃。

（二）"行动比承诺重要"，坚持用行动说话

千言万语在一躬。只有行动，才能促进目标实现，才能更有信心和进一步地激发潜能。大量持续的有效行动，就能引爆潜能。

（三）活在当下，立即行动

不纠缠、不固执、不争执，珍惜时光、立足当下，随心而动，用实际行动引领人生，并且做到勇担责任和风险。平常生活中，可通过做到"走路比常人快至少20%"进行行动能力的练习。

（四）智慧行动和大度行动

行动要能充分考虑多方面的因素，并且不断调整行动的方式，以提升效能和完善格局。

七、思维突破，点燃潜能

科学用脑，开发潜能，重要的是开发潜在创造性思维的能量。潜思维是指本人意识不到、不能直接加以控制，却能独立进行信息处理的一种思维活动。研究表明，潜思维主要集中在右脑半球。

爱因斯坦曾郑重地向世人宣称："我相信直觉和灵感。"直觉具有总体性、顿悟性、瞬间性的特点。灵感的闪现具有突发性、瞬时性。应该

---

[1] 1978年5月11日，《光明日报》发表特约评论员文章《实践是检验真理的唯一标准》。

说，直觉和灵感绝不是空穴来风，而是知识经验长期积累的结晶，是对长期艰苦思考与劳动的"奖赏"。因此，直觉和灵感是创新生命、点燃潜能的法宝。

（一）思维体操，头脑风暴

比如，充分发挥想象力，说出苹果、纸杯或者鞋子等物品各自至少20种以上不同类型的用途。这种思维训练简单有效，而且开发力强。

（二）通心训练，提升思维效能

著名心理学家许金声提出，通心（术）训练的"黄金三要件"是换位体验、清晰和坚定自己的立场和状态、用对方最乐意接受的方式进行沟通。通心式交往和谐而且高效。保持通心状态，人的直觉能力和灵感就能油然而生。

（三）保持强烈的好奇心和成就动机

生活如同万花筒。童真性情和初婴状态，都有神奇的能量。强烈的好奇心和成就动机，可以助人焕发奇思异想，做到创意百出和不断成就目标，实现"士别三日，当刮目相看"。

（四）积极探索，勇于整合各学科学派

人类历史，浩浩荡荡，文化千秋，学科众多，流派各异。为了创新和发展，我们需要大胆设想，积极探索；当然，也需要科学谋划和细心求证。

（五）随时记录灵感

灵感往往都是可遇不可求的。因此，随时记录灵感，将是非常有趣也是有益的事情。这是潜能开发的敲门砖和金钥匙。

（六）跟随直觉行事

跟随直觉行事并不是无限度地"为所欲为"，这是需要丰富的人生阅历甚至智慧来做铺垫的，而且是冒大风险的。但是，跟随直觉行事，大胆尝试，勇于开拓，也正是成大事者潜能开发的法宝和能量基石。

第二节
《易经》智慧与心理辅导

《易经》作为中华文化的源头，绵延五千年，衍生出道家文化、儒家文化、中医文化，以及墨、法、兵、农、商、天文等多元文化。今天，不少人并不了解《易经》，对其所反映的阴阳关系及变化，甚至对我们的人际关系、心理影响的指导作用更是不了解。由此，对《易经》以及《易经》预测多数采取批判、排斥或者否定的态度。

近10年来，笔者在将《易经》、阴阳、四柱①关系应用到对生命潜能开发、人才选拔与身心疾病、性格特征、成长规律的研究中，收获了很多成功个案。在笔者主讲的"心理学实战应用技术"课程里面，《易经》智慧是首修的课程。

一、《易经》是群经之首

《易经》是中华文化的源头，被誉为"群经之首，大道之源"。国学大师南怀瑾讲，《易经》是经典中的经典，哲学中的哲学，智慧中的智慧。这就是说，中国的智慧在《易经》。

关于《易经》的作者与创作时代众说纷纭、莫衷一是，大致上有多种说法。关于《易经》生成，最早期权威的阐释是班固《汉书·艺文志》："易道深矣，人更三圣，世历三古。"《易经》成书经历了三个圣人、三个时间，三四千年形成一部《易经》。何谓三圣，何谓三古呢？三圣就是三位圣人：伏羲、周文王、孔子，三古就是上古、中古、下古。上古时代：三皇五帝时期；中古时代：夏商，西周，春秋，战国，秦时期；下古时代：汉至清时期。三圣之一是伏羲，远古圣人伏羲"仰则观象于天，俯则观法于地。观鸟兽之文与地之宜，近取诸身，远取诸物，于是始作八卦"。三圣之二是周文王，"自伏羲作八卦，周文王演三百八十四爻，而天下治"。三圣之三是孔子，"孔子晚而喜易……读易，韦编三绝"。

---

① 《易经》中的术语，古代汉族星命家以年、月、日、时的干支为八字排成四柱。

二、《易经》与《周易》

《周易》是周文王在羑里城（现在的安阳）坐牢的时候，研究《易经》所做的结论。事实上，除《周易》外，还有两种《易经》，一种叫《连山易》，一种叫《归藏易》，并称为"三易"。《连山易》是神农时代的《易经》，所画八卦的位置，与《周易》的八卦位置是不一样的。黄帝时代的《易经》为《归藏易》。《连山易》以艮卦开始，《归藏易》以坤卦开始，到了《周易》则以乾卦开始，这是三易的不同之处。现代人讲的《易经》通常就是指《周易》。

三、《易经》"三易"原则

《易经》包括了三大原则：就是变易、简易和不易，简称"三易"原则。研究《易经》，都需要先了解这三大原则的道理。

（一）变易

所谓变易，是《易经》告诉我们，世界上的事，世界上的人，乃至宇宙万物，没有一样东西是不变的。在时空当中，没有一事、没有一物、没有一情况、没有一思想是不变的；事物不可能不变，事物是一定要变的。

（二）简易

《易经》首先告诉我们，宇宙间的事物随时都在变。简易是指尽管变化法则复杂且现象万千，但在我们弄懂其中的原理和原则以后，就变得非常简单了。大道至简，万事万物遵循简单的原则。

（三）不易

不易是指万事万物随时随地都在变，可是能变出来的万象却是不变的，是永恒存在的。这就是我们常说的"万变不离其宗"，万物的本来面目不变。这跟佛家空性思想"不净不垢，不增不减"是一致的。

四、《易经》与心理学

《易经》是揭示宇宙大自然本质和事物发展本质规律的学问。《易经》

学问来源于大自然,所以可以引导人们不违背规律。国人强调"天人合一",而人的心理作为特定的现象,是生命活动的表现形式。《易经》当仁不让地是现代心理学的根本和源头。

(一)《易经》是内外具象的人本心理学

《易经》不仅是内外具象的人本心理学,还具有跨时空、跨人文领域的极高的层次关系。"圣人择之,天垂象,以见吉凶。"圣人觉察到这种大自然或者社会现象,并以此来预测和推断过去、当下,以及未来事物吉凶祸福,从而调整人类自身的行动,以达到改变、改善命运与趋吉避凶的目的。

(二)《易经》是包含时空和人际关系的社会心理学

《梅花易数》是古代汉族占卜法之一。现在的《八卦象数》、"梅花心易"都是"梅花易数"的别称。相传为宋代易学家邵雍所著,是一部以易学中的数学为基础,结合易学中的"象学"进行占卜的书。相传邵雍运用时每卦必中,屡试不爽。《梅花易数》依先天八卦数理,即乾一,兑二,离三,震四,巽五,坎六,艮七,坤八,随时随地皆可起卦,取卦方式多种多样。

(三)《易经》包含医学、心理学

《周易》有六十四卦,卦有阴阳,每卦有六爻,对应有六个爻位,亦有阴阳。以《乾》卦为例:《乾》卦由六个阳爻组成,阳爻居阳位,谓之当位,亦谓之得正;二、五两爻处于卦的中间,谓之得中。如果既得正,又得中,谓之中正。

中国是四大文明古国之一,文化思想和哲学思想源远流长。早在3000年前,中国殷周哲学巨著《易经》就已极富心身思想的内涵,虽然是以占卜的方式预测事物吉凶祸福,却能在某种意义上起到使人心身安宁的作用,达到先验效果,且在客观上有利于心身平衡的恢复。《周易》关于宇宙的"天地—人—社会"三维观,不仅重视自然界(天地)的作用,也强调大千社会对人的影响;特别重视人们可以主动适应自然界和社会,在形神(躯体与精神)合一的基础上进行"情绪调节"以达到相对平衡。

《周易》的自然哲学对中医学理论的奠基之作《黄帝内经》影响巨大，自古即有"医易同源"之说。《黄帝内经》中认识五脏病变相互影响的整体观的理论体系，就是《易经》中"位""时""中"的理论体系。

五、《易经》与心理辅导

在本节，笔者将这几年来自己对生命成长规律、性格特征与对自闭症、忧郁症、精神病等研究的个案用《易经》八卦的方法与大家做简要分析。

（一）成长轨迹、性格特征与家庭社会关系

《易经》能完整反映上述关系，这对人才培养和人才选拔都起到非常重要的指导作用。

2012年8月，一位母亲前来咨询其儿子的求学问题。她20岁的孩子闲在家里，不知道该如何指引。在调取了该男生出生的年月日时四柱关系以及排列出孩子的《易经》八卦后，笔者给出了如下咨询意见。

男：壬申年　戊申月　丙子日　丙申时　（日空：申酉）

坎宫：泽火革　　　　　　　　震宫：泽雷随（归魂）

六神	伏神	本　卦		变　卦	
青龙		官鬼丁未土 ▬▬ ▬▬		官鬼丁未土 ▬▬ ▬▬	应
玄武		父母丁酉金 ▬▬▬▬		父母丁酉金 ▬▬▬▬	
白虎		兄弟丁亥水 ▬▬▬▬	世	兄弟丁亥水 ▬▬▬▬	
腾蛇	妻财戊午火	兄弟己亥水 ▬▬▬▬	○→	官鬼庚辰土 ▬▬ ▬▬	世
勾陈		官鬼己丑土 ▬▬ ▬▬		子孙庚寅木 ▬▬▬▬	
朱雀		子孙己卯木 ▬▬▬▬	应	兄弟庚子水 ▬▬ ▬▬	

1. 性格特征

孩子性格开朗、阳光、积极向上，凡事放得下，做事非常正面，所以心宽体胖，还是个小胖子。

2. 身体状况

不易承受太大压力，将来注意要少喝酒，保护肝脏。孩子的呼吸系统易出现问题，或表现为皮肤系统出现过敏症状。

3. 学习成长轨迹

孩子小学时学习成绩尚可，从小学五年级到初中二年级成绩开始拔尖，能考上重点初中并担任班长，德智体较全面发展。但进入初三，学习成绩开始下降，怎么努力都无法提高；到高考时失手败北，导致其心灰意冷。

4. 学习方向

孩子文科明显好于理科，喜欢文科与哲学，应该朝文科方向发展，否则个人发展方面压力较大。

5. 家庭关系与社会关系

孩子备受同学、老师与长辈的欣赏，唯独被父亲的否定制约较多，因此父子关系不那么好，孩子得不到父亲的呵护与信任。

6. 跨时空关系

孩子今年（2012年）入秋（9月）有个机会，如果把握得好，可以一举考上大学，未来可以读到硕士与博士，所以应该抓住机会好好复习。

根据上面的个案分析，孩子现在最大的问题是自信心的问题，而自信心的丧失与否，又与成长轨迹、学习方向、父亲压抑等有关，做家长的应该抓住机会，正确引导孩子，多鼓励多帮助。

孩子的母亲对第6点不太明白。我解释说，按常理，9月早已结束大学考试，不可能发生这样的事；但是，孩子确实在这个时间段里有个机会，回去后，抓紧复习准备，到时候再看。到了国庆节，孩子母亲很高兴地告诉我，9月初突然收到了某外语大学招收出国预报班的消息，于是让孩子报名并参加考试。孩子以总成绩第二名被正式录取，并担任班长。

这个咨询实例从多个角度给予正确的分析判断，给出正确指导意见，使孩子绽放出他生命本然的能力。4年后，孩子顺利考上研究生。

（二）调皮捣蛋孩子的咨询康复个案

这是2012年8月的咨询个案。这个孩子的父亲是一位优秀的小学校长，却因为孩子多动症特征，上课不专心而经常接到班主任投诉。对此，父亲虽身为校长，但也是无可奈何，导致时常打骂孩子。为此，父亲邀班主任老师一同来进行咨询。

在调取了孩子出生的年月日时四柱关系以及排列出孩子的《易经》

八卦后，笔者给出了如下咨询判断。

男：己卯年　乙亥月　壬辰日　甲辰时　（日空：午未）

艮宫：风泽中孚（游魂）　　　巽宫：风雷益

六神	伏神	本　卦		变　卦	
白虎		官鬼辛卯木 ▬▬▬		官鬼辛卯木 ▬▬▬	应
腾蛇	妻财丙子水	父母辛巳火 ▬▬▬		父母辛巳火 ▬▬▬	
勾陈		兄弟辛未土 ▬▬▬	世	兄弟辛未土 ▬▬▬	
朱雀	子孙丙申金	兄弟丁丑土 ▬　▬		兄弟庚辰土 ▬　▬	世
青龙		官鬼丁卯木 ▬▬▬	○→	官鬼庚寅木 ▬▬▬	
玄武		父母丁巳火 ▬▬▬	应	妻财庚子水 ▬　▬	

1. 性格特征

孩子能量超强，精力旺盛，从小就是"孩子王"，有很强的号召力。孩子反应速度很快，天生可以一心多用。但他也有以下特点：坐没坐相、站没站样，喜欢东倒西歪，总不安分。

2. 学习方向

孩子文科语言类的天赋超好，成绩随时可以改善，心理洞察能力超强，就是学习不用功。在空间意识、数学几何、立体几何、音乐感、地理感方面都非常好。学习应该以文科、英语为主导方向。

3. 学习轨迹

孩子在小学中、低年级成绩普通，进入小学五年级后成绩开始上升，能考取重点初中，初中升高中也能顺利考取重点高中。

4. 社会关系与家庭关系

他与朋友、长辈关系都很好，大家都喜欢他，就是父亲反感他、压抑他。老师对他是又爱又恨。

5. 兴趣爱好

孩子运动状态很好，模仿能力超强，什么东西一看就会，喜欢足球、篮球、跑步等运动。体育成绩经常拿第一。

6. 了解和尊重

这个孩子需要读懂他、了解他，理解他的特点，他才不会跟父亲与老师较劲。

据父亲反馈，以上描述全是吻合的，自己儿子确是理科不好、自由散漫、亲子关系紧张。我给这位父亲的意见是：了解孩子，理解孩子的性格特点，扬长避短，接受并且欣赏他，跟他做朋友，他就会回报你。很多时候是孩子在作秀，故意捉弄他人的。

回去后，这位父亲一改往常批评、指责或打骂的方式，而是常常肯定、鼓励和欣赏孩子，老师也给以配合。后来，该男生以文科为优势学科，顺利考上了重点高中。

（三）孩子心理焦虑康复个案

在焦虑、忧郁、多动、自闭、精神等问题里，《易经》智慧同样能给出很好的心理辅导意见，能直指问题的核心所在。

据父母反映，某小孩 2014 年夏天去外地参加夏令营，每天至少给妈妈打 50 个电话，询问母亲在哪里、是否安全。父母认为孩子可能心理有什么问题，希望笔者给孩子进行心理治疗。于是，调取孩子的出生年月日时与《易经》八卦，进行了如下分析判断。

男：乙酉年　辛巳月　乙巳日　丁亥时　（日空：寅卯）

震宫：雷地豫（六合）　　震宫：雷水解

六神	伏神	本卦	变卦
玄武		妻财庚戌土 ▬▬　▬▬	妻财庚戌土 ▬▬　▬▬
白虎		官鬼庚申金 ▬▬▬▬▬	官鬼庚申金 ▬▬▬▬▬ 应
腾蛇		子孙庚午火 ▬▬▬▬▬ 应	子孙庚午火 ▬▬▬▬▬
勾陈		兄弟乙卯木 ▬▬　▬▬	子孙戊午火 ▬▬　▬▬
朱雀		子孙乙巳火 ▬▬▬▬▬ ×→	妻财戊辰土 ▬▬　▬▬ 世
青龙	父母庚子水	妻财乙未土 ▬▬　▬▬ 世	兄弟戊寅木 ▬▬　▬▬

1. 性格特征

孩子性格柔和，爱玩好动，表达能力很好。遇到雷雨和闪电容易被惊吓，不敢一个人独处，总希望父母陪伴。遇到重大压力，或者遇到恐惧的事情，容易形成恐惧心理。

2. 学习方向

孩子的玩心极大，对学习不感兴趣，也读不好书，建议选择以运动和玩的项目来顺应其成长的需要。

在读取了这两个重大信息后，笔者开始对孩子进行心理咨询与辅导。

原来他去参加夏令营时,老师播放了一部惊悚电视连续剧,讲的就是一位母亲被人谋杀的过程。因为孩子身上隐藏着抗压能力弱、容易形成恐惧症的明显因子,所以电视连续剧里的恐惧因素残留在脑海里,经常导致幻化,幻化和害怕母亲被人谋杀,因此每天至少给妈妈打 50 个电话,询问母亲在哪里、是否安全。

通过深层潜意识沟通,处理掉这个恐惧因子后,孩子的行为很快改善。然后,父母根据其不爱读书,爱玩,特别爱踢足球的特点,专门给他选择了去恒大足球学校学习,让他根据自己的爱好尽情释放自己的心理潜能。

相似的心理辅导个案还有很多。这 10 年来,经笔者康复改变的孩子有数百例,改善亲子关系的家庭不计其数,涉及各种心理状态与身体状态。在所有心理咨询过程中,都应首先了解对方的四柱特点与《易经》八卦结构,因为它的指导作用很大,常能直指问题核心所在,往往事情也就迎刃而解!

第三节 笔迹修炼处方

"字如其人",通过笔迹可以认识自己、认识别人,助己成长,乃至用人、育人得当,并且通过调整个别笔画,还可改善性情并完善人格①,更好地促进潜能开发,成就健康、幸福和成功的人生。

一、笔迹修炼处方的概念、作用和价值

我们根据笔迹心理分析学说,依托有关心理学、教育学和潜能学等理论,从《易经》和儒释道等国学经典中的内修外炼等学说,结合心理辅导和心理行为训练的技术,从人人皆知、天天接触的"笔迹"(书写)入手,创新性地提出了"笔迹修炼处方"的基本理论。

---

① 人格是个体特有的特质模式及行为倾向的统一体。

(一) 笔迹修炼、笔迹修炼处方的概念

1. 笔迹修炼的含义

笔迹修炼，即笔迹调整、笔迹矫正。也就是有意识地通过改变个别笔画的写法，直至形成新的书写习惯，来修炼自己、提升自己，助人成长。笔迹修炼通过笔迹这个媒介和书写这种途径，结合辅导，助人进行内修和外炼，从而提升心理素质，促进全面素质提高。

2. 笔迹修炼处方的内涵

笔迹修炼处方，就是辅导人员根据服务对象提供的笔迹做心理分析后，再结合其人生发展需要，中肯地提出三五点简单、清晰、明确的书写建议（即狭义笔迹修炼处方），并做必要的辅导，促其主动进行内修外炼，整合资源，以达到开发潜能，实现人生的健康、幸福和成功。

3. 笔迹修炼核心内容

笔迹辅导人员帮助当事人通过笔迹心理分析技术，了解自己，并认识别人，运用聆听、观察，提出强有力的问题等教练和心理辅导技巧，协同对方制订"笔迹矫正处方"（即三五点建议），以清晰目标、发现可能性和充分利用可用资源，以最佳状态去达成目标。

(二) 笔迹修炼处方的作用

简单、实用和注重实效。书写是每个人必备的基本技能，是每日的"必修课"。就算今天的社会中年轻人大量使用电脑，但书写仍有其不可替代性，也更凸显其重要性。

1. 认识字迹

只要通过字迹，就能看到并吸纳别人的长处，修正自身的短板。

2. 修正自己

紧记字迹笔迹修炼的三五点建议，再通过大脑演练，或书写或练字，特别是通过实际书写，来觉察和修正自己。

3. 成就自己

成：完成，成功；就：造就，成全。结合学习、工作和生活，通过日积月累来实践锻炼、检验和成就自己。

（三）笔迹修炼处方的价值

1. 成本低廉，人人适用

笔迹修炼处方材料简便、成本低廉且人人适用。通过三五行字，可助人觉知自己、了解别人，促进沟通，修身养性，共建和谐。

2. 简单、易学和实用

有一定文化基础，愿意学习，就可逐步理解和掌握相关要点，就可明了笔迹修炼的方向和目标。掌握了它，我们内心会充满快乐、能量和热情，并使人充盈地成长。

3. 应用广泛，层面丰富

可用于"识己、识人、用人和育人"等层面。它除可以应用于心态、态度、人格、情绪、素质、技能、人际关系、亲子教育等个人成长外，还可以广泛应用于企业管理、婚恋家庭、学业与择业就业、心理健康和心理咨询、商务谈判、调解和司法等诸多领域。

二、笔迹修炼的理论依据和主要技术

笔迹修炼处方学说主要依靠笔迹心理分析、潜能开发理论和 NLP 教练技术，结合儒释道中关于内修外炼等经典理论而成。

（一）笔迹心理分析的基础

1. 心理学基础

一是投射理论。一个人留下他的笔迹，他的情绪、注意、能力和个性等特质也都凝固其中。在心理学中，"投射"这一概念最早是由弗洛伊德提出的。在他看来，自我会将不能接受的冲动、欲望和观念转移到别人（笔迹）身上。二是潜意识理论。弗洛伊德的潜意识理论指出人的绝大多数行为是由潜意识决定的。笔迹书写的动作和人的其他动作一样都有其自身规律。书写是人的潜意识的投射。所谓"心手相通"，即通过字体的动势，笔画的力度、轻重、涩滑，就会显露个人的性格、气质、能力和潜能等特征。

2. 生理学基础

一是人类大脑是笔迹形成的物质基础。笔迹是人类书写活动的结果，书写是大脑的反射活动，大脑是笔迹形成的物质基础。二是生物遗传因素对笔迹形成的影响。笔迹的形成必然受到书写者的中枢和神经细胞的构置特点，以及神经冲动的电生化传递特点的制约，而这些因素通常是由生物遗传因素所决定的。

3. 社会学基础

笔迹与人的社会环境、生活经历、年龄阶段、文化水平和精神面貌等有密切的关系。同一个人，在不同的时期，笔迹特点会有所不同。但在相当长的一段时间内，字体的主要特征是不变的，只是近期的字更能反映书写者最近较稳定的个性特征、情绪变化、心理特点等。

（二）笔迹心理分析的概念

笔迹心理分析是通过对人们书写笔迹的分析，来了解人的稳定的人格特征和即时心理状态。严格地说，就是通过字的大小、笔压的轻重以及笔速的缓急、行向、字距、行距和结构等特征，来分析推断书写者的心理状态（健康状态）、人际关系、压力、能力和潜能等性格特征。这就是我们常说的"字如其人""心手相通"。

（三）笔迹特征的分类

最常用的笔迹特征可以分成七大类。

一是书写的压力反映了人精神和肉体的能量。重压力者表明其生命力强、自信、专横、顽固，轻压力者则说明书写人敏感、主动性差、缺少勇气和抵抗力。

二是笔画的结构方式代表了书写人面对外部世界的态度。书写一笔一画的标准型反映了办事认真、通情达理、纪律性强的心理特点，笔画有过分伸展、夸张的书写方式则反映了虚荣和随时想引起别人注意的心理特点。

三是书写的大小基于自我意识的反映。大字型的书写是情感强烈、善于表现自己和以自我为中心的体现，小字型则反映了精力集中、细致、焦虑和自我压抑的心理特点。

四是连笔程度反映着思维与行为的协调性。连笔型反映出有较强的判断、推理能力和恒心，不连笔型则反映了有分析能力、比较节制和独立性强的个性特点。

五是字和字行的方向反映了人自主性及与社会的关系。字行上斜表明书写人热情、有勇气、有抱负，字行下倾则反映了情绪低沉、悲观、失望、气馁的心理特征。

六是书写速度与人理解力的快慢有关。缓慢型是小心谨慎、遵守纪律和思维速度慢的反映，快速型则表明书写者反应快以及观察、抽象、概括能力强和恒心不足。

七是整篇文字的布局反映着书写人面对外部世界的态度和占有方式，包括字距、行距和页边空白等几个方面。如果整篇字偏靠左页边，就反映出留恋过去，追求安全感和对未来勇气不足的心理状态；若偏右页边，则反映的是向往未来和有勇气面对未来的心理特点。

（四）笔迹修炼与 NLP 教练技术

NLP，神经语言程序学，这三个英文字母的意思是：neuro（神经），linguistic（语言），programming（程式）。NLP 的应用目的在于研究思维和情绪的规律，以及如何让人们的理性与感性协调一致、身心合一。

NLP 教练技术主要包含三个方面：一是基础篇，包括语言的魅力、信任建立、行动引擎、强有力的问题、隐喻启示、生活中的平衡轮、新行为模式、选择的力量、焦点（时间）管理、承诺的深层动力、聚集能量、面对挑战、拓展和应用脑地图等十四个方面；二是技巧篇，包括信念贯通法、状态管理法、教练的艺术、深层效果法、整体平衡法、思维换框法、强有力问题发生器、理解层次贯通法、语言模式和说话中的假设等十个方面；三是整合篇，包括意愿、催眠、贯通身心灵的力量、快乐元素、美好的一天、勇于创造未来等八个方面。

心理学家发现，人生的困局往往来自于头脑与心灵的抵触、理智与感情的冲突、意识与潜意识的矛盾。笔迹修炼就是通过笔迹分析助人发现优缺点，结合 NLP 技术，助人活跃思维、开阔眼界和寻找更多的可能性，整合资源，再用它来处理各种困局、突破发展瓶颈，以实现目标和成就人生。

（五）笔迹修炼是内外兼修的过程

正确的书写习惯本就可以实现凝神、静心、除躁、宣泄、忘忧、医病、乐心、怡情和养生等功效。而笔迹修炼有针对性、有目的地追求实效的书写与修炼，将势如破竹般助人引爆潜能。笔迹修炼的过程主要表现在两个方面：一是笔迹修炼是"内观（分析）—修炼（书写）—成就（实践）"的过程；二是笔迹修炼是"修心（调整心态）—修为（调整行为）—作为（社会实践）"的过程。笔迹修炼的主要目的是为了培育新的思维模式，切实从行动、沟通和实践等方面促进潜能开发，全面提升自己。

开发潜能有三大要素，即高度的自信、坚定的意志、强烈的愿望。因此，笔迹修炼要做到：一是坚信笔迹修炼可以帮助自己释放巨大的潜能；二是要做到自觉和觉它，并清晰目标、百折不挠和锲而不舍；三是抱定成长和成功的心态，结合实际，采取持续和大量的有效行动。

三、笔迹修炼的目标和技术

广东社会学学会潜能开发研究专业委员会在近年来组建了专家团队，致力于笔迹分析的研究、应用和推广。专家团队依据金一贵、郑日昌、徐庆元等成员综合的国内外笔迹分析名家的学说和技术，并结合大量的实践，提炼了笔迹修炼处方的理论框架。

（一）笔迹修炼的目标

1. "三目的"和"三目标"

（1）笔迹修炼的"三目的"："圆性情—和关系—成大业"，即完善性格、中和情绪，和谐关系、团结共进，发挥潜能、成就事业。

（2）笔迹修炼的"三目标"：实现人生的"健康—幸福—成功"。

2. "三步骤"和"三过程"

（1）笔迹修炼的"三步骤"："笔迹分析—笔迹矫正—笔迹修炼"。即通过笔迹分析，以识己、识人、用人和育人；通过笔迹矫正，以自觉、持续地调整、改变成就自我；通过笔迹修炼，结合 NLP 教练技术和心理辅导等技巧，助人清晰目标和坚定信心。同时，从信心、能量和资源整合等方面，进行指引，给以强而有力的推动，助人不断成长。

（2）笔迹修炼的"三过程"："成长—成为—成功"，即通过笔迹分析和笔迹矫正得以不断成长，通过笔迹修炼成为具有新思维、新行动的"新人"，通过持续修炼取得新的成就。故此，笔迹修炼处方的"三过程"也可以表述为"字变—心正—事成""修心—修为—作为"的过程。这样，就很容易理解其过程及成效。

(二）笔迹修炼的"三技术"

这主要涉及如下三个方面的技术：笔迹分析技术、笔迹矫正技术和教练和辅导技术。

1. 笔迹分析技术

可以根据笔迹分析书写者的性格、能力和心理特征等。该技术在欧洲早已作为人才招聘和选拔过程中一种非常重要的测评方法。与其他测评方法相比，笔迹分析技术有着简便快捷、低成本、高成效等优势。

2. 笔迹矫正技术

笔迹矫正技术是指有针对性、有目的地笔迹矫正建议。这也是一种新型的潜能开发和心理矫治的方法。说简单点，就是通过练字就可以得到身心全方位的提升。

3. 教练和辅导技术

结合辅导对象的发展需要，商定方向和目标，并给以支持和指导，助其提升素质、整合资源、取得发展。笔迹修炼处方始终方向都是研究人、尊重人和成就人，是助人成长的好技术。它助人主动调整笔画，以逐步形成新的"字相"。

新的"字相"就是新的心境的写照，即投射。新的心境、思维、习惯会带动和产生新的行为和生活方式，从而带动工作和生活等方面，给人生带来新的气象和格局。一句话，笔迹修炼处方，书写人生新格局。

四、笔迹修炼的建议和原理

笔迹心理分析就是通过一个人的笔迹，来分析其思维模式、人际关系、健康状态和能力、压力、潜力等方面的状况。字迹（笔迹）是一个人潜意识的直观反映，是人的情感的直接流露，能比较真切地反映一个人的内心世界。

（一）笔迹修炼建议（处方）

我们根据多年的笔迹分析实践和讲学经验，提出十六点书写建议。

1. 字少连着写

字少（尽量避免）连着写，甚至单字也分笔写。这有助于书写者"理清头绪"、避免"拖泥带水"和思维连绵致劳累过度。

2. 字距行距稍宽

这有助于书写者"是非清"，即具清晰条理性，以便进退。字距以字的 1/3～1/2 为宜，行距以字的 1/3～1 为宜。

3. 笔压适中，且有轻重

此方法有助于书写者"灵活变通"，以达到"自控自在"。笔压有轻重，代表处事有轻重、善缓急。

4. 单字、整篇勿过聚

下笔时恣意（肆意、随心）一点无妨。这有助于书写者"放得开"，保持清朗心境。

5. 纸留天地和左右

这么做表示书写者对上下级、对自己及他人总"留出余地（空间）"，以利于变通和进退。

6. 笔速宁缓勿急，可有急缓

这有助于书写者保持"淡定"，利于控场和减压。"淡定"指有泰山崩于前而面不改色的镇定。

7. 字大小均衡

这与人的情绪的关系是非常密切的。情绪是指心情和心境。字大小均衡，即根据笔画多少及纸张大小等情况，该大则大、该小则小，既均衡且变通自如。这有助于书写者保持"稳定情绪"，自觉留意和减少情绪化的影响。

8. 简化笔画

笔画是汉字的最小构成单位，可以分为点（、）、横（一）、竖（丨）、撇（丿）、捺（㇏）折（フ）等几类，具体细分可达 30 多种。简化笔画有助于书写者"轻松高效"完成任务，实现目标。

9. 横稍长且上斜，行微右上

这有助于书写者培育"大方（气）"和"积极乐观"的心境和状态。

10. 字的转角要圆

这有助于培育书写者的思维灵活和变通，逐渐成为"善变通"的和善之人。

11. 下拉笔画敢于下拉

下拉笔画敢于下拉，但勿冲触到下行的字。这有助于培育书写者的敢作敢为、敢于承担的性情。忌讳冲触到下一行是为了避免侵犯他人界限，避免"捞过界"，达到和谐境地。

12. 单页、整本的字大小、笔压和笔速尽量均衡

这有助于培育书写者"意志坚定"和情绪稳定，既利于健康，也利于事业发展。

13. 用行书或行草书字体书写

行（草）书是在楷书的基础上发展起来的。它是介于楷书和草书之间的一种书体，是为了弥补楷书的书写速度太慢和草书偏草难于辨认而产生的。写行书有助于培养书写者的变通能力和提高效率，也利于认读。

14. 签名有整体感，简练和清晰为好

签名就是写自己的名字，主要是表达认同、承诺，或承担责任、义务而写下名字。简练、清晰有整体感的签名，有助于形成书写者的"气势"和全局观念，以及培育其"灵气"和"通气"。

15. 练习竖写

这有助于培育书写者感受传统文化和培育"敢想敢为"的勇者无惧和突破常规的精神。竖写也有利于培育原则性和定性。

16. 稍停笔，喝口水，注意停歇

这提醒书写者要注意休息，达到休整、舒缓减压和利于健康的目的。潜移默化间获得轻松人生。

认同以上"十六点书写建议（笔迹修炼处方）"，逐渐地便会因暗示而发生潜移默化的影响。通过书写过程的不断"内化"，将新的思维模式和框架演化成自己内心的模式和人格，形成好习惯。有好思维、好习惯，自然会有好的人生！

（二）笔迹修炼的内化原理

笔迹修炼直接应用"暗示""反射""强化"和"内化"等原理，即通过主动调整个别笔画，以改良思维、完善性格、建立关系、整合资源，以改变运程、成就人生。

1. 认同建议

建议通常是指针对一个人或一件事的客观存在，提出自己的见解或意见，从而使其具备一定的变革或改良的条件，助其向着更好、更积极的方向去完善和发展。只要你认同了调整建议，这种意念就会自然而然、潜移默化地影响和带动着你。

2. 认同意向

意向是一种未分化的、没有明确意识的需要。它是使人模模糊糊地感到要干点什么，但对于为什么要这么做、怎么去做却还不是很清楚的状态。认同了意向，通过日常的书写就会将自己新认同的想法，以意识流的形式，不断地"反射"和"强化"到大脑。

3. 修炼内化

内化是在思想观念上将他人的或者理想的思想观念和行为方式有机地结合起来，构成一个新的持久的体系，从而形成自己个人的一部分。通过写字"修炼"可以进行不断"内化"，助人形成新的思维和行为习惯。习惯就是性格，性格就是命运。

第四节 开发学生心理潜能研究

中学生阶段是心理潜能开发的重要时期。对此，笔者在几十年的教育生涯中，做了大量的探索、研究和实验，取得了较好的实效。

一、一种能力分类方法

能力的分类按照其获得的方式（先天具有与后天培养），可以分为能力倾向和技能两大类。能力倾向是指上天赋予每个人的特殊才能，如音乐、运动能力等，是与生俱来的，不过也有可能因后天未被开发而荒废。因此，这是一种潜能。遗传、环境和文化都可以影响到天赋的发展。技能则是指经过后天学习和练习培养而形成的能力，如阅读能力、人际交往能力、表达能力等。本书谈到的是另一种能力分类方法——显能与潜能。其中，显能，即外显能力，是指已经开发、可以观察和测量的能力；潜能，是指暂时观察不到、不能测量的，或者还没有开发出来的能力。

二、发现学生的存在潜能

发现学生潜能的方法和途径是多种多样的，但目前最为流行的就是多元智能理论。

1. 多元智能理论的含义

多元智能理论是20世纪由美国哈佛大学心理学家加德纳教授提出的。他认为人类的智慧是多元的，包含八种基本智慧：①语言智能；②逻辑—数学智能；③视觉空间智能；④音乐智能；⑤肢体—动作智能；⑥人际智能；⑦自省智能；⑧自然智能。

2. 多元智能理论可用来测量学生的外显能力

有的人语言智慧优异，有的人逻辑—数学智慧优异，有的人视觉空间智慧优异，有的人人际智慧和自省智慧优异。借助多元智能理论，教师能够全方位地了解每一个学生的背景、兴趣爱好、智慧特点、学习强项和弱项。

3. 多元智能理论是开发学生心理潜能的切入点

在全方位了解学生的基础上，教师可以为每个学生的发展提出"扬长补短，开发潜能"的建议，助其发展成为一个有个性的、综合发展的人。

三、心理教育对学生学习效率影响

这是一项正在进行的研究与实验。具体情况如下。

1. 研究实验的理论架构

（1）多元智能理论（见本节"发现学生的存在潜能"）。

（2）生命钟规律（见本节"个案与团体研究"之"团体心理健康辅导"）。

（3）科学方法论。

2. 实验研究的几个变量

①学习信心。②学习效率。③学习方法。④学习策略。⑤考试策略。

四、个案与团体研究

（一）个案研究

本研究中研究对象是一名初三和两名高三的对学习失去信心的学生。具体策略如下。

1. 恢复学习的信心

"哀莫大于心死。"人在任何时候都要抬起头，挺起胸，充满激情，充满自信，充满希望，向着阳光，向着未来。

2. **知道生命钟的规律**

学习必须遵守规律，才能高效率。

3. **建立合理的作息制度**

健康睡眠，最重要的是不要随意打乱自己的生物钟。

4. **学会减轻压力**

学习不能没有压力，但是不要给自己增加无谓的压力。

5. **调整学习的策略和方法**

各个学科的学习要均衡发展，注意方法。

6. **常做健脑体操**

大脑健康，不能缺少脑营养素。科学家发现，脑营养素不能从体外吸收，只能依靠脑细胞合成；经常运用大脑的人，脑细胞合成的脑营养素就多。

下面介绍几种健脑体操：一是运用多种器官，做一件以前从未做过的事情。比如，用一种异想天开的方式将两种感官联系起来：闻着某种香味，听一曲世界名曲等。二是仔细观察，使自己的大脑处于一种高度敏感的状态。比如，关注那些新鲜有趣、出人意料的事情，从远到近、从上到下、从外到内、从前到后进行观察等。三是以一种别出心裁的方式，打破日常的生活习惯。比如，换一条新的交通线路，或者新的交通工具。四是用一种新颖的方式进行思考、工作。比如，用食指代笔绘画，用两手同时绘画，倒过来看、倒过来想、倒过来写、倒过来读。

（二）团体研究

这是在一个山区县的一间中学进行的，实际的过程与个案研究相同。笔者在广州市教育局教研室工作时，连续三年对龙门中学的高三考生进行考试心理辅导，结果龙门中学高考升学率连年飙升，考取的人数为1999年81人、2000年123人、2001年172人、2002年217人、2003年391人。考生的心理状态与考试成绩的关系分析：心理状态良好，临场表现超出正常考试水平。理论根据是运用了人体生物规律和心理学的研究成果。[①]

[①] 参见陈锦涛《掌握规律 调整状态 考出好成绩》2000年；广东省青少年科技教育协会《保持健康心态 考试胜人一筹》2003年。

(三) 研究成果

1. 个案辅导成功案例

某一名牌中学学生，高一入学录取成绩在平均线附近，由于不适应初中过渡到高中的学习要求，学习成绩下降；高二学年考试成绩不好，心理压力沉重；高三时，请笔者做心理健康辅导。我对她在高二的学习情况（见表6-1）先做了解，知道她初中以优秀成绩考进高中。

表6-1 个案成绩统计（分）

期中考	语文	数学	英语	综合	政治（67人）	总分
成绩（150满分）	90	55	106.5	90	78	419.5
班内名次（全班51人）	43	43	19	29	40	39
级内名次（正读271人，寄读45人）	252	280	119	220	52	253
班平均分	104.5	85.29	106	97	93.39	486.2
级平均分	102.28	95.47	105.71	102.21	94.31	500.75
标准差	-0.8	-1.33	+0.3	-0.56	-0.79	-0.64
期末考	语文	数学	英语	综合	政治（67人）	总分
成绩（150满分）	104	85	106	100	107	502
班内名次（全班51人）	38	29	33	11	27	31
级内名次（正读271人，寄读45人）	217	229	189	136	36	214
班平均分	111.44	90.58	107.9	88.07	107.04	505.2
级平均分	108.7	99.12	106.72	96.63	107.47	501.78
标准差	-0.52	-0.61	-0.04	+0.19	-0.04	-0.2

了解后，笔者从下列几个方面给予启发。

（1）建立信心。该同学是以中上成绩考进名牌中学的，说明她具有较高的学习能力。例如，英语成绩就很好，语文和政治必然可以和英语一样取得好成绩。既然文理科都不错，成绩不好则就是不适应学习阶段的变化而导致的。首先是数学掉下去，影响了其他学科也滑坡，导致其失去信心。建议她每天起来都鼓励自己：我有信心学得更好！我一定能学习好！

（2）调整学习策略。英语要维持现有水平；语文、政治要加一把劲；

理科要多向老师请教、多与同学讨论，数学不妨请家教，把成绩提上去。调整要分阶段进行，先易后难，分步到位。

每天都要有健康的心态："一张笑脸"+"一分钟鼓励"：早上起来，在镜子前对自己微笑，鼓励自己"今天的学习一定好！"见到家长、老师、同学微笑问好；上课前微笑，鼓励自己"一定能上好这一课！"晚上对镜微笑"今天很好，明天更好！"

（3）定期做好小结，调整策略。

她3个月后的一次小结如下。

一个学期过去了，刚开始确实不知道怎么安排自己的学习，每天被老师赶鸭子上架似的；但是后半个学期，特别是期中考后，慢慢会安排时间自己利用。

期末考和期中考比起来除了英语，每科都有不同程度的进步。

拿综合科做例子，吸取了期中考的教训。开始的时候老师说综合科只需要上课认真听就可以了，不用课余花时间复习，结果期中考一塌糊涂。后来，每次上完课，自己都会抽些时间看看生物和地理，考试前一个星期会把综合科所学的内容都温习一遍，所以期末考综合科考得最好，也有很大的进步。政治用了一个月时间把4本书都系统地复习了一遍，基本达到预期的目标，达到了平均分。

英语在后半学期有些放松，因为期中考上了平均分，所以想后半学期把其他科补上。但是结果表明，一放松就下滑，我不知道怎么平衡这些科目的学习，还有怎样在稳定优势科目的前提下，使其他科目有所提高。好像对其他科目投入力度大，原本比较好的科目却又不能保证学习时间而有所懈怠。这是我最大的焦虑。

数学进步最大，从-1.33变为-0.61，总结了两次考试。第一卷的基础题只要心细就能够做好，争取拿满分（60分，这次期末考就拿了60分）。而第二卷的大题，对于我来说难度还是很大，因为基础不扎实，所以题形变一变、涉及的知识一多就应付不来，换而言之是转变和综合能力差。做第二卷时，总是很慌乱，总结了一下，要先做有把握的题，不会的题最后做，拿一些步骤分。

语文，老实说，基础练习做了不少，前几次基础检测都拿了比较高的分数（全年级前100名），我也不明白为什么两次大考，基础题都错了很多，导致第一卷失分比较严重。本次语文的阅读成绩提高了很多，作文基本上稳定在平均分上（中等偏上）。

在后期的学习中，心情没有期中考前紧张，因为期末考的复习比较充分，所以考试的时候没有那么慌乱，心里比较踏实，可以说发挥还算正常。

以上是她3个月后的一次小结，可以佐证心理辅导的成果。

如此，经过几轮心理辅导，她克服了心理障碍，学会了调整学习策略，学习能力不断提高，学习成绩迅速上升，不到一年的时间，年级排名从253跃升到214，再跃升到117，提前被名牌大学录取。

2. 团体心理健康辅导

2000年5月—2003年5月，笔者应邀到龙门中学给高中毕业班做心理健康辅导，重点解决几个问题。

（1）距高考两个月，考生的心理调节原则：第一，保持适度紧张而又愉快的心情。第二，学习与休闲交替进行，文科与理科交替进行。

（2）学习应该遵从生命钟规律。人体生命钟规律是指一个人自身的体力、情绪、智力都存在着由强至弱、由弱至强的周期性变化。人体生命钟规律是人体自动调节的时间节律，它控制着人行为和活动能力的周期性变化。人体生命钟规律状态如图6-1所示。

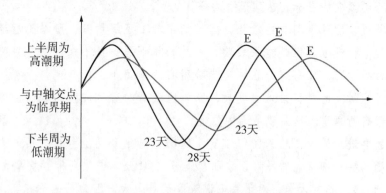

图6-1 人体生命钟规律状态

德国医生菲里斯和奥地利心理学家斯瓦波达发现了体力周期为23天，情绪周期为28天；奥地利泰尔其尔教授发现智力周期为33天。

人体生命钟规律对人的影响不容忽视的是：高潮期精力旺盛，体力充沛，心情舒畅，情绪高昂，头脑灵敏，记忆力强；低潮期疲劳乏力，无精打采，心情烦躁，情绪低落，迟钝健忘，理解力差。生命钟高潮期使人进入最佳状态，易取得理想的成绩。美国对两届奥运会的 200 名运动员进行调查，发现约有 87% 的运动员在高潮期取得佳绩。

（3）考前复习在心理上应分成的阶段。第一阶段，每科全面复习一遍，每科都要做到：写出单元、章、节的名称、内容、重点、难点、例题，写出知识结构图，准备 1～3 份有详细答案的试卷。每科用 7～8 天，有的可以用 10 天。第二阶段，每科复习第二遍，应用第一阶段写出的材料和准备的试卷自己测验，每科可以缩短为 1～2 天。临考前，每科自己测验一次。

（4）复习、考试。期间，要注意休息，保持旺盛的精神状态。学会自我调节，自我减压，使自己的心态平静，最终保持"胜不骄、败不馁"的心理状态。心理健康辅导可以帮助学生开发潜能，提高学习效率，并全面提高素质。

第五节 情绪分析与潜能开发

情绪分析[①]是后现代心理流派之一，是从心理角度开发人体潜能，以情绪为载体，综合情绪的感知功能、组织功能等，助其认识和管理情绪，并激发优势潜能与弱势潜能、提升心理弹性，以及平衡左右脑或左右躯体的潜能开发应用工具。该流派的潜能开发技术主要有穴位对冲平衡法、笔迹修炼处方、生物电诱导平衡法、脉轮情绪调理法、潜意识调和法、情绪显像平衡法等。

一、情绪分析与潜能开发概述

（一）情绪分析开发潜能相关的理论

1. 著名的割裂脑实验奠定左右脑分工理论

罗杰·斯佩里（Roger Wolcott Sperry）通过大量比较实验，科学地发

---

① 参见韩诚《6Qσ 综合素质教育手册》，北京交通大学出版社 2014 年版。

现了左右脑分别具有不同的分工，创造了左右脑分工理论，突破传统理论，解决了长期悬而未决的科学之谜，既确立胼胝体的传递功能，又新发现了右半球具有许多高级功能，证明了人的两个大脑拥有同样复杂的智力机能，有力地匡正了盛行100多年的"左半球是人脑优势半球"的传统观念。

2. 多元智能理论奠定了智能的整体观基石

霍华德·加德纳（Howard Gardner）把左右脑平衡作为一个整体观来考量，强调人人都具有八项基本的智能。他创建多元智能理论，突破了传统智力理论所依据的两个基本假设，一是人类认知是一元性；二是采用单一的、可量化的智能概念，即可以对个体进行恰当地描述。他于1983年出版的《智能的结构》中写道："我们当前评估智能的方法对于借助星象知识航海，学习外语时口语的运用，或者在计算机上作曲来说，却无法充分地评估人的潜能或成就。问题的要害与其说是出于测试的技术手段，还不如说是出于我们所习惯的认识智能的方法，出于我们对智能根深蒂固的观点。只有扩展并重新形成对人类智能的认识，我们才能设计出更恰当的评估智能的方式，也才能提出更有效的方法去培育它。"

多元智能理论对西方及全球教育的影响都是显而易见的。该理论的出现促使西方国家放弃传统简单、粗暴的智力测试方式，而广泛地应用多元智能理论。

3. 多元人格理论在实践应用中发展了多元智能理论

多元人格理论在实践应用中为多元智能理论找到了解决办法，发展了多元智能理论。多元人格理论[①]是多元智能理论与人格分析的结合体，分别以情绪维、特质维、受教育维的三维分析，通过"望、闻、问、测"找到受试者的优势潜能和弱势潜能，以情绪分析和全息思维方法为受试者量身定制"潜能开发方案"，并分阶段实施以达到目标效果的潜能开发具体解决办法；该理论强调实践应用，在应用实践方面发展了多元智能理论和我国传统的阴阳学说。

---

① 多元人格理论，是韩诚潜心研究16年，受斯佩里左右脑分工理论启发，在实践应用方面发展了加德纳多元智能理论的基础上，综合多元智能理论和五位人格所开发出来的潜能开发工具。

图6-2为多元人格图。

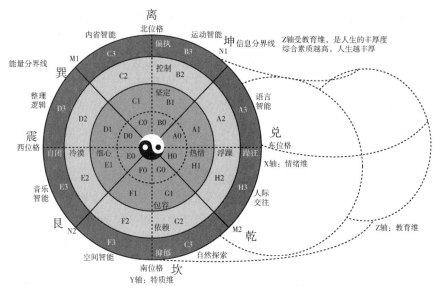

图6-2　多元人格图

（二）情绪分析开发潜能的六大核心竞争力

情绪分析与心理、潜能类产品相比较，具有六大核心竞争力。

1. 客观、量化，进步看得见

情绪分析通过潜能开发前、开发过程中以及开发之后的数据统计，分析人体生物电变化的前后对比、头发微量元素检测①、血清因子分析等科学数据，根据客户实际需要分别建立数学模型、物理模型或化学模型，使潜能开发过程客观、量化；客观化的"潜能开发方案"分阶段实施，每一个阶段都有明确的效果目标值、计划时间表等重要数据，客户全程掌控潜能开发进度与效果，进步看得见。

2. 非药物潜能开发技术，见效快、疗程短，安全且效果好

情绪分析采用非药物潜能开发技术，不使用任何口服、敷贴等药物或保健品，排除了客户对药物有副作用的担忧；该类技术具有见效快、疗程短的特点。比如，过阳证（多动）儿童，最快3个工作日就有明显

---

① 头发微量元素检测：剪取受检测者的少量头发，可测出其身体微量元素含量，通过比对分析，获得健康数据的方法。

效果，慢的也不超过 15 个工作日即可见效，有效率达 86.3%；少数超过 15 个工作日仍没有任何起色的客户，即不适用该类技术者。

3. 保持优势潜能、激活弱势潜能，潜能开发的平衡发展整体观

根据多元智能理论，每个人具备所有八项最基本的智能，人人都具有这些智能潜能，但各种智能在每个人身上的表现程度和发挥水平不同，有的表现出优势潜能，有的表现出弱势潜能。一些因发展障碍而不得不住院的人，除了具有最初步的智能外，缺乏其他所有的智能；而多数人处于这两种人之间，通常表现出某些智能很发达，而某些智能一般发达，甚至较不发达。情绪分析类技术遵循潜能开发的平衡发展整体观原则。比如，一个人可能对某一领域不在行或不精通，在接受合理的潜能开发之后，每个人都有能力使自己所有八项智能发展到一个适当的水平。

4. 专业的情绪管理工具，提升专注力，技术领先

情绪分析包含系统的专业情绪管理工具，尤其体现在分析激活并延迟松果体退化[①]、间脑开发等方面，并有助于提升专注力。该类技术在国内处于领先水平。

5. 本土心理与潜能结合的应用技术，适合我国文化特征

文化、习俗等对心理的影响不可小觑，心理弹性比较低的人，对环境的适应能力较差。情绪分析根植于本土文化，从心理角度开发人体潜能，更适用国人的情绪特征。

6. 对过阳证和过阴证等左右脑失衡严重者有显著效果

左右脑失衡理论[②]产生于阴阳理论。左脑是理智脑，也叫 IQ 脑，代表阳；右脑是情绪脑，也叫 EQ 脑，代表阴。左脑过于强大而右脑过于弱小，或右脑过于强大而左脑过于弱小，都是阴阳失衡，对人体的健康都没有好处。情绪分析实践证明，该类技术对过阳证（多动）和过阴证（自闭）等左右脑失衡严重者有显著效果，技术使用也已成熟。

---

① 人的松果体在 7 岁左右开始退化。

② 左右脑失衡理论是韩诚 2006 年初提出的精神类疾病主要产生原因的基本假设，指当人体的左右脑严重失衡到右脑无法制约左脑的情绪而阴阳失控时，便产生偏执狂、躁狂症等精神疾病；当左脑无法制约右脑的理智而阴阳失控时，便产生抑郁、恐惧症等精神疾病。其中，过阳证（多动）和过阴证（自闭）与左右脑失衡密切相关。

二、情绪分析应用技术：情绪显像平衡法简介

（一）操作适用对象

适用8岁以上所有非精神疾病人员的情绪平衡，尤其是适用于情绪亚健康者。

（二）学习目标

通过情绪显像平衡法的学习，掌握该技术的基本原理和操作方法。

（三）基本原理

不良情绪是阻碍潜能开发的重要因素，身体是情绪的感受器，身体里任何部位受到情绪堵塞的不同程度都可以在潜意识情景下感知出来，然后运用情绪分析的阴阳平衡方式予以恰当处理，达到身体的潜能平衡。

（四）准备工作

（1）一间安静的房间，工作期间不能受到外界干扰。
（2）配备音箱设备、有靠背的椅子。
（3）通常由专业人员引导操作，专业人员也可以自己对自己操作。

（五）工作程序

1. 静坐放松

放松可在背景音乐中进行。

静坐放松引导语（仅供参考）："现在请依照我的引导，以最舒服的姿势坐在椅子上，放松你的身心，来开始这一次静坐放松。首先把你的心情放松下来，然后把头顶轻轻地往上顶一顶，好像要把脊椎拉直一般，但要注意你的脖子不能僵硬；然后，把你的注意力放在头顶上，想象整个头皮都松下来，发挥你的想象力，想象就可以做到；接着，把你的注意力移到额头，把眉头轻轻舒开，想象额头向四方都松散开来；然后把注意力移到整个脸部，把整个脸颊里面的力量都松掉，想象它越来越松、越来越松，充满欢乐和自在；讲到哪里你就松到哪里，然后把注意力放到两边的太阳穴，想象太阳穴渐渐松开来。

"现在，放松你的后脑勺，运用你的想象力，把它慢慢地松下来；检查你的脖子是否已经放松，不要僵硬，想象它慢慢地放松下来；肩膀不要往上举，想象两个肩膀一起下沉，自然地下沉，除了脊椎还挺立之外，不要负担哪怕一丁点的力量；想象两只手像绳子一样挂在肩上，完全自然地下垂，不要用力，从手臂一直放松到指尖，慢慢地放松下来，最后像绳子一样的挂着；想象整个胸腔都松开，不论胸腔里面正有多少感受在发生，都让它发生，不要急着调息，没有关系；想象你的背部，除了脊椎还打直之外，把其他的力量都统统卸掉；检查整个腹腔，看看有没有出力，把力量通通卸掉，通通松开来；臀部，只是静静地承受着身体的重量，其他什么力量都不要，检查臀部与大腿交接处的髋关节，看看有没有出力，把力量都卸掉。放松大腿、小腿，然后一直到脚掌都放松下来。"

2. 身体扫描

身体扫描引导语（仅供参考）："想象一束白光从头顶进入到你的身体，明亮的白光，它将帮助你扫描身体里不舒适的地方，检查你身体的各个器官。如果你已经感受到了白光，或者白光已经从头顶进入到你的身体里，你可以动动右手的大拇指。

"白光经过你身体的器官，可能会产生酸、麻、胀、痛、痒等感觉，这是白光在扫描身体，是白光与情绪堵塞的部位遭遇时所产生的感觉；如果你有这些感觉，不要惊慌，请与这些感受待在一起，慢慢地感受它，你所感受到的酸、麻、胀、痛、痒会慢慢消失。下面，我们继续身体扫描，白光开始扫描额头、两颊、整个头部，白光所经过的地方，会让你更加放松。白光来到颈部，检查喉咙、脖子，如果你喉咙有痒痒的感觉时，请和这种感觉待一会儿，慢慢地感受它；如果没有，请继续往下走，让白光来到你的肩膀。检查你的肩膀是否有酸酸的感觉？如果有，请与它一起待一会儿；如果没有，我们继续往下走。现在开始扫描你的胸腔……"直到整个身体扫描完成。

3. 情绪显像

情绪在人体中堵塞感觉最严重的地方是心轮①，这是情绪显像处理的重要部位。情绪过当或情绪缺失的人，胸口经常产生堵、闷、发慌、气喘等感觉者，当白光扫描到这里时，有轻微的酸胀感觉，严重的有刺痛

---

① 心轮：脐轮之上即是心轮，它有八条支脉。

感，比较难受。情绪显像，就是用具体而确切的描述，把心轮的感受描述出来。具体方式有五种。

（1）颜色。情绪过当或情绪缺失的人，感受到的颜色通常为黑白色，而正常人所感受到的情绪是多彩且丰富的颜色。

（2）形态。根据情绪堵塞的严重程度不同，所感受到的形态也不同。通常有三种形态，轻微时为气体状态，较严重时为液体状态，严重时为固体状态。

（3）形状。奇形怪状且很多尖角的人，情绪过当或情绪缺失相对较为严重。

（4）大小。能感受到的硬块越大，情绪堵塞越严重。

（5）软硬。感受到的硬度越硬，情绪堵塞越严重，尤其是感受到十分坚硬的物体，表明堵塞的时间已经很久了。

4. 情绪平衡

情绪平衡即通过引导，让感受者把自己所感受到的真实情况描述出来后，通过标明情绪、感受和拥抱情绪，然后转化情绪的一系列过程。

情绪平衡的目标与方向：把单一的颜色转化为丰富多彩的颜色；把固态、液态等形态逐步转化为气态；把尖角打磨圆润；把大的硬块慢慢变小，甚至变成没有。整个过程的时间控制要结合情绪感受情况，不同的人用时不同，不可事先规定时间或过多限制，以人为本、因人而异。

5. 效果评估

情绪显像平衡法操作结束后，再次引导身体扫描，分别对照情绪平衡前后的差别，谈论身体变化的感受，做出效果评估并记录存档。

（六）注意事项

（1）不对6岁以下儿童用情绪显像平衡法。

（2）患有精神疾病类人员，不适用情绪显像平衡法。

（3）情绪平衡法操作过程中，引导者要时常观察肢体语言，引导要与内在的感受及时匹配，不能过快，也不要慢太多。

第六节
"第六感"——脑感潜能

脑感课程是近几年风靡全球的脑力潜能开发训练的新课程,在美国、加拿大、俄罗斯、英国、法国、德国、日本、韩国、新加坡、马来西亚、澳大利亚等国家备受追捧和重视。

脑感(即第六感)的启发被誉为21世纪人类进化的新标志。

图6-3为大脑与身体的关系。

一、脑感概念和启发意义

(一)脑感的概念

脑感,亦称"第六感"、直觉,别称第三只眼、天眼、盲视力、非眼视觉、灵脑开窍、脑感应(HSP)、超能力(ESP)等。它是除了眼睛(视觉)、耳朵(听觉)、皮肤(触觉)、

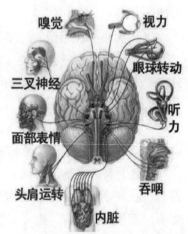

图6-3 大脑与身体的关系

鼻子(嗅觉)、舌头(味觉)等五感之外的第六感官,因此被称为"第六感"。

(二)脑感启动的过程

脑感启动时,会出现明点(就是脑功能受调频激荡所产生的屏幕效应),继而形成一团如日如月般明亮的光团,借此光可蒙着眼去感知任何物体,即所谓的"智慧之光"。(见图6-4)此光不断地培养、训练,人脑会以无止境的自我释放分泌一种未知的快乐愉悦因子(荷尔蒙、多巴胺)去呵护滋养脑屏幕,脑

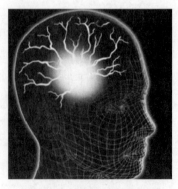

图6-4 脑感启动示意图

屏幕一旦形成，就能闭眼蒙眼感知万事万物，甚至还能感知我们眼睛所不及的事与物。

（三）启发脑感的意义

孩子们通过科学的量子波动物理启发原理训练，可以快速开启间脑（原始脑）的自我潜能。间脑为左右脑的支配器、桥梁，亦是开启潜意识的一把钥匙。如若间脑得到启发，那左右脑就可以相互平衡，沟通内外，可以高速地引导左脑逻辑和右脑的图像性记忆，从中受惠。学会自由操纵间脑来联系左右脑功能，就可以数十倍地提高学习效率，最大限度地发挥全脑能力。脑感启发后，小孩不但能获得非凡记忆力，还能开发出全脑的巨大潜能，从而提升专注力、记忆力、想象力、创造力等。科学超人尼古拉·特斯拉就是启发了脑感的人类代表。

孩子们只要遵照脑感启发自我脑力训练法自行锻炼，一段时日之后，便会发现孩子在各方面的能力都有显著的提升，尤其是记忆与吸收知识的能力，能达到快速记忆、高效吸收的效果。人脑功能为一整体，左脑是理性脑，掌握语言、文字、符号、分析、计算、推理、判断，它的思维方式以抽象思维和逻辑思维为主；右脑是感性脑，掌握音乐、绘画、想象、创造等，它的思维方式以形象思维和直觉思维为主。间脑（原始脑）能使头脑各部分的分工得以相互联系、无意识的整合统一。

二、脑感的感知原理

量子物理学创始人马克斯·普朗克的"波动理论"告诉我们，世间万物都处在波动的状态中，各自拥有一定的波长和固定的频率。不仅人们周围的物体呈波动状态，就连各种文字、声音、图像，以及我们的心理变化和情感活动也呈现为一种波动状态。

（一）任何物体都会发出波动

人脑接受了这些波动信息，将它随着神经冲动传达到大脑的视觉皮层，经过对信息的进一步加工，出现图像，产生意识，眼睛看到什么，头脑同样能感知到什么。由于不是用眼睛看物，即使用好几层布来蒙着眼睛，经过脑感潜能开发的小孩，仍然能够辨别面前的物体与文字。人类这种功能的出现，类似蝙蝠的超声波和海豚的声呐功能。

（二）人类正进入一个新的进化阶段

著名物理学家霍金曾说："我们正进入一个新的进化阶段，成为同时拥有人类远祖的间脑机能、古代人类的右脑机能和现代人左脑机能的全脑能力新人类。"[①]

（三）间脑的机能

间脑，亦叫原始脑，位于人脑的中央，大部分被大脑两侧半球所遮盖，只有在脑的腹侧面才能观察到间脑的一部分。有关间脑的机能，现在人脑生理学的范围内尚未得到解释，但事实上间脑是人的意识和记忆的中枢，没有间脑，人就不能进行有意识的记忆。间脑是重要的感觉整合机构，它是感觉冲动传向大脑皮层的"转换站"。间脑在维持和调节意识状态、警觉性、注意力方面也起重要作用，而且与情绪联想、特殊形式的激醒和运动整合中枢有着密切关系，间脑为整合左右脑的平衡起着相辅相成的桥梁作用。

三、脑感启发与心理潜能

人的脑感一旦得到启发，可大大地提升专注力、学习力、创造力与想象力，改善个性，提升情绪稳定能力，平衡左右脑功能，增强记忆力和自信心，减轻在学习中的压力，提高灵商与悟性等。脑感潜能开发的好处，具体体现在十个方面。

（一）脑感启发是开启脑潜能的钥匙

间脑是意识的控制中心。开启间脑就是开启潜能的钥匙。比如，波动速读能力、心像想象能力、意念感知能力等，都是高速潜意识力量参与的结果。

（二）平衡左右脑功能（IQ及EQ）

间脑是左右脑的支配器与桥梁，占主导地位。若得以启发，那么左

[①] 转引自（英）戴维·费尔津《霍金的世界》，海南出版社2009年版，第87页。

右脑就可以相互平衡，沟通内外，从引导左脑逻辑和右脑图像性记忆中受益。

（三）增强记忆力与吸收知识能力

学会自由操纵间脑来联系左右脑功能，就可以提高学习效率，最大限度地发挥大脑能力。孩子不但能获得非凡记忆力，还能开发右脑的巨大潜能，提高知识吸收能力。

比如，9岁的男孩郑明讲："从前，我很好动，注意力不集中，学习不专心，妈妈说我做功课漫不经心，脑子不开窍。经过脑感启发开窍后，我能用脑波感知课本上的文字与颜色，背书也比以前好多了，老师要求背诵的课文，一般只要读两三遍就能背下来。我从来都不知道自己有这么好的记忆力，上课时的注意力集中了，自信心也强了！"

（四）提升自信心与专注能力

由于发挥大脑的神奇潜能能够提升学习能力，孩子的自信心会明显提高。操纵间脑发挥功能需要专注力，蒙眼的作用就是提高孩子的专注能力。脑波测试显示，在蒙眼状态下，孩子的大脑处于高度专注的状态。比如，尤同学，男，7岁，平时沉默少言，自卑，自信心不强，注意力不集中。他于2012年11月开始启发脑感，大大增强他的自信心和专注力；随后的学习成绩也提高了许多，从原来六七十分到如今能考到七八十分，有时超过九十几分不等。

（五）提升创造力与想象力

提升并丰富孩子头脑中图像的储存，因为图像是想象的基础材料。所以，谁头脑中的图像积累得多，谁就有更多的进行想象的资源。在日常生活中，要启发孩子多观察、多记忆形象具体的东西。例如，去博物馆参观、到郊区游览、参观各种公益活动、走亲访友等，都可以记住许许多多的图像。为了记得多、记得准、记得牢，可以请孩子用语言描述，或者家长与孩子相互描述；还可以通过写日记，把头脑中的图像再现出来。文学作品、电影、电视节目中形象化的东西特别多，让孩子有意识地留心各种各样的人物形象和景物形象，有利于增加图像的积累。脑感启发可以让孩子强大的心像能力得到开发，能够在脑内看到图像，想象的画面也能够触手可及。

总之，为了发展孩子的智力，开发其潜能，必须重视其想象力的培养。当孩子的头脑插上想象的翅膀时，他会飞翔得更高更远。

（六）提升情绪稳定能力

脑感的启动可以平衡左右脑的功能，加强左右脑信息的连接，让理性思考与感性思维平衡发展，从而逐步改变孩子的情绪化行为。通常经过3～6个月的持续训练，就能够看到孩子在情绪控制力方面的变化。

（七）开发孩子的灵商

有灵性的孩子在学习中，能够做到触类旁通、举一反三，甚至有时妙语连珠。这些都是一个孩子灵性的反映，称为灵商。启发脑感，孩子就能打开心灵的窗口，不仅是用眼睛去看，还能用心去感知。这种感知不是一般意义上的"看"，还包括对细微变化、感情与时空的感知力以及思维速度上的提升。这些方法有助于提高孩子的灵性和悟性。

（八）保护孩子的眼睛

随着生活方式的改变，由于种种原因导致孩子近视、弱视、散光等问题非常突出。脑感潜能有助于培育孩子观察、思考和探索的兴趣，让孩子自觉远离各类电子产品的不良影响。

（九）提升应变自救能力

脑感潜能经过开发会在运用3～6个月后逐步稳定，同时更多潜能也会得到发展。这些能力对于提高孩子在突发状况中的应变与自救能力，有着非常重大的意义。

（十）减轻学习压力

通过不断地重复练习，就能激发孩子脑力潜能，大大减轻孩子在学习上的各种压力，提升其学习效率和成绩。

比如，黄同学，女，湖南永州人，8岁，小学3年级。2012年7月26日参加脑潜能启发训练，后经过十几天的不断练习，其记忆力、自信心、专注力大大提升，原来在班上排二十几名，期末考试时上升至第

4 名。

在经济全球化的今天，怎样实现"中国制造"到"中国智造"的飞跃，做出真正拥有自主知识产权的核心产品呢？这必须在脑力潜能及思维培训等方面下大功夫。为促进孩子们的专注力、想象力、创造力、记忆力、学习力的提升，随着社会发展需要和与国际教育潮流的接轨，虽然对于脑感潜能认识者并不多，现也越来越受到业界的重视和推广。

第七节 心态文明与潜能机制

文明，是有历史以来沉淀下来的，有益增强人类对客观世界的适应和认知、符合人类精神追求、能被绝大多数人认可和接受的人文精神、发明创造以及公序良益的总和。[①] 智慧生物为更好地认识世界而团结协作，就构成了文明的物质基础。也就是文明存在的前提是智慧生物。其余由智慧生物创造出的各种现象只是文明的附属品。如果上升到理论高度来讲，这符合以人为本，是当前构建社会主义核心价值体系的根本要求。在现实生活、学习和工作中，构建文明的心态是生态文明建设的重要组成部分，也是时代的需要，心态文明由此应运而生。所以，这里主要是阐释心态文明与潜能机制的问题。心态文明是指人类在发展过程中在对人与自然之间或人与人之间关系和矛盾正确认识的基础之上，不断克服人类活动中的负面效应，建设有序良好的运行机制和良好的环境所取的世界观与价值观。

一、社会主义核心价值观需要心态文明

党的十八大提出社会主义核心价值观是"富强、民主、文明、和谐；自由、平等、公正、法治；爱国、敬业、诚信、友善"。用社会主义核心价值体系引领社会思潮、凝聚社会共识，具有重要的理论意义和实践意义。社会主义核心价值观是社会核心价值体系基本理念的统一体，直接反映核心价值体系的本质规定性，贯穿于社会核心价值体系基本内容的

---

① 参见邓晓青《文明，洋溢在我们周围》，载《咸阳日报》2005 年 3 月 30 日。

各个方面。社会主义核心价值观是社会主义核心价值体系最深层的精神内核,是现阶段全国人民对社会主义核心价值观具体内容的最大公约数的表述,具有强大的感召力、凝聚力和引导力。虽然,当前全党、全国各族人民对社会主义核心价值体系基本内容进行了凝练,认同了理论创新成果,但在社会主义初级阶段,文化多元,思想、道德复杂化。所以,倡导人们的心态文明是十分重要的。

(一)富强、民主、文明、和谐

"富强、民主、文明、和谐"是我国社会主义现代化国家的建设目标。富强,即民富国强,是社会主义现代化国家经济建设的必然状态,是国家繁荣昌盛、人民幸福安康的物质基础。民主,是人类社会美好的诉求,其实质和核心是人民当家做主。这是社会主义的生命,也是创造人民美好幸福生活的政治保障。

文明是社会进步的重要标志,是现代化国家的重要特征,是现代化国家文化建设的应有状态。民族的科学的大众的社会主义文化的概括,是实现中华民族伟大复兴的重要支撑。和谐,是中国传统文化的基本理念,集中体现了学有所教、劳有所得、病有所医、老有所养、住有所居的生动局面,是经济社会和谐稳定、持续健康发展的重要保证,必然带动人们的心态文明,心态文明又反过来促进国家民族的富强、民主、文明、和谐,彼此相辅相成。

(二)自由、平等、公正、法治

"自由、平等、公正、法治",这四方面是对美好社会的生动表述,是中国社会主义的基本属性的反映,是党和国家长期实践的核心价值理念。自由,是指人的意志自由、存在和发展的自由,是人类社会的美好向往,也是马克思主义追求的社会价值目标。平等,是公民在法律面前一律平等,价值取向是不断实现实质上的平等,要求尊重和保障人权,人人依法享有平等发展的权利。公正,是社会公平和正义,以人的解放、人的自由平等权利的获得为前提;是国家、社会应然的根本价值理念。法治,是治国理政的基本方式,依法治国是社会主义民主政治的基本要求;法治是维护和保障公民的根本利益,实现自由平等、公平正义的制度保证。这些都是启迪心态文明的根源。

(三) 爱国、敬业、诚信、友善

"爱国、敬业、诚信、友善",是公民基本道德规范,包含社会道德生活的各个领域,是公民必须恪守的基本道德准则。评价公民道德行为必须有基本的价值标准。爱国,是个人对祖国依赖关系的深厚情感,是个人与祖国关系的行为准则。要求人们以振兴中华为己任,促进民族团结、维护祖国统一、自觉报效祖国。敬业,是对公民职业行为准则的价值评价,公民要忠于职守,克己奉公,服务人民,服务社会,体现社会主义职业精神。诚信,是诚实守信,这是人类社会千百年传承下来的道德传统,也是社会主义道德建设的重点内容,强调诚实劳动、信守承诺、诚恳待人。友善,强调公民之间应互相尊重、互相关心、互相帮助。

社会主义核心价值观的基本理念和具体内容是很全面的,需要心态文明的支撑、贯彻、践行。社会主义核心价值观提出以来,已经初步取得良好成效。党中央深刻地把握积极培育和践行社会主义核心价值观的重要性,成效是明显的。因此,努力倡导全社会的心态文明势在必行。

二、倡导心态文明与开发潜能机制

心态文明是指人类在发展过程中,对人与自然之间或人与人之间关系的矛盾,在正确认识的基础之上,不断克服人类在活动中的负面效应,建设有序的良好运行机制和良好的环境所需的良好的、正确的世界观和价值观。始终保持着一种良好的心态,这是一个正常人自然生存并可持续发展的必要条件。

机制是一个多义词,它原来是指有机体的构造、功能及其相互关系;机器的构造和工作原理。"机制"一词最早源于希腊文。在社会学中的内涵可以表述为,在正视事物各个部分存在的前提下,协调各个部分之间的关系以更好地发挥作用的具体运行方式。生物学和医学通过类比借用此词,指生物机体结构组成部分的相互关系,以及其间发生的各种变化过程的物理、化学性质和相互关系。机制现已广泛应用于自然现象和社会现象,指其内部组织和运行变化的规律。

这里把机制的本义引申到倡导心态文明领域,就产生了这方面的机制。正如机制引申到生物领域,就产生了生物机制;引申到社会领域,就产生了社会机制。

心态文明通过类比借用"机制"一词。心态文明学旨在研究心态的功能，分析它在"机制"当中的活动作用。"机制"这个概念用以表示有机体内发生的生理或心理变化时，各器官之间相互联系、作用和调节的方式，通过开发潜能起作用。正如人们将"机制"一词引入其他学科的研究，用该"学科机制"来表示在一定学科机体内，构成各要素之间相互联系和作用的关系及其功能。

心态文明是一种具体的运行方式。机制是以一定的运作方式把事物的各个部分联系起来，使它们协调运行而发挥作用的。潜能在机制中起激励、启迪作用。从机制运作的形式划分，一般有三种：一是激励机制，调动管理活动主体积极性的一种机制；二是制约机制，保证管理活动有序化、规范化的一种机制；三是保障机制，为管理活动提供物质和精神条件的机制。这几种类型的机制实际上是相互联系和相互渗透的，只是为了分析问题的方便才做了这样的划分。

机制的载体，或者说是通过什么形式建立，依靠怎样的方式实现它的作用？这关系到机制的建立，一靠体制，二靠制度。这里说的体制，主要指的是组织职能和岗位责权的调整与配置。体制、制度是开发潜能的机制形式。机制广义上讲，包括国家和地方的法律、法规以及所有组织内部的规章、制度。通过与之相应的体制和制度的建立与变革，让机制在实践中得到体现。

通过建立、改革体制，达到转换机制的目的；通过建立适当的体制，可以形成相应的机制。例如，个体自立发挥智慧和集体攻关是两种不同的体制；在两种体制之下，形成了截然不同的科研运行机制形式。比如，现行社会保障体制与计划经济条件下的企业员工退休制度是截然不同的两个体系，现行体制对运行机制的旧体制必须统筹革新，有利于启迪心态文明。

在机制的形成上，体制的作用更加直观。比如，用人制度和分配制度改革在内部竞争、激励机制的建立过程中首当其冲，监察、审计制度在监督、约束机制完善方面也发挥着不可替代的作用。

机制的构建是一项复杂的系统工程，各项体制的改革与完善不是孤立的，也不能简单地来解决，不同层次、不同侧面必须互相呼应、相互补充，这样整合起来才能发挥作用。更要特别重视人的因素，体制必须合理，制度必须健全，执行的人必须按章办事，机制才能到位，机制才能真正起到应有作用。

机制在心态文明中的内涵可以表述为在正视事物各个部分存在的前提下，协调各个部分之间关系以更好地发挥作用的具体运行方式。结合"潜能的开发"，机制的作用就如虎添翼。

三、潜能机制对心态文明的作用

开发潜能机制，启迪心态文明是离不开体制和制度的，也就是说，离不开管理的规管秩序，宏观方面，是指宪法、党章，微观方面是指群体规范、条款。在管理的一切要素中，人是最活跃、最积极的能动主体，管理的根本任务在于调动人的积极性与创造性，最大限度地挖掘人的潜能。管理的要义在于得人，得人之道在于得人心。在管理越来越走向科学化和法制化的时代，现代管理日益陷入"治心"与"治身"的矛盾冲突之中。一方面，管理效率的基本方面在"治身"，按照秩序和程序要求人的行动，使人的行为规范化；另一方面，管理效率在于"治心"，主要是提高人的素质。

美国心理学家马斯洛编写了《人的潜能和价值》一书，这是有关人本主义心理学的著作。本书主要选录了马斯洛有关人本心理学价值观点的文章，也有人本心理学的代表人物、著名的心理治疗家和教育改革家罗杰斯的文章，还有心理分析社会学派代表人物弗洛姆、机体论或整体论学说的代表人物哥尔德斯坦等人的论文。在这本著作中，提出了融合精神分析心理学和行为主义心理学的人本主义心理学提出的美学[1]。

他们从不同角度论证人的心态文明，对促进社会进步有巨大影响，主要是阐释人的动机与人格的关系。对存在心理学的探索，及人性能达的境界等方面都做了较深透的阐述；还把美学思想融合在其心理学理论中，说明人的潜能和社会价值是相通的。人的需要的等级越高，就会使人更少自私，因此创造潜能的发挥具有最高的社会价值。只有充分实现全部潜能或人性全部价值的人，才能成为自由的、健康的、无畏的人，才能在社会中充分发挥作用。理想社会的主要职能在于促进人的潜能的发挥。

从这些概括中可以归纳出一个核心的问题，即价值和潜能的关系问

---

[1] 参见（美）马斯洛《人的潜能和价值》，华夏出版社1987年版，第326页。

题。这些人本心理学家认为,潜能促进人的高尚价值,产生心态文明;心态文明是人生价值增值的基础。人有高于一般动物的多种潜能,因此,人也有高于一般动物的多种价值。能量需要释放,潜能需要发挥,这是自然的倾向。例如,健壮的人喜欢发挥自己的体能;有爱的能力的人才有爱的需要;有智力的人,必然要开发潜能的价值,使智力得到更好的发挥,进行领先的创造活动。所以说,潜能决定人的自身价值,决定人的心态文明。潜能的发挥,是价值的实现,是人的高度发展。

人的中枢神经系统是人的高级潜能,也是人的价值的突出特征。由于人有中枢神经系统,人还能认识到自身的潜能和价值,这也是人高于一般动物的一个突出特征。这有助于人主动实现自身的价值,实现心态文明。人在自己的本性中亦有这种"迫切趋向",这反映人性的完善实现。这就是人本心理学的潜能论和价值论的基本要点。从这里看出,人本心理学提出的人性论、价值论的重要作用,在于能够助长人的心态文明。

社会主义社会的理想职能主要在于促进人的潜能机制的发挥。我们可以从中概括、归纳出一个核心的问题,即价值和潜能的关系问题,即人的心态文明与人的潜能机制关系。人的潜能机制是心态文明价值的基础。基础夯实,中华民族伟大的复兴就会顺利实现。

四、心态文明是落实核心价值观的重要环节

自然环境状况决定于生态文明,生态文明基于人的心态文明,它源于认知文明。只有心态文明,才能在正确造就人与自然的关系和人与人之间的合理行为以及日常的生产、生活中,提高生态文明的自觉性,增强节约意识;环保意识和生态意识,如果缺失了心态文明,生态文明、精神文明等就很难最终实现。只有心态文明了,才能保证生态文明,自然环境、社会环境才会和谐,推进社会主义核心价值体系建设才有充足的力量。

心态文明,反映出良好的心态有着特别重要的意义。不良的心态会影响到自身的行为方式。努力提高个人修养是保持良好心态的基础。坚持正确的人生观、价值观,不断寻求正确的认识问题、处理问题的思维方法,保持良好心态,才会有心态文明。

首先,只要自己认为该做的事情就坚持做,有时看起来是吃点亏,但吃亏的事也要坚持做到。久而久之,就会享受到这种有原则的心态和

生活方式的好处。

其次,判断人情世故与周围环境的好坏,需要确实可靠的证据,如果没有确凿的证据,不一定要把环境或别人说成是坏的。当然,任何事物都不可能百分之百完美,遇到的恶劣环境、坏人的概率可能不低。但是,在学会一些最基本的风险防御知识以后,便会有认为处境不会太坏、别人不是坏人的认知;自己行得正、想得正、心平气和、心安理得,有所防御,就会形成"任凭风浪起,稳坐钓鱼船"的心态。

再次,人与人之间,求同存异是常事,遇到分歧是不可避免的,应该尽量还原对方的立场来理解对方的想法。不妨尝试以换位思考的方式进行人际沟通,这样的行为方式,会减少很多不必要的冲突。

最后,乐善好施、与人为善是为人处世的高尚品德,即使能力做不到大量的布施,也要做到随时愿意帮助别人一些力所能及的小忙。举手之劳的助人也是非常快乐之事。

积极乐观的心态对身心健康和工作都起着重要的作用。乐善好施、心态文明对心理健康和身体健康都起着不可估量的作用。然而,在日常生活中,经常会遇到各种麻烦和困扰。例如,工作不称心,事情处理不公平,经济条件不宽裕,健康欠佳,期望中的事情落空,好心得不到好报,受冤枉挨批评,等等。面对诸如此类的心烦琐事,如果保持积极的心态,看得远,想得开,心胸豁达,妥善对待,正确处理,就会消除前进路上的障碍,心情舒畅。反之,则越想越气,自控能力减退,甚至情绪失控,日积月累就会影响到身心健康,并引起各种各样的心理疾病。必须排除各种障碍,以健康的心态对付问题与困难,注重心态文明。

第一,要坦然面对现实。在快节奏的生活中,面临种种压力,要敢于面对现实,正视现实,不论何时何地,都应该端正自己对生活、工作与学习的态度,凡事采取积极的思维、积极的语言、积极的活动。把压力当作一种挑战,才会有利于人的身心健康。

第二,保持乐观的心情。俗话说:"笑一笑,十年少。"乐观的情绪不仅能使人显示出青春活力,还将有助于增强人的机体免疫力,哪怕是一瞬积极的微笑,一个积极的手势,或者一次积极的暗示,都会有助于形成积极乐观的心态。

第三,抛弃怨恨,学会宽容。人在生活中,怀有怨恨的情绪是常事,但这样很容易引起心理障碍。应该学会热情地生活、愉快地工作、轻松地学习,以乐观豁达的胸怀真诚地为他人服务,为别人送幸福。因为把幸福带给他人的时候,幸福也就悄然降临到自己的身边。

第四,富有幽默感。有人说幽默是"特效紧张消除法"。健康人格的标志之一是宽宏大量。例如,当遇到不愉快的事时不是抑郁寡欢,而是谈笑风生,顿时,心中的伤痛忧虑也就随之烟消云散。经常与朋友在一起谈吐幽默,会使人消除紧张、焦虑情绪,协调脏腑机能,有利于身心健康。幽默性格也有助于事业成功。

第五,善于广交朋友。孤家寡人的性格对健康十分有害,易患心血管及神经系统的疾病。人生在世,家庭、工作环境和社会交往是影响生活质量的重要因素,人需要拥有一个和睦温馨的家庭、和谐的工作环境,但不能忽视了社会交往的重要性。有人以为,少交往就会避免是是非非。但是,如果在生活中没有与他人的交往,没有朋友,就会性格孤僻,精神沉闷,生理机体缺乏活力。只有真善美的人际关系,才能使人心胸宽广,气度非凡,超凡洒脱。与志同道合的朋友畅叙衷肠,能解除许多烦恼,是人生的一大乐事。

第六,拥有爱心。"只要人人都献出一点爱,世界将变成美好的人间。"爱心有助于自己的身心愉快。助人为乐可以广交朋友,也是人生的一大乐事。

第七,拥有爱好运动的心态。生命在于运动,运动对促进人的健康长寿的作用不可低估。脑力活动和体育运动都应归为生活运动。看书、写文章、做科研等是有积极意义的脑力活动,能够促进大脑中枢神经细胞的健康和生长发育;而田径、球类、健美等体育活动,能够使人精神愉快,富有朝气,使血液循环系统和机体功能得到增强,从而提高人的生活质量,增强心态文明。

小 结

人的潜能有两种,一种是心理潜能,另一种是生理潜能。对于心理潜能人们一般都狭隘地理解成意志的激发。的确,意志最能够体现人的意识能动性,有恒心有毅力有信心的人往往能够做到很多看起来不能做到的事情。但是,心理潜能不仅仅是意志,任何心理活动都还有相当多的能量没有被挖掘。这也就是说,在一般情况下,任何心理活动都存在着潜能，这些潜能往往能够通过特殊的训练逐步释放出来。对于绝大多数人，能力发展不均衡，潜质也不均衡。每个人各有其特点。发挥自己的前提是认识自己、智慧人生。

本章通过七个要点，即心理潜能的开发策略、《易经》智慧与心理辅导、笔迹修炼处方、开发学生心理潜能研究、情绪分析与潜能开发、"第六感"脑感潜能、心态文明与潜能机制的阐述与剖析，来激发学习者提高认识、学习技巧，培养在心理潜能中的感受力和领悟力。

思考题

1. 谈一谈对心理潜能的理解和认识。
2. 心理潜能开发的七大策略是什么？
3. 结合实际，就自己近期的一个目标，用七大策略，拟出潜能开发的具体方案。并积极行动，以快速实现目标。
4. 谈一谈自己对周易的理解、对易经的"三易"原则的认识、易经与心理学的关系、易经与心理辅导的作用。
5. 什么是笔迹修炼？什么是笔迹修炼处方？
6. 谈一谈对笔迹分析三大基础的认识，对笔迹分析的七大特征的认识，对笔迹修炼的"十六点书写建议"的认识，对笔迹修炼及其原理的认识。
7. 结合自己的成长历程，反思中学阶段的学习情况。
8. 谈一谈自己对中学生阶段心理潜能开发的认识。
9. 运用多元人格理论测试自己的优势潜能和弱势潜能，并简述解决办法。
10. 谈一谈自己静坐放松后的感受。
11. 为什么患有精神疾病的人员不适用情绪显像平衡法？
12. 谈一谈对脑感潜能的认识。
13. 脑感潜能的实质意义是什么？
14. 脑感启发与心理潜能的关系是什么？
15. 什么是心态文明？它有哪些具体特征？
16. 心态文明与身心健康有什么关系？
17. 简述心态文明与潜能机制的联系。

第七章 健康潜能

健康潜能是以人体阴阳学说、经络理论、左右脑分工理论等潜能开发理论为指导依据，通过非药物能量调理，运用X形平衡法、穴位对冲平衡法等潜能开发技术，激活人体内强大的"内药库"，达到人体阴阳平衡和健康幸福的目的。

潜能开发学作为一门专门研究人的潜能的独立学科，与生物学、心理学、医学、教育学、社会学等学科有密切关联；而健康潜能与心理学、医学等学科在人体潜能方面有诸多交集，但也存在着明显的区别。健康潜能与医学的区别，重点在于健康潜能属于非药物能量调理，而医学多使用药物治疗。健康潜能与心理学的区别，在于健康潜能提供的是一套系统、客观量化的可测量指标，尽可能降低测试者的主观因素，可以通过数学建模、物理建模和化学建模等方式实现；心理学则难以达到这一目标。

人体自身免疫力、康复的功能在人类进化和蜕变过程中早已完善，但这往往被人们忽略并淡忘了。人们的健康完全依赖药物、保健品，是人类追求健康产生的惰性。本章介绍了X形平衡法、穴位对冲平衡法等技术，通过健康密码、保健养生知识介绍，初步阐述了健康潜能的方法与原理。

第一节 《黄帝内经》——祛病的钥匙

人体内部与生俱来就存在着一个"大药库",人人都是"医药的亿万富翁",而开发这个人体潜能大药库的钥匙就是周氏 X 形平衡法。这个大药库也就是我们身体自带的内药。下面就从内外药的关系、内药的重要性、内药的开发钥匙 X 形平衡法、心药的重要性、穿衣吃饭等方面论述人体健康潜能开发的方法。

周尔晋提倡,人体内部与生俱来就存在着一个取之不尽、用之不竭的大药库,人人都是"医药的亿万富翁",只是不知如何开启与使用而已。

如果中药、西药等都看成是外药,那么我们人体内部自有的就是内药。天人合一,外面是一个大宇宙,人体是一个浓缩的小宇宙。既然我们身体储藏着这么强大的一座健康潜能宝库,那怎样才能掌握开发人体健康潜能的技术呢?周尔晋 X 形平衡法就是开启这个无穷潜能的"钥匙"。我们只要学好这门用火柴棒点穴治病的技术,就能不断开发人体潜能。

人体的内药蕴含着无穷的健康潜能,而心药的力量更是妙用无穷。《黄帝内经》曰:"心者,君主之官也,神明出焉。"心既然在人体是帝王之尊,那么心药的力量自然是威力无穷。正所谓心态决定一切。心态一样决定健康!

中医讲"病从口入",所以饮食也是非常大的一门学问。人是铁饭是钢,我们只有科学搭配饮食,主食与副食合理搭配,尽量做到各种营养食品的多样化、品质化、丰富化,才能增强自身正能量,从而最大限度地激发人体免疫力,开启人体健康潜能。

一、内外药库,内药为主[①]

内药存于体内,为人之精气神,精满、气足、神安则内药充足,百

---

① 参见周尔晋著《人体生态平衡论》,合肥工业大学出版社 2008 年版,第 71~81 页。

病不生。

（一）毛泽东哲理思想启示

毛泽东的"内因是根据，外因是条件，外因通过内因而起作用"[①] 的哲理思想启示我们：内药是根据，外药是条件，外药通过内药而起作用。温度可以使鸡蛋变小鸡，但温度不能使石头变小鸡，这是因为两者的内因不同，这就说明了内因与内药的决定作用。但也不可忽视外因和外力的作用，因为如果离开了适当的温度这个外因，鸡蛋同样变不了小鸡。

大家看看这一则古代故事。

扁鹊见蔡桓公，立有间，扁鹊曰："君有疾在腠理，不治将恐深。"桓侯曰："寡人无疾。"扁鹊出，桓侯曰："医之好治不病以为功。"居十日，扁鹊复见曰："君之病在肌肤，不治将益深。"桓侯不应。扁鹊出，桓侯又不悦。居十日，扁鹊复见曰："君子病在肠胃，不治将益深。"桓侯又不应。扁鹊出，桓侯又不悦。居十日，扁鹊望桓侯而还走。桓侯故使人问之，扁鹊曰："疾在腠理，汤熨（中医用布包热药敷患处）之所及也；在肌肤，针石（中医用针或石针刺穴位）之所及也；在肠胃，火齐（中医汤药名，火齐汤）之所及也；在骨髓，司命之所属，无奈何也。今在骨髓，臣是以无请矣。"居五日，桓公体痛，使人索扁鹊，已逃秦矣，桓侯遂死。[②]

再举一个例子：同样的伤风感冒，老年人和青年人，哪一个会恢复得快些？一般情况下，都是年轻体壮者恢复快。

这些例子说明，扁鹊的医术很高，但是如果人体的内药不能起作用，再好的外药也没有用武之地了。所以说，内药是根据，外药是条件，外药通过内药而起作用。

（二）堡垒最易从内部攻破

内因与内药乃是保健的主力，只要内药丰富，免疫力增强，就可以

---

① 《毛泽东选集》，人民出版社 1991 年版，第 291 页。
② 转引自陈蒲清《中国经典寓言》，岳麓书社 2005 年版，第 128 页。

抵制细菌和病毒的侵袭。有媒体报道，安徽的某位体弱老人，因运用压手穴肺线的方法，找出四个穴：肺点（大拇指）、咳喘点（2指、3指间）、气管（3指、4指间）、哮喘（4指、5指间），调动了体内的内药，全家人流感时他却能幸免。因此，保健也好，防病也好，是应以内药为主的。

（三）内药力量的伟大与神奇

人体全身都是无价宝，没有找到金钥匙，就捧着金饭碗要饭。人体内部与生俱来，就存在着一个取之不尽、用之不竭的大药库，人人都是"医药的亿万富翁"，只是不知如何开启与使用而已。

（四）内药既经济又实惠，使中医真正地成为平民医学

棒压耳穴、手穴、脚趾穴，指压体穴是不用花钱的，也无须任何设备与工具，且费力小，收获大。连体弱之老人与妇女、幼小之儿童都能学会，不费多大体力，具有四两拨千斤之妙用，既经济又实惠。推广此法，使广大人民群众都能自病自医，将自我保健与医生的治疗结合起来。这样便使中医有了广大的群众基础，成为真正的大众医学，更有效地与各种疾病做斗争，提高全民健康水平。

（五）运用内药治病就是增强免疫力来抗病防病

运用内药来增强免疫力，是那些破坏人体免疫力的怪病，如癌症、艾滋病、非典、禽流感之克星。周尔晋老先生到池州，一位用保守疗法治疗肺癌的女患者，紧紧握住周老的手说："谢谢你写了一本《X形平衡法》的好书，它对治好我的病帮助实在是太大了！"因为启动了内药，增强了免疫力，这位女患者肺癌的各种症状都得到了缓解。

二、周氏X形平衡法[①]

（一）X形平衡法的来源

《黄帝内经》说："夫邪客大络者，左注右，右注左，上下左右，与

[①] 参见周尔晋《简易X形平衡法》，合肥工业大学出版社2008年版，第13～21页。

经相干，而布于四末，其气无常处，不入于经俞，命曰缪刺。"《素问·五常政大论》中提到："气反者，病在上，取之下；病在下，取之上。"《灵枢·终始篇》云："病在上者，下取之；病在下者，高取之；病在头者，取之足；病在腰者，取之腘。"《黄帝内经》多个章节都提到"上下左右"的治病法则。

人体 X 形平衡法是周尔晋依据《黄帝内经》中的"缪刺论"总结出的"高低医疗学"，即研究人体低沉点与高升点以及如何达到相对平衡的理论。他总结出来的"高低医疗学"的理论，即研究通过人体的高升点来医治人体的低沉（病）点以及如何达到人体的相对平衡的理论；同时，他总结和开发了人体这个取之不尽、用之不竭的丰富的"内药"，调动人体神奇的"内药"、神奇"加速"自愈的平衡力，达到"四两拨千斤"的目的。

（二）X 形平衡法的口诀

上部有病下部平，下部有病上部平；左部有病右部平，右部有病左部平；中间有病四边平，四边有病中间平；找到低沉高升点，平衡神力诸疾平。

（三）周氏 X 形平衡法原理

1. 一线：相对健康平衡线

图 7-1 人体相对健康的平衡线

"一线"的提出是非常重要的，是 X 形平衡法的基础。这里提到的一线，即相对健康的平衡线。人体有一条相对健康平衡线，只要能保持此线的相对平衡，就是一个相对健康的人。因为此线也是根据阴阳大法而提出来的，故也是阴阳相对平衡线。（见图 7-1）

2. 两点：低沉点与相对高升点

低沉点与相对高升点在人体健康上要相对地达到健康平衡线，就要让高升点（压痛点）与低沉点（病变点）通过周氏 X 形平衡法的治疗，找到其平衡线。（见图 7-2）

3. 两力：普通平衡力和神奇平衡力

普通平衡力和神奇平衡力这两力要达到人体相对健康平衡线，就要通过周氏 X 形平衡法的治疗，按压高升点下沉力（神奇平衡力），使低沉点慢慢上升，大脑作为支点，让病痊愈。（见图 7-3）

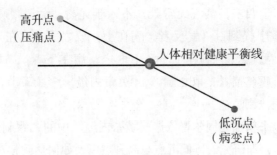

图 7-2 低沉点与相对高升点

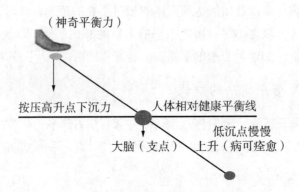

图 7-3 普通平衡力和神奇平衡力

三、心药为主的重要性

心药，泛指能满足心愿、解除思想苦闷的事物或方法。心病终须心药治，解铃还是系铃人。心药心灵总心病，寓言决欲就灯烧。正是：心病还须心药医。

（1）《黄帝内经》曰："心者，君主之官也，神明出焉……故主明则下安，以此养生则寿，殁世不殆，以为天下则大昌。主不明则十二官危，使道闭塞而不通，形乃大伤，以此养生则殃，以为天下者，其宗大危，戒之戒之。"

（2）心脏是人体之君主，在人体处于至高无上的位置。无数事实证明心主神志的正确性。据报道，有人以猪的心脏换入人体，其人的行为便如猪。而治疗各类精神病中，心脏则是主穴。

（3）心药神奇无比，妙用无穷。周老曾经在《人体药库学》中用31个心来说明心药的妙用。他倡导开心、放心、专心、粗心、细心、忘心、记心、好心、救心、强心、富心、明心、觉心、宽心、信心、决心、热心、耐心、虚心、童心、诚心、爱心、有心、恒心、知心、苦心、铁心、贴心、动心、正心、静心。①

（4）只有保持心态的相对平衡，也就是最宝贵的平常心，才可以保持肺、肝、肾、脾的相对平衡，才能保持人体的生态平衡，才有可能成为一个相对健康的人。

四、心药影响人体健康的案例分享

案例一：一对老夫少妻，丈夫因怀疑妻子有外遇，其实毫无根据；两年之后，丈夫抑郁得肝癌而死，死得太不值得了。

诸如此类实例实在太多太多，不胜枚举。

有了心病之后，心理失去相对平衡，即使再富有，生活也是苦不堪言。人体的君主失聪失德，便会形成五脏失调，百病丛生。信心乃是心药中最有效之药。失去信心之人，只能是死路一条；有了信心，才有生活下去的勇气与生存的希望。

再来看看以下的案例，即是用内药尤其是心药治好了中风偏瘫的案例。

案例二：尹荣洲，男，1946年10月1日出生，曾任职国家电网电力工程部门，主要负责生产。40岁退休后自己开公司，负责电力安装建设工程。每天为了应酬到处大吃大喝。据估算到2009年，喝的白酒、啤酒、洋酒等用汽车是拉不完的。基本上每天1斤酒，多的时候每天2～3斤。1990年相继查出了高血压、糖尿病、高血脂等身体问题。2009年3月份，一场突如其来的中风彻底打垮了他。但他内心有一个坚定的信念就是"我一定要站起来"。他开始学习X形平衡法，经过半年多的自我治疗身体慢慢康复，1年左右身体基本正常。现在，这位尹荣洲老先生不仅用X形平衡法治好了自己的病，还为其他人治好了很多疑难杂症。他撰写的有关X形平衡法的相关论文还得了奖。

五、最好的开发心药潜能

从王凤仪老人的《化性谈》②来看最好的开发心药潜能，那就是三

---

① 参见周尔晋《人体药库学》，合肥工业大学出版社2004年版，第79页。
② 参见王凤仪《王凤仪言行录》，中国华侨出版社2010年版，第17页。

点：怎样做到不怨人？怎样做到不生气，不上火？怎样做到找好处，认不是？

（一）怎样做到不怨人

（1）怨人是苦海。越怨人，心里越难过，以致不是生病，就是招祸，不是苦海是什么？管人是地狱，管一分，别人恨一分；管十分，别人恨十分，不是地狱是什么？必须反过来，能领人的才能了人间债、尽了做人的道；能度人的就是神，能成人的就是佛。

（2）君子求己，小人求人。君子无德怨自修，小人有过怨他人。嘴里不怨心里怨，越怨心里越难过。怨气有毒，存在心里，不但难受，还会生病，等于是自己服毒药。人若能反省，找着自己的不是（错误），自然不往外怨。你能，不怨不能的；你会，不怨不会的。明白对面的人的处世之道，就不怨人了。

（3）现今的人，都因为别人看不起自己，就不乐。其实个人应该好就是好，歹就是歹，管别人看得起看不起呢？只是一个不怨人，就能成佛。现在的精明人，都好算账。算起来，不是后悔，就是抱屈，哪能不病呢？

（4）"不怨人"三个字，妙到极点。

（二）怎样做到不生气，不上火

（1）经笔者的多年研究，火逆的多吐血，气逆的多吐食。要能行道、明道，气火就都消了。

（2）上火是"龙吟"，生气是"虎啸"，人能降伏住气火，才能成道。

有人惹你，你别生气，若是生气，气往下行变成寒；有事逼你，你别着急，若是着急，火往上行变为热。寒热都会伤人。修行人，遇好事不喜，遇坏事不愁，气火自然不生，就是"降龙伏虎"。能降伏住，它就为我用；降伏不住，它就是妖孽。

（三）找好处，认不是

（1）修好的人多，得好的人少，是因为什么呢？就因为人往往是心里存的都是别人的不好，又怎能得好呢？

(2)找人好处是"聚灵",看人毛病(缺点)是"收赃"。"聚灵"是收阳光,心里温暖,能够养心;"收赃"是存阴气,心里阴沉,就会伤身。人人都有好处,就是恶人,也有好处,正面找不着,从反面上找。所以说,找好处是"暖心丸",到处有缘,永无苦恼。

第二节　保养肾精　长命百岁

根据现代世界医疗技术推测,人体的自然寿命至少在 120～150 岁。而目前全球人口的平均寿命是 71 岁。这样看来,我们现在的平均寿命不到自然寿命的一半。那么,我们的寿命到底与什么有关,怎样才能长命百岁呢?下面我们就一起来探讨一下长寿的秘密。

一、人的寿命探讨

(一)中医关于人体寿命的记载

《黄帝内经·上古天真论篇》记载:"上古之人,其知道者,法于阴阳,和于术数,食饮有节,起居有常,不妄作劳,故能形与神俱,而尽终其天年,度百岁乃去。今时之人不然也,以酒为浆,以妄为常,醉以入房,以欲竭其精,以耗散其真,不支持满,不时御神,务快其心,逆于生乐,起居无节,故半百而衰也。"可见,我们的祖先也是寿命超过百岁的,而现在的人 50 岁以后就开始衰老了。

(二)目前世界上西医测算寿命的方法

1. 荷兰解剖学家巴丰,采用长期测算法:哺乳动物的寿命相当于生长期的 5～7 倍。人的生长期需要 15～20 年,由此测定人的自然寿命应为 100～175 岁之间。

2. 哈尔列尔等科学家采用的性成熟期测算法:哺乳动物的寿命一般应为性成熟期的 8～10 倍。人的性成熟期为 13～15 岁,由此推算出人的自然寿命应为 100～150 岁。

3. 美国赫尔弗·利克采用细胞分裂次数与分裂周期的乘积计算法:

人体细胞分裂次数为50次，分裂周期为3年，由此测定人的自然寿命应在110～150岁之间。

上述三种研究结果已证明，人类自然寿命在120～150岁之间。

（三）2015年世界人口平均寿命调查数字

2015年版《世界卫生统计报告》指出，目前全球人口平均寿命为71岁，其中女性73岁，男性58岁。中国在此次报告中的人口平均寿命为男性74岁，女性77岁；美国人口平均寿命为女性81岁，男性76岁；平均寿命最长的是日本，女性87岁，冰岛男性81.2岁；平均寿命最短的是西非国家塞拉利昂，为46岁；撒哈拉沙漠以南非洲国家平均寿命也偏短，莱索托50岁，中非51岁，安哥拉、乍得和刚果均为52岁。

二、肾精与人类健康寿命的关系

（一）肾生精

《黄帝内经·上古天真论篇》记载："丈夫八岁，肾气实，发长齿更；二八，肾气盛，天癸至，精气溢泻，阴阳和，故能有子；三八，肾气平均，筋骨劲强，故真牙生而长极；四八，筋骨隆盛，肌肉满壮；五八，肾气衰，发堕齿槁；六八，阳气衰竭于上，面焦，发鬓斑白；七八，肝气衰，筋不能动，天癸竭，精少，肾藏衰，形体皆极；八八，则齿发去。"

《黄帝内经》里面有一句话，叫作"肾生精"。如果把肾比喻成一只杯子，肾精比喻成杯子里面的水，那杯子里面水的多少，就代表着你生命的长短。（见图7-4）所以说，一个人肾精的多少，就决定了他寿命的长短。

就像我们中医讲"肾开窍于耳"，我们耳朵跟肾是相关的。所以说，耳朵大的人，就代表他的肾精旺，代表肾比较好，可以长寿。长寿的人一定耳朵大，耳朵大的人不一定长寿。为什么呢？因为如果后天保养不好，就会缩减寿命。

图7-4　肾生精比喻图

（二）精生髓

《黄帝内经》有言："精生髓。"什么意思呢？我们肾产生的这些肾精，充足到一定程度，它会去充盈我们的脊柱，变成我们脊柱里面的脊髓。（见图7-5）小孩子刚出生的时候，不能走路，不能抬头，就是因为他的脊髓不够充足，脊柱骨骼不够强壮。像一些小孩子的佝偻病就是肾精亏虚导致的，也就是他的先天肾气不足。

图7-5 精生髓比喻

（三）脑为髓海

《黄帝内经》中记载，脑为髓海。什么意思呢？就是说我们的这个肾精不断地充盈，当我们的脊柱脊髓充满的时候，它会继续进入我们的大脑，变成髓海。这就是小孩子出生后，慢慢发育成熟，由肾精变成脊髓，再变成脑髓的一个生理过程。

（四）肾精亏耗对我们的启示

我们的肾精既然可以滋养脊柱，可以充盈脑海，那么当肾精亏耗过度的时候，脊柱里面的脊髓就会往下面流，来补充我们的肾精，甚至我们的脑髓都要往下面流来补充我们的肾精。

脊髓下流会导致什么病呢？我们的颈椎、腰椎是不是在脊柱上？那么肾精过度亏耗之后，脊髓就会慢慢亏空，就会引发很多颈椎病、腰椎病和强直性脊柱炎等严重的脊柱骨骼疾病。在以前，这些骨骼疾病都是七八十岁的老人家得的，现在越来越出现年轻化的趋势，这跟现在很多年轻人大量亏耗肾精有直接的关系。

当我们继续大量亏耗肾精，当我们脊髓也大量亏耗之后，我们的脑髓就会跟着往下流。我们就会出现记忆力下降、健忘、脑袋空虚感等症状。当我们脑海严重亏空之后，就会中风。现在，脑中风越来越年轻化不得不引起大家的重视。

（五）肾精的生成周期

唐代名医孙思邈的《千金方》记载："人年二十者，四日一泄；三十者，八日一泄；四十者，十六日一泄；五十者，二十日一泄；六十者，闭精勿泄，若体力尤壮者，一月一泄。"

我们肾脏这个杯子里的肾水，30岁的时候，亏耗掉一次，要7天才可以循环补充上去。40岁要两个星期、50岁要一个月才可以补充上去。那过了60岁的人，就要尽量清心寡欲，才能达到健康长寿的目的。

（六）伤精的主要途径

（1）最直接的途径：邪淫（好色、手淫、纵欲、嫖妓等）。
（2）最快速的途径：熬夜。
（3）最剧烈的途径：真动怒。
（4）最经常的途径：吃冰冷的食物、吹空调等。

三、保养肾精，长命百岁方法

（一）叩牙齿吞津

我们的传统道教养生，包括我们佛家的本焕老和尚也提过叩齿吞津的方法。其具体做法：早晨醒来后，先不说话，心静神凝，摒弃杂念，全身放松。口唇微闭，心神合一，闭目，然后使上下牙齿有节奏的相互叩击，铿锵有声，一般叩齿36次，或者36次的倍数。叩击结束后，辅以"赤龙搅天池"。用舌在口腔内贴着上下牙床、牙面搅动，用力要柔和自然，先上后下，先内后外，搅动36次，可按摩齿龈，改善局部血液循环。当有唾液产生时，不要咽下继续搅动，等唾液渐渐增多后，以舌抵上颚以聚集唾液，鼓腮用唾液含漱数次，最后分三次徐徐咽下。

大家知道燕窝是什么做的吗？是燕子的口水做成的。燕窝的营养价值很高，那么我们人的唾液要比燕窝的营养价值还要高。

（二）食疗

我们食物五色里面的黑色是补肾的，入肾的，包括黑芝麻、黑豆等，它们不光补肾，还能补钙，而且可以长期食用的。下面介绍几个简单实用的食疗方子。

1. 黑芝麻盐

把黑芝麻炒一炒，炒干后碾成细末，混入少量的食盐，做成芝麻盐；

每次吃饭的时候撒到馒头上或放在粥里面一起吃,既好吃又补肾。

2. 补肾粥

将黑豆、芡实、板栗、山药各等分,放在一起文火煮粥。

3. 多吃面食

麦比参力尚高数倍,多吃面食,则精神健壮,气力充足,音声高大。

(三) 充足的睡眠

长期熬夜就会伤害我们的肾精。最好晚上 11 点就上床睡觉。晚上 11 点是我们老百姓说的子时,子时睡觉最补身体,比吃人参、燕窝、大补药还好!

(四) 经络养生操

八部金刚功、太极拳、八段锦等养生操,都可以达到强身去病、益寿延年的效果。还有一些经络穴位按摩方法也非常有用。我们每天睡觉前、睡醒后,都可以用手掌来摩擦脚掌。乾隆皇帝和大文豪苏东坡都有这个养生习惯,这样就可以轻松达到补肾的效果。

第三节
科学养生　智慧生命

健康是现代人关心的大问题,在实现健康的途径以及治疗疾病的方法上,既有现代流行的基于西方理念的治疗,也有在中国存在了几千年的中医中药的治疗,当然还有基于国学修行基础并存在同样长时间的道医养生,同时还有在儒释道修行上采用的方法。基于过去几年来辟谷养生的实践,与大家分享一下如何科学养生,实现智慧生命。

一、疾病原因

随着时代的发展、经济的增长,人们越来越意识到健康的重要性,也越来越愿意花时间、精力、金钱来关注和改善自己的健康,大家也在不断寻找各种新的能够让自己以及家人健康的方式方法,我们看到各大医院和各个药研所以及保健品公司基于不同的养生理念推出的产品层出不穷。当下社会，理论和学说争鸣不断，药品和疗法洋洋大观，以至于时人目不暇接，甚至造成一定的选择障碍。

尽管如此，我们还是看到当下社会中疾病丛生，患恶性病以及癌症的人数仍然在不断上升：2013 年，我国患癌症人数每分钟增加 6 位，2015 年则上升到 6.4 位；我国的糖尿病患者达到 9320 万。[1] 各大医院出现挂号难，治病难，手术难……那么，如此多的医疗方法为什么还是不能有效解决当下的疾患呢？我们应该如何实现科学养生？如何才能了解我们的生命，真正实现健康呢？以下笔者将从几个层面与大家分享一下什么是科学养生，以及如何才是智慧生命。

1. 初步分析

在众多的疾病种类中，根据疾病的来源，我们分为传染性和非传染性疾病；因为病患部位出现在不同的组织系统中，可以用消化系统、呼吸系统、内分泌系统、神经系统、运动系统、免疫系统等系统的概念来划分；还有从病人家族群来分，可以是遗传或非遗传的疾病；当然，还有其他的分类方法。

2. 基本分析

在以上多种疾病表现中，出现的问题主要有生理性（风寒暑湿燥火）与心理性（喜怒忧思悲恐惊）等。从另外一个角度看，除外伤造成的身体受损以及并发症外，很多急慢性疾病的形成原因都是由于局部组织循环障碍以及积累的毒素造成的，而这些障碍的形成综合来看都是因为"堵塞"而成。举例如下。

血管堵：微循环障碍，高血压。动脉堵：动脉硬化。心脏堵：心梗，冠心病，心律不齐，心血管病变。脑血管堵：脑梗，脑血管病变，偏瘫。肝脏堵：肿瘤，脂肪肝，酒精肝，肝硬化。肺脏堵：气管炎，肺气肿，胸闷气短。子宫堵：子宫肌瘤。乳腺堵：乳腺增生。甲状腺堵：结节。脸上：痤疮。腿上：曲张。黏膜：囊肿。躯干四肢，腰疼，腿疼，全身疼。肌肉皮肤：瘤，疮，癣斑。胃：胃溃疡。脏腑：病变，打乱平衡。颈部：颈椎病。腰部：腰椎病。关节：痛风。

3. 进一步分析

我们身体的各种循环系统，比如血液循环体系，从长度上，大大小

---

[1] 参见黄宙辉《我国每年约 312 万人患癌症，每分钟有 6 人被确诊为癌症》，载《羊城晚报》2015 年 4 月 19 日。

小的血管从粗到细到微细、从动脉到静脉到毛细血管以至于极微细的血管，总长度达96000公里，① 任何局部的血管堵塞都能够造成我们身体的问题，并因局部的堵塞造成相应连带的并发症，或者缺乏营养，或者毒素堵塞。从以上各种各样的疾病来看，虽然现象上多种多样，而其原因都可以归结为局部乃至大部分深浅不同的堵塞障碍，包括血液循环体系、淋巴循环体系、神经体系或者其他循环体系出了问题，因为这些堵塞引起身体各种病变。

4. 药源性疾病

（1）食物中的激素，抗生素各种毒素，果蔬的污染。

（2）抗生素的滥用：神经系统毒性反应，造血系统毒性反应，肝肾毒性反应，胃肠道毒性反应，细菌耐药性，杀灭体内正常细菌输液等于自杀。

（3）据了解，目前中国各类残疾人总数有8500万，其中1/3是听力残疾，而60%～80%致聋原因与使用过氨基糖苷类抗生素有关。②

（4）全世界1/3的病人不是死于疾病本身，而是死于西药毒副作用。激素导致内分泌严重失调，破坏脏腑功能。比如20世纪60年代的四环素牙、无痛分娩。

（5）世界卫生组织统计，临床发病率中，30%属于药源性疾病（药物副作用），21%属于感染性疾病，16%属于医源性疾病（如误诊、医疗事故）。

（6）药源性中风：不当服用降压药、镇静剂、利尿药、发汗药、止血药，导致缺血性中风。

（7）药物性肝病：四环素、红霉素、氯丙嗪、他巴磋、苯妥英钠、氯丙嗪、磺胺药等这些药滥用会导致肝病。

（8）药物性肾病。

（9）药物性溃疡：泼尼松，用于过敏性与炎症性疾病，滥用导致溃疡。

（10）药物性腹泻：抗生素导致菌群失调。

（11）药源性骨病：激素导致股骨头缺血无菌性坏死、骨质疏松。

（12）滥用激素：激素导致儿童性早熟。

---

① 参见朱大年《生理学》，人民出版社2013年第8版，第321页。
② 参见张希敏《中国各类残疾人总数达8500万》，见中国新闻网，2013年5月20日。

(13) 动物性食品中的激素残留对人体的危害。

5. 医源性疾病

在化验、诊断、手术、理疗、放射过程中，因为误判和误诊而对患者造成的影响。

6. 心理性疾病

心理性原因造成的疾患如喜怒忧思悲恐惊，其对应关系为怒伤肝、喜伤心、忧思伤脾、悲伤肺、恐伤肾。

7. 由于其他不明原因造成的疾病

二、治疗疾病的方法（见图7-6）

1. 西医

针对目前的疾病，诸如感染性疾病，西医以对抗性方法来治疗，主要采用抗生素等对侵入身体的病菌加以消灭，虽然疗效很快，但是药物的副作用相当大。对于癌症和肿瘤，西医基本上是以手术为主。对于糖尿病等慢性疾病，西医的方法还是注射药物或者长期吃药。对于高血压，西

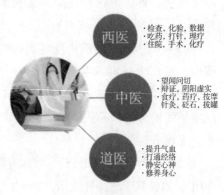

图7-6 治疗疾病的方法

医的方法基本上是以药物降压为主。对于冠心病、心脏病等疾患，西医的方法是植入支架来撑开血管的通道。当然，我们还要指出的是，即使植入支架，血管仍然有再次堵塞的可能，并且仍需持续吃药。

2. 中医

现代中医基础理论的学说主要包括八纲辨证、阴阳虚实、表里寒热，包括分形阴阳五行学说、藏象五系统学说（心系统、肝系统、脾系统、肺系统、肾系统）、五运六气说、气血精津液神学说（气 = 信息 - 能量 - 物质学说）、体质学说、病因学说、病机学说及养生学说、分形经络说等，其中以"信息—能量—物质统一气学说"为基础，藏象五系统学说为核心，阐述了人体的生理、病理现象。

中医的两大特色：整体观念和辨证论治。整体观念包括人与自然是一个整体，要顺应自然规律。比如，肾虚可以出现耳鸣，因为肾开窍于

耳；肾虚也容易骨质疏松，因肾主骨生髓；肾虚也可以出现腰酸，因为腰为肾之府；肾虚出现早泄、滑精，因为肾主藏精。另外，肾虚也会影响肝、心、肺、脾、胃的正常功能。辨证论治就是根据症状分析出病因来，再整体治疗。

3. 道医

道医是在道家在"长生久视"的修炼理念中，通过对生命、健康和疾病的认识与体悟，形成的非常有特色的心身医学体系。道教医学的形成与发展是以其人生哲学和宇宙论为基础的。在道家学者看来，人与宇宙天地万物共同源于"炁"。"炁"者，"气"也，或称"无极"。葛洪在《抱朴子内篇·至理篇》中明确指出："夫人在气中，气在人中。自天地至于万物，无不须气以生者也。"陈抟说："两仪即太极也，太极即无极也。两仪未判，鸿蒙未开，上而日月未光，下而山川未奠，一气交融，万气全具，故名太极，即吾身未生之前之面目。"（《玉铨》）人类模拟自然的一切手段，包括道教医学中提取药物的种种方法和治疗手段都是以人物同源论为基础的。

老子认为，"人法地，地法天，天法道，道法自然"，要求人"法自然"，依照自然界的规律行事。道教医学认为"人是一个小乾坤"，是天地自然的一部分，天供人以生存的必要条件，人应顺应天地自然的关系和规律，使之达到"天人相应"的境界，这样才能"长生久视"、尽终天年；反之，则灾害降临，疾痛丛生。

三、辟谷治疗疾病的原理

（一）从道家辟谷看疾病治疗

在对诸多病患的分析上看，"堵塞"是问题的核心，而再进一步分析，寒湿体质造成了凝淤堵的问题，进而发展成瘤和癌。而寒湿体质的原因则是"虚"，也就是由我们的元气耗损、阳气下降、身体营养运送不进去、垃圾排不出去造成的，那么道家辟谷是如何解决这个问题的呢？在我们的身体进入辟谷状态后，我们的身体将先融解多糖类脂肪，再溶解弱化或病变的蛋白质，如肿瘤、息肉、癌变细胞等；又再溶解全身分泌管道，尤其是血管里附着的废物及血液里的凝块和污浊物。这些病毒、废物、脂肪的利用和燃烧，医学上称为"自身融解"。这就是辟谷能减肥及防病治病的科学依据。辟谷也能将体内寒、湿、瘀、滞等各种毒邪之气以及各种病气逼出体外，清除病灶和疾病隐患。

浙江中医研究所对 670 名辟谷者进行研究后发现，辟谷可降低三酰甘油和胆固醇、对高脂血症和心血管系统病症有治疗作用；对 HDL（高密度脂蛋白）指标的观察表明，辟谷可提高 HDL，对治疗心血管系统疾病更有积极意义。

（二）辟谷打通经络

辟谷打通经络，融解血管垃圾，提升阳气。在辟谷营中，通过站桩打坐，我们打通身体经络，让元气升起来；同时，通过辟谷，让身体融解身体中多余的脂肪和垃圾，疏通血管。通过经络和元阳之气的上升，气通活血化瘀，从而改善身体状态。

（三）辟谷与养生

《黄帝内经》讲"圣人不治已病治未病"。在道家的修行和养生实践中，通过辟谷，人体将身体的毒素和垃圾包括宿便等进行清理，因为清理了堵塞和垃圾毒素，局部乃至身体很大的系统得到疏通，进而使得身体不会因为堵塞而导致病变及衰老，保持身体的较佳状态；同时，通过修身养性，让心态保持良好的状态。这也是我们身心同步提升的好方法。

（四）辟谷没有饥饿感

在辟谷过程中，我们的身体不会觉得饥饿，其原因在于通过道家的服气和功法可以开启另外的能量通道，使得身体得到充分的能量补充。

在我们举办过的几十期辟谷营中，众多高血压、高血脂、高血糖、糖尿病、胃病等患者通过我们的调理恢复了健康。实践证明，这是一个非常好的疗愈及康复的活动。

（五）病症辟谷参考时间

动脉硬化症：辟谷 14 天，或需反复辟谷，以溶解脂肪与石灰质，使血管软化、血压降低，使动脉硬化得以根治。肥胖症：辟谷 7 天。肾脏病：辟谷 6 天，急性肾脏病治愈高。化脓性副鼻窦炎：辟谷 9 天。胃下垂：辟谷 8 天。胃扩张、胃酸过多：辟谷 8 天。巴塞杜氏病：辟谷 14 天。风湿病：

辟谷 5～11 天。神经衰弱：辟谷 7 天。眼病（白内障、青光眼）：辟谷 5～13 天。青春痘：辟谷 10 天，多为脾肾两虚。老人斑：辟谷 7～21 天。肝癌：辟谷 14 天。黑斑：辟谷 14 天。喉炎：辟谷 7 天。声带痒：辟谷 6 天。肠癌：辟谷 10 天。胃癌：辟谷 16 天。多年心脏病：辟谷 15 天。

四、禅修，国学与智慧生命

（一）禅修

禅修是来源于佛家的修行方法，通过学者一定的禅修体验，使得身心进入一种平和的状态，从而解决心理问题给身体带来的副作用。通过禅修和静心能够给现代人带来脑波的变化和平衡，图 7-7 是有深度禅修经验的人通过静心达到的脑波状态。

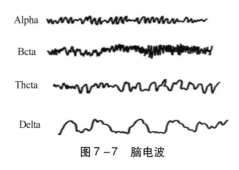

图 7-7 脑电波

（二）国学传统文化的精华

国学传统文化的精华就是让我们从不同的层面充分认识自己的生命之源比如身体、心理、灵性等，并且通过实修比如儒家的仁义礼智信、道家的返璞归真、佛家的明心见性等，让我们达到身体深度打通以及思想和智慧的提升与改变；而当我们的心性和心态改变时，我们的身体自然就进入了平和的状态，这也是辟谷禅修能给学习者带来的变化。

第四节 穴位对冲平衡法

在生活能够自理的人群中，右脑偏发达的人趋向感性，左脑偏发达的人趋向理性，左右脑不均衡发展的现象在过阴证（自闭）患者和过阳证（多动）患者中表现尤为突出。根据斯佩里左右脑分工理论，右脑是 EQ 情绪脑，主导艺术潜能、听觉感受、音乐欣赏、视觉感受、图像欣赏、空间概念等；左脑是 IQ 理智脑，主导逻辑推理、计划判断、管理沟通、语言功能、操作组合能力、听觉辨别能力、语言理解、观察理解等。左右脑不平衡发展是影响健康潜能的重要因素，穴位对冲平衡法是平衡左右脑和稳定情绪的潜能开发的应用工具。

一、穴位对冲平衡法简述

（一）左右脑不平衡发展的表现

左右脑不平衡发展严重则产生左右脑失衡，失衡严重者不仅给自己带来生活上的困扰，也会给身边人带来不同程度的干扰和影响。下面我们仅讨论生活可自理人群中左右脑失衡轻微人员的基本表现。

1. 右脑过于发达导致左右脑失衡

右脑主导人的情绪管理能力、创造性思维能力、空间思维能力和艺术表达能力等。右脑发达有很多优点：内在更包容接纳，富有同理心；音乐、绘画等艺术天赋高，艺术表达能力强；看问题着眼于整体和全局，善于照顾团队成员的感受；等等。

右脑处理问题时杂乱无章，导致右脑过于发达产生左右脑失衡的人，常表现出如下缺点。

（1）生活偏向于感性，容易多愁善感，过多伤感易伤身。

（2）理智不足，缺乏主见，遇事时常表现出犹豫不决。

（3）做事节奏比常人慢半拍，容易拖拉。

2. 左脑过于发达导致左右脑失衡

左脑是人类认知和探索未知世界的火车头，具有读写、计算、数理统计、分析、语言、概念、逻辑推理等重要功能，主导抽象思维、理性思维、理论思维、哲学思维等。左脑发达有很多优点：善于思考，学习成绩好，专注于热爱的领域，容易获得更高成就，等等。

左脑处理问题时趋向于强势果断，因此，左脑过于发达导致左右脑失衡的人，常表现出如下缺点。

（1）生活能力弱且偏向于理性，缺乏人情味，人际关系欠佳。

（2）自我中心严重、轻微刻板行为，我行我素，听不进别人的意见，容易错失一些重要机会。

（3）情绪管理能力差，常执着于追求事业成就，休息少、易怒，平时不注意关照自己的身体，身心多处于亚健康状态。

3. 左右躯体不平衡发展的表现

左脑控制着躯体的右半侧，右脑控制着躯体的左半侧。左右脑的不平衡发展，易引起左右侧躯体的不平衡发展。多动症具体表现在躯体的多动、抽动①，手或脚局部性颤抖；有单侧性症状，也有双侧性症状。与多动相对应的就是少动。躯体的左右侧不平衡发展会出现一种对冲平衡现象，这是我们平常看到的多为双侧症状，且单侧症状不够明显的原因。

（二）穴位对冲平衡法的原理与特点

1. 穴位对冲平衡法的原理

人体左右两侧可以分为阴和阳，其中左脑为阳、右脑为阴；躯体与脑相反，右侧躯体为阳、左侧躯体为阴。单侧阳性太过者，称之为过阳证（多动），主要表现为对外攻击；单侧阴性太过者，称之过阴证，主要表现为自我攻击。阴阳平衡是中医治未病的依据，左脑与右脑的平衡、右侧躯体与左侧躯体的平衡均服从于阴阳平衡理论。穴位是人体气血聚集的重要部位，正确、有序地刺激穴位可以激活人体的身体潜能，通过反射区的对冲功能来激活大脑非活跃目标区域，最终让左右脑和身体平衡发展，达到潜能开发的目的。

穴位对冲平衡法源自传统功夫中的"摸穴法"，通过摸、压、掐、弹、点、叩、拿等不同手法刺激，在经络的作用下使体内气血畅通，激发相应部位与对冲部位的潜能，使身体强大的内药库发挥作用。过阴证（自闭）和过阳证（多动）患者左右脑发展均严重不平衡，且身体感觉十分敏锐，他们适应环境的能力弱，拒绝剧烈的改变，长期的自我刺激或保持不变，以及情绪郁结于脏腑，令他们产生了高度的警觉心理。穴位对冲平衡法针对这些特点做了长期的技术改造，不仅让过阴证、过阳证患者喜爱，更是常人潜能开发和情绪处理的优质工具。

由此，穴位对冲平衡法是通过有效刺激穴位，透过反射区②反应来激

---

① 抽动，指不随意的、突然发生的、快速的、反复出现的、无明显目的的、非节律性的运动或发声。

② 反射区，指所有可以产生反射效应的区域。

活目标脑区①与对应躯体部位的潜能，达到左右脑和躯体分别平衡发展为目标的潜能开发工具。

2. 穴位对冲平衡法的特点

历经 16 年的研发、实践、总结与改进，穴位对冲平衡法对过阴证（自闭）、过阳证（多动）等疑难症有效率为 86.3%。对复杂情绪调理、少年儿童左右脑平衡的潜能开发等有效率为 98.7%。总结其特点如下。

（1）见效快、效果好。对于未满 8 周岁的孩童，通常第 3 个工作日起便可见效，显效时间不超过 15 个工作日；第 16 个工作日尚无明显效果者，不适用本方法。分阶段见到明显的效果，严重者在 2 年左右亦可正常生活。

（2）效果客观、量化。案主的体验过程可以通过感受方式量化，其康复过程可以量化，客观的记录可以避免人为的主观性。

（3）非药物能量调理，家长以助教身份全程陪伴、见证安全。穴位对冲平衡过程中的力道可以自由掌握，力道大小与时长的依据源自案主的身体反应；本方法采用非药物能量调理，通过潜能开发激活人体的内药库，同时家长以助教身份全程陪伴，安全可靠，家长更放心。

二、穴位对冲平衡法操作步骤

第一步：辨证

1. 通过望、闻、问、测辨证②

观察案主的仪表、肢体语言等方式来了解其行为特征，再积极倾听，有针对性地提问，收集有价值的信息资源。测量分为仪器测量和量表测量，如测量声音高低的分贝值和尖叫的频率、焦虑程度以及人格区位等。

2. 通过询问监护人辨证

部分案主无法清楚表述提问，询问案主的监护人是收集信息的有效方法之一。监护人的信息与望、闻、问、测的结果综合，平时表现与临时辨证互为补充，更有利于大脑潜能开发目标区位的精准定位。

---

① 目标脑区，指通过反射区来定向刺激大脑的某一目标区位，达到促进神经系统发育和大脑功能定向发展的目的。

② 望、闻、问、测是情绪分析的基本工具。

第二步：操作前准备

1. 亲近案主，融入对方的心理界限圈①

部分案主心理界限十分强烈，对陌生人及陌生环境都非常抗拒，降低对方的心理阻抗并融入其心理界限圈，是成功实施穴位对冲平衡法的关键。如果对方是小朋友，我们需要主动蹲下来，走进他们的心理界限圈，以和善的语气与对方沟通，必要时可以触抚对方的手或后背，使其确认安全、降低防御。

2. 平和的音乐与舒适的床

播放节奏舒缓、平和的音乐，营造一个轻松、温馨的环境；床是必需的工具，案主需要俯卧在床上操作。

3. 纸巾、垃圾桶等用品

案主在潜能开发过程中如有吐唾液、出汗等，可能用到。

第三步：实施操作

1. 案主俯卧并放松

让案主在床上俯卧，并且全身心放松。如果案主处于紧张状态，则与其沟通交流，用手掌轻轻触抚对方背部，使其在音乐的作用下慢慢地放松下来。

2. 选穴要领

选取穴位的口诀为："肝胆脾胃三焦肾，气海大肠关小膀；风门肺心督膈上，腰眼命门四门强"，分别代表肝俞、胆俞、脾俞、胃俞、三焦俞、肾俞、气海俞、大肠俞、关元俞、小肠俞、膀胱俞、风门、肺俞、心俞、督俞、膈俞、腰眼、命门、章门、期门、长强等穴位。这些穴位多位于膀胱经上，通过刺激它们，案主会产生"酸、麻、胀、痛、痒"等不同感受。比如刺激"肝俞"穴位后，案主有痛感，则要"对冲"案主下肢的肝经，在其相对应的肝经上寻找对冲点，使其平衡；其他穴位类同。

3. 具体操作

操作者根据案主的不同辨证分别实施如下操作，操作力度以案主可

---

① 心理界限圈，指个体心理所能承受外界力的界限范畴；每个人的心理界限圈都不同。

承受为宜，每个穴位的操作时间通常不超过60秒，穴位顺序遵循"肝胆脾胃三焦肾，气海大肠关小膀；风门肺心督膈上，腰眼命门四门强"，并将所有穴位全部操作一遍为完成一次操作流程。穴位对冲平衡过程中若出现面部或四肢局部轻微的麻木，手指或脚趾有感受到冷或热，均是潜能激活过程中穴位对冲的生物电反应，属正常现象。

（1）左右脑不平衡者以"补"[①]为主。补是激发潜能的有效方法，左右脑不平衡发展的案主，左脑过强则补右脑，右脑过强则补左脑。膀胱经分列于脊柱的两侧，是选择案主的左侧膀胱经还是选择右侧膀胱经来操作呢？具体视案主左右脑平衡的状况来决定。当案主需要补右脑时，选取其左侧膀胱经上的穴位为操作对象；反之亦然，单侧操作。

操作过程中，操作者左手握住案主的一只手，以感知其受穴位刺激时的反应程度；右手选择穴位并实施操作。操作手法有摸、压、掐、弹、点、叩、拿等。摸是以手掌附着于背部某一部位触抚，不用力，感知案主的反应；然后用手指或鱼际等部位慢慢用力，即压，试其反应的强烈程度；若对方反应仍然不强烈，则换用掐或弹，即拇指的力道向某一个或几个方位用力，比压的力道稍大；点是用指端或指间关节压在某一穴位上用力；叩是手不离开背部的情况下，用指关节有节奏地叩击相应部位；拿是针对颈、手、脚等部位，将大拇指和其他四根指头中任意一根或者几根相对，提拿相应部位一拿一放、交替进行。

（2）情志过当者以"疏"[②]为主。基本情志有喜、怒、悲、恐、思等，分别与五脏心、肝、肺、肾、脾相对应。穴位的选取则是膀胱经背部的俞穴，两侧的俞穴都要操作。手法同样是摸、压、掐、弹、点、叩、拿等，但在手势回收时有变化，不是立即离开穴位，需要揉压穴位并往逆时针方向转动一圈再离开。

（3）情志缺失者以"补"为主。基本情志喜、怒、悲、恐、思有缺失的，穴位的选取同为膀胱经背部两侧的俞穴，摸、压、掐、弹、点、叩、拿等手法操作，手势回收前揉压穴位并往顺时针方向转动一圈再离开。

[①] 穴位对冲平衡法术语，针对能量偏低的人，提升或增加能量的方式。

[②] 穴位对冲平衡法术语，针对能量偏高的人，降低能量的方式。

三、穴位对冲平衡法注意事项

（1）2岁以下婴儿及70岁以上老人不适用穴位对冲平衡法。
（2）案主有心理抗拒时，不可强行操作。
（3）每次操作结束后，操作者记录每个案主在操作过程中的生物电反应以便存档查阅。

大自然有自然的规律，生命也有生命的规律，人应该遵循自然规律，生命更应该遵循生命规律。人的生活如果违背自然规律与生命规律，便会得到自然的惩罚。健康是人类所向往的，而人类潜能的开发、利用是社会发展的重要因素。一般人的健康标准已经不适合现代社会的发展，心理健康特别是个性健康尤其显得重要。了解健康个性的特征并培养健康的个性，无疑是十分重要的。

健康潜能是以人体阴阳学说、经络理论、左右脑分工理论等潜能开发理论为指导依据，激活人体内强大的"内药库"，达到人体阴阳平衡和健康幸福的目的。健康潜能是通过信息传播和行为干预，帮助个人和群体掌握保健知识，树立健康观念，自愿采纳有利于健康行为、生活方式的教育活动与过程。健康潜能的核心是帮助人们建立健康行为和生活方式。

世界卫生组织关于健康促进的定义为促进人们维护和提高他们自身健康的过程，是协调人类与他们环境之间的战略，规定个人与社会对健康各自所负的责任。本章从四个方面进行传播：《黄帝内经》祛病的钥匙；保养肾精，长命百岁；科学养生，智慧生命；穴位对冲平衡法，目的在于强调健康促进了个人和群体行为的改变以及社会环境的改变，并重视发挥个人、家庭和社会的健康潜能。

思考题

1. 阐述人体内药的概念。
2. 举两个平时自己的常见病怎样通过内药，不打针不吃药就可以治好的案例。

3. 简述自己对健康长寿的认识。
4. 谈一谈在日常生活中，哪些养生方法可以帮助自己达到健康长寿的目的？
5. 简述治疗疾病的方法。
6. 辟谷治疗疾病的原理是什么？
7. 举例说明情绪过度对生活的影响。
8. 简述左右脑分工理论与穴位对冲平衡法的关系。
9. 为什么2岁以下婴儿和70岁以上老人不适用穴位对冲平衡法？

第八章
国学潜能

国学潜能是以科学发展观为指导思想，运用新兴的潜能创新科技与传统文化两相结合的方法，以先秦的经典及诸子学说为根基，演绎两汉经学、魏晋玄学、宋明理学和同时期的汉赋、六朝骈文、唐宋诗词、元曲与明清小说并历代史学等的一套特有而完整的文化、学术体系。国学的现在含义，是"西学东渐"① 后相对西学而言的，体现的是中国固有的文化学术；国学门类宽泛复杂，先秦诸子百家争鸣，以此为根基涵盖后期各朝代的各类文化学术，因此，国学具有根深蒂固的深厚潜能开发基础。

国学潜能的核心是"古为今用"。吸收先贤们的大智大慧，转化为具有时代特色的学术体系，站在先贤的肩膀上创新和发展，是我们智慧的选择。本章从中华文化脉络开始梳理国学，继而阐述国学智慧与生命潜能的关系，国学与潜能开发，汉文化传播与潜能开发，孝文化与国学潜能，及中国文化的基本精神，为同学们建立国学潜能的概念打下思维基础。

---

① 西学东渐是指近代西方学术思想向中国传播的历史过程，其虽然亦可以泛指自上古以来一直到当代的各种西方事物传入中国，但通常而言是指在明末清初以及晚清民初两个时期之中，欧洲及美国等地学术思想的传入。

第一节
中华文化脉络与生命智慧潜能开发

中国是世界文明古国之一，中华文明亦称华夏文明，也是世界上持续时间最长的文明之一。中华文化源远流长、博大精深，是中华五千年文明史的结晶，是中华民族生生不息的不竭动力，是四大文明古国中最繁盛的文化产物。它为什么从未中断？它为什么历经朝代的更迭依然长盛不衰？它为什么使得中国在21世纪依然能成为世界强国？

本节将从中华文化的历史脉络的角度来阐述国学与生命智慧潜能开发的关系，解读《易经》①《大学》②《中庸》③等国学经典对生命格局、智慧潜能的影响。

一、传统文化的核心

中国历史上有两个伟大的文学编辑的专家，一个是孔子，另一个就是朱熹。我们通常讲的"四书"，就是朱熹从《礼记》里面选取《大学》《中庸》加上《论语》与《孟子》，统称为"四书"。这是科举考试时代学子们必读的四篇著作。

2500多年前，身处春秋战国时代的孔子，深感教育的重要，将历史典籍编辑成"五经"，即《诗经》《尚书》《礼记》《春秋》和《周易》（又称《易经》）。如果再加上《道德经》，上述著作基本上就组成了我们中华文化的核心内容。其中，《易经》是民族文化之根，《易经》是群经之首，它是中国古代研究天、地、人之间运行法则与相互关系的一部奇书。

孔子的一生，实际上是一个做人求道的过程。他在60多岁的时候才看到《易经》，就废寝忘食地学习《易经》，发表了感慨："假如我50岁

---

① 《易经》，也称《周易》或《易》，是中国传统思想文化中自然哲学与伦理实践的根源，是中国最古老的占卜术原著，对中国文化产生了巨大的影响。
② 《大学》是"四书之一"，相传为春秋战国时期曾子所著。
③ 《中庸》是"四书之一"，是孔子后裔子思所著。

能够看到《易经》，可以一生没有大的过错了。"

为什么孔子60岁之前看不到《易经》呢？因为《易经》是帝王将相之学，是治国安邦的重要参考。那个时候，《易经》是帝王掌握的。

我们一切传统文化都与《易经》有密切的关系。诸子百家是这样，中医是这样，气功修炼也是这样，这些都与《易经》有密切的关系。

二、上下五千年——中国人文历史的发展演变

历史朝代的发展过程为：伏羲—炎黄—尧舜禹—夏—商—周—春秋战国—秦—汉—晋—隋—唐—五代十国—宋—元—明—清—中华"民国"—中华人民共和国。

图8-1简单地概括了中国人文历史上下五千年的发展演变。根据历史考证，伏羲首先创造的就是《易经》，接着是神农氏尝百草，仓颉造字，中医与汉字几乎同时诞生了。黄帝时期同时诞生了"琴棋书画"里的"琴"，接下来尧创造了围棋。

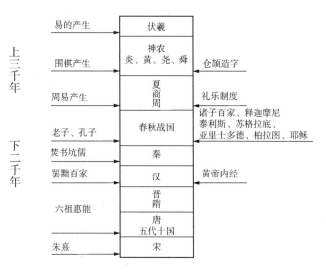

图8-1　中国人文历史上下五千年的发展演变

"琴棋书画"的排列本身就代表了历史产生的顺序，同时琴所表现的音乐是一种语言，这种音乐语言可以直接与宇宙根本的因素连接在一起，起到改变人的作用。

周朝的时候，周文王重新排列了《易经》的顺序，就是后来的《周易》。周朝同时也产生了周礼。孔子讲"克己复礼"，他复的是什么礼呢？

就是周礼。

到春秋战国时代，中国产生了老子和孔子，同时产生了诸子百家，孟子、庄子、韩非子、墨子、鬼谷子等等思想大家层出不穷。

到了秦朝，"焚书坑儒"，唯独没有烧《易经》。

至汉朝，汉武帝"罢黜百家，独尊儒术"，儒家思想的"仁义礼智信与孝道"首次作为治国安邦的重要理论，得到尊重与树立。在这个时候，同时产生了中医的宝典《黄帝内经》。

《黄帝内经》包含天干地支、五行相生相克、六十花甲子、五运六气，等等。它里面所形成的阴阳既相生又相克，相互辩证的关系，指导了中华大地上千年的医学思想与哲学思想，本质上就是《易经》阴阳变化规律的反映。

西汉的时候，佛家思想开始由印度传入中国，在中国落地。

到了唐朝武则天时代，诞生了六祖惠能。"东方三圣"即老子、孔子和惠能，儒释道三家就都包含在里面了。影响中国后1000年的佛家思想其实就是惠能的思想，禅在中国落地，就是中华优秀文化与佛家核心思想的完美结合。

到了宋朝，以朱熹、二程为代表的理学开始建立，明朝王阳明建立了心学，已经是儒家文化最后的一个高峰。

三、时轮关系与"成住坏空"

释迦牟尼佛讲宇宙有一个"成住坏空"的规律，所有因素，包括佛法，都受这个规律影响。但是，我们怎么观察这个"成住坏空"呢？

我们研究《易经》会发现，宇宙万事万物都在人世间有它的对应，如果能够找到这种对应，就能够看清楚这种变化的因素。那么，我们讲"生老病死""春夏秋冬"，人的成长过程中的"儿童、青少年、壮年、老年"，都与"成住坏空"的因素对应。每一个朝代的兴衰，都对应到这种成住坏空的因素。

用中国传统文化表达时轮关系，中国古代计时是用时辰。一个时辰是2个小时，这是最小的计时单位。比如，子时代表现在的晚上11点到凌晨1点。再大一点，用"子"日对应到一天，一天是12个时辰；再大一点是"子"月，一月是30天；再大一点是"子"年，一年有12个月。再大一点是风水学里面讲的"元"，一"元"是60年；再大一点的计时单位基本没有人讲了，它叫"会"，一"会"，对应到的时间是5400年。

我们从这些时轮关系对应的因素里面，就可以理解中国古人讲的"天上方一日，地下已千年"。对应到我们今天，就像我们的钟表，里面有不同的齿轮，最大的齿轮稍微运行一点点，最小的齿轮已经运行了不知道多少圈了，都是一种完整的时轮对应关系。

中华文化的核心因素里面，全部是反映巨大的时空关系，这种时空观也使得中华文化具有博大的胸怀与恢宏的气度。

我们学习《大学》时会发现，"古之欲明明德于天下者，先治其国"①。2500年前孔子的学生曾子写《大学》时，强调的"古之欲明明德于天下者"，这个"古"就是指伏羲、炎黄、尧舜这个时代。这个时代是公天下，是民主选举出德行最高的人担任领袖。这个时代的圣贤治国就像老子讲的是"无为而治"，他们首先表现的就是修身齐家的功夫。

修身齐家是用儒家的伦理政治，加强自身的修养，治理好家政。所以，早上9点代表的伏羲时代，一切体现出"无为而治"，这是后来圣贤所认为的最理想的治国方式。这个时期按照"成住坏空"的思想，是属于"成"的时代，《易经》、中医、汉字、琴、围棋在这个时候产生。

圆即代表时轮，也代表地球。在12点钟这个时间，有一个奇怪而有意思的事情发生，在这个时区相差不到200年间，同时诞生了我们人类各主要民族的圣贤。老子、孔子、诸子百家、释迦牟尼、泰利斯、苏格拉底、亚里士多德、柏拉图、耶稣、摩西几乎都是同时代的人物，看上去就像是一次大规模的有计划的安排，奠定了人类社会的主要经典。这个时区代表"住"。

再往下走，在3点的时区里，实际上是一个"坏"的过程。这个时代出现了东方三圣的最后一位代表人物——六祖惠能。惠能对佛家进行了一些改革。他建立的丛林制度强调僧人都要劳动，自给自足。中国后一千年的佛家思想，实际上都是受惠能的影响。毛泽东评价惠能，一方面使烦琐的佛教简易化，一方面使印度的佛教中国化，是真正的中国佛教的始祖。

到了现在，走到6点钟的时区就是"空"与"坏"的阶段，尤其体现出道德的急速下滑，诚信丧失，唯利是图。我们整个国家、整个民族

---

① 曾子：《大学》，冯映云编订，暨南大学出版社2013年版，第1页。

也已经到了不复兴就会被历史淘汰的时候。

所以在这个时候,复兴中华传统文化就有非常重要的意义。这能迅速使我们激发民族精神的气质与潜能,激发中华传统文化最好的正能量与民族自豪感。当我们民族的文化精神被唤醒后,我们民族的自信心就会被唤醒、如果我们的民族优秀文化精神没有被唤醒、没有被认可,那就如同被打断了脊梁一样成为"丧家犬"。好比一个人,如果发达了但毫无家庭教养,就始终会被人瞧不起。

图8-2为时轮关系与"成住坏空"。

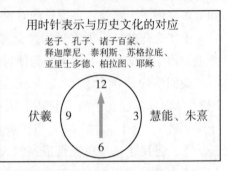

图8-2 时轮关系与"成住坏空"

四、太极八卦激发的现代科技潜能

(一)太极学说

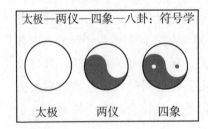

图8-3 太极图

太极学说讲,"太极生两仪,两仪生四象,四象生八卦,八卦生六十四卦,六十四卦生万物",如图8-3所示。整个太极学说是与图像、符号学说密切相关的。

太极图代表一,就是合一,是能量最饱满、无分别的时候。两仪图代表二元世界,我们讲的一分为二,就是能量分解、分散为二,出现了阴阳与对立统一的辩证关系。我们平时画的太极图实际上是太极、两仪、四象合一图。

中国古人用一"横"代表阳,一"横"从中间断开代表阴。(见图8-4)下面我们讲一些《周易》的知识。

阴阳组成四象,再组成八卦,再形成六十四卦的排列组合原理是:阳与阳相配,配在它的下面形成老阳;阳与阴相配,配在它的下面形成少阴;阴与阳相配,配在它的下面形成少阳;阴与阴相配,配在它

图8-4 阳和阴符号

的下面形成老阴。

四象形成后,阳与四象分别相配,配在它们的下面形成乾、兑、离、震四个三爻卦;阴与四象分别相配,配在它们的下面形成巽、坎、艮、坤四个三爻卦。乾、兑、离、震、巽、坎、艮、坤八个三爻卦两两相互重叠,就形成了八八六十四个卦。

中国古人在几千年前书写《易经》的时候,就明确了这个排列组合原理,然后提纲挈领地说出了"六十四卦生万物",如图8-5所示,所有六十四卦都是八经卦两两重叠后形成的六爻结构。

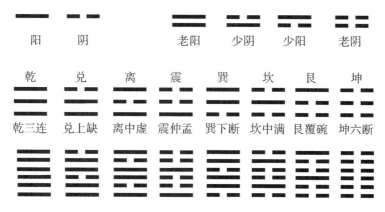

图8-5 阴阳与八卦图

(二)宇宙星云图

诺贝尔奖获得者李政道教授说:看看宇宙星云(见图8-6)的构成与太极图形如此相似,就知道我们祖先的智慧有多么了不起。

图8-6 三维宇宙星云

（三）遗传密码与六十四卦的高度一致

六十四卦与现代分子遗传生物学的六十四组遗传密码是完全对应的。生命遗传密码 DNA 是由四种含有不同碱基腺嘌呤（简称 A）、尿嘧啶（简称 U）、胞嘧啶（简称 C）、鸟嘌呤（简称 G）的核苷酸组成。

RNA 是以 DNA 的一条链为模板，以碱基互补配对原则转录而形成的一条单链，主要功能是实现遗传信息在蛋白质上的表达，是遗传信息传递过程中的桥梁。DNA 与 RNA 的磷酸基是没有区别的，但糖有两种，一种是核糖，一种是脱氧核糖。每三个 DNA、RNA 能决定一种遗传密码，八种碱基每次取三个，重复组合，只能是六十四种。它与八卦的结构及生成六十四卦原理一模一样。

六十四个遗传密码是生物界所有物种普遍的遗传密码，已经与古人所讲六十四卦生万物高度吻合了。但是，中国古人所讲的六十四卦生万物的内涵要远远大过物种的遗传密码，它涵盖物种、人文关系、天气变化、事物发展、生命成长轨迹等各个方面。

所以，理解《易经》等于掌握了人生，改善家庭关系可以优化遗传密码，提升正能量就能使遗传密码充满活力。在我们的国学教育实践中已经帮助改善和培养了很多优秀的孩子，他们一致呈现出"饱读诗书气自华"的状态，驾驭学习的能力非常强大。

（四）遗传密码的双螺旋结构与中国最早的伏羲女娲交尾图完全一致

伏羲女娲交尾图最早发现于长沙马王堆汉墓，与现代遗传密码的双螺旋结构（见图 8-7）完全一致。可见，中国古人认识这个宇宙信息密码与生命密码至少在 3000 年前。而伏羲女娲是《易经》的奠定者，也是中华文明的开启人，这昭示着中国古人的智慧有多么发达。

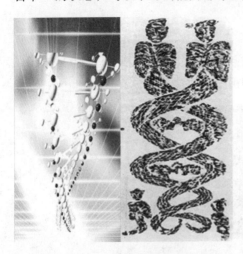

图 8-7　遗传密码的双螺旋结构与中国最早的伏羲女娲交尾图

（五）二进制算术与《易经》八卦的关系

1679 年莱布尼茨撰写了《二进制算术》的论文，到 1703 年看到友人寄来的中国宋代邵雍（1011—1077）所制的六十四卦方圆图。莱布尼茨为获得这一发现而兴奋异常。他说："这易经图是留传于宇宙间的科学中之最古老的纪念物。但是，依我之见，这 4000 年以上的古物，数千年来，没有人能了解它的意义。它和我的新算术完全符合……我若没有早发明二进制算术，我也不能明白六十四卦的体系和算术画图的目的，望洋兴叹，不知所云。"（这些文字至今保存在德国汉诺威市的图书馆中，已成为中西文化交流史上极为珍贵的纪念物。）[①]

他认定二进制算术对于数学的科学会有不可思议的效果，但是没有料到它对阐明中国的古代纪念物发生了重大的效用。他猜测中国古圣贤伏羲已掌握了二进制算术，后来失传了。他还认为，伏羲的创世说与欧洲基督教的创世说是同一个道理，亦即宇宙一切从阴与阳而来，也就是从 0 与 1 而来。

从以上文字我们可以清楚看到二进制算术与《易经》八卦的原理完全吻合。而二进制成为计算机编程语言后，带来了现代电脑科技的高速发展，我们的生活已经完全被电脑编程深刻影响。

（六）量子力学与宇宙统一场模型

量子力学的创始人玻尔发现中国古老的太极图与量子力学原理惊人的相似。因此，他选择太极图形作为他的爵士徽章。

美籍华人杨振宁、李政道从《易经》六十四卦的变化与阴阳消长的原理中得到启发，提出了原子能态二组的奇偶性虽是不灭的，但不是不变的，而且存在着盛衰消长的变化，从而打破了宇称守恒定律，发明了弱相互作用条件下的宇称不守恒定律。这一重大发现使他们获得了诺贝尔物理奖。

当今科学家一直在苦苦追寻宇宙统一场模式图、宇宙统一方程式，经过研究后发现中国几千年以前的太极八卦图，竟是宇宙统一方程式。[②]

[①] 参见孙小礼《莱布尼茨对中国文化的两大发现》，载《北京大学学报》1995 年第 3 期，第 42 页。

[②] 参见罗树伟《宇宙统一场论》，中国社会科学出版社 2008 年版，第 78 页。

图8-8为先天六十四卦图方圆。

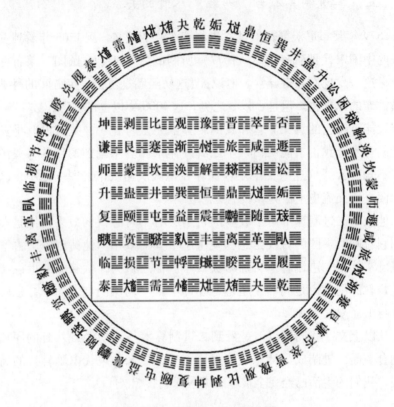

图8-8 先天六十四卦图方圆

五、《大学》对孩子胸怀气质的改善

《大学》对人的思想品质的奠定起了非常大的作用,"大学之道,在明明德,在亲民,在止于至善"[1]。很多佛学研究者讲它与佛家思想是对应的:"在明明德"是讲"自觉",发现自己内在的光明,内在优秀的品质;"在亲民"就是"觉他",当你的内在光明已经起来的时候,你会自觉去帮助别人;"在止于至善",就是"最终觉成圆满"。它与佛家思想是一种对应的关系。

"古之欲明明德于天下者,先治其国;欲治其国者,先齐其家;欲齐其家者,先修其身。"也就是讲修身、齐家、治国、平天下它是一体的。

---

[1] 曾子:《大学》,冯映云编订,暨南大学出版社2013年版,第1页。

在我们的国学经典教育实践中，诵读《大学》能很快改善孩子的人生格局，得益于他们潜移默化地受到修身、齐家、治国、平天下的胸襟影响，明白修身的利益很大，明白修身、齐家、治国、平天下就是一种管理才能、是一种内在精神品质的升华。

孩子有了正确认识后，就自然会亲近儒家经典，因为儒家经典基本是围绕做人的标准、围绕人性来阐述的。国学经典文化能给人带来什么？就是奠定一个生命一辈子的道德基础、文化基础与精神境界。有了这三个因素，人在社会活动中自然能够充分发挥最佳的生命潜能，更好地施展自己的聪明才智！

六、《中庸》思想与知性

《中庸》里面讲："喜怒哀乐之未发，谓之中；发而皆中节，谓之和。中也者，天下之大本也；和也者，天下之达道也。致中和，天地位焉，万物育焉。"[①] 这里首先讲述了喜与怒、哀与乐对应的正负两种能量状态，当我们过喜过怒、过哀、过乐时都可能造成性格上的缺陷与人格上的不完善。性格代表个性特点，人格代表身心健全。

我们在现实工作与生活中，经常会遇到与自己观点不一致、看法不一致、想法不一致、行为不一致的情况，如果我们不能正确处理自己的内在状态，就完全有可能失控，导致矛盾扩大化以及问题严重恶化。从心理学的观点看，人的情绪如果不能有效控制和改善，我们就很难活出真正的快乐与自信。失控的情绪会导致我们人体内脏器官与血液系统、淋巴系统、消化系统、呼吸系统、生殖系统出现问题。

所以，懂得平衡与调节自己的心情，我们就能够活出真正的快乐，不会再纠结在鸡毛蒜皮的事情上。

同样，《中庸》里讲的知天地万物之性，则可以与天地同功。这同样来源于《易经》思想对万物并育的特性描述。每一个生命都有其独特的特性，小草、鲜花、参天大树都有其利弊与生命状态。温室里的花朵，被人呵护、养护、关怀，带给人近距离的心灵养护；但缺少了风雨的锻炼，使其生命变得娇贵而短暂。参天大树能够撑起一片天空，傲雪风霜、睥睨天下、只争阳光、宁折勿弯的气质享有高贵的品德；但是吃苦耐劳，

---

① 子思：《中庸》，冯映云编订，暨南大学出版社2013年版，第1~2页。

感受风霜的苦楚又几人能知？这就是辩证法与客观看待事物。

知性能够使我们对自己、对他人进行心理再平衡。知人善用，人尽其才，能够充分发挥各自的才能，能够平衡各种心理状态，使生命状态达到最佳的时候，我们也就是在快乐地享受生活。

第二节 用国学智慧开发生命潜能

国学渐兴，国力日盛。国学在近20年间，在众多有识之士的热心推动下，已经发展成为一个新生行业，继而使得该产业逐渐兴盛，与"中国风"相关的衣、食、住、行的产品无处不在，风靡全球。2013年11月26日，习近平总书记到山东曲阜考察。他特别强调说："我这次来曲阜就是要发出一个信息：要大力弘扬中国传统文化。"可见，中国新一届政府对国学的推广和执行力度，已经远远超出对一般行业的方向性指引；尤其是在教育改革上，从教材研发到教学实践，再到高考分数的调整等等，无不体现出国家对国学的重视。本节重点探讨国学教育对生命的影响，以期能说明国学智慧对开发生命潜能的作用。

一、国学教育的定义

笔者认为，当今大众常常听到的"国学""传统文化""经典""国学教育""经典教育""读经教育"等词，就是不同"门派"的说法而已，对于本节要阐述的范畴，国学基本就是以诵读儒家经典为主要教学内容的教育。

二、从教学方式谈古代私塾开发潜能的科学性

古代私塾为什么要以诵读、背诵国学的方式教学？我们先看看生命成长的规律和人文学科的学习特点。人的左右脑功能是有区别的，13岁前是右脑与先天灵性发展的黄金阶段，13岁后是左脑与后天逻辑发展的黄金阶段。有数据表明，左脑记忆的文字、数字，早上记忆的100%到晚上只剩余10%，一生学习的知识只有10%有用；右脑记忆图形、图像、音乐，记忆速度是左脑的3000万倍，而且一生不丢失。

从人文学科的学习特点（见图 8-9）来分析，可以看出数学、物理、化学等自然学科是用左脑学习，其特点是先易后难，循序渐进，靠脑学习，逻辑推理；而语文、音乐、美术、外语等人文学科则是用右脑学习，其特点是耳濡目染，环境熏陶，靠心感受，领悟智慧。

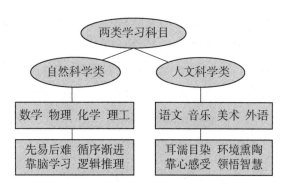

图 8-9 人文学科的学习特点

正如南怀瑾先生的成长经历一样。他说自己从小就背诵四书五经，一辈子不会忘记，等他年长后就慢慢悟道，再要运用时都不用备课，引经据典信手拈来。

近年，国学界培养的学生，同样有大量类似的现象。一位 8 岁开始诵读国学的男孩子，10 岁时已可以通背《论语》。以下是他 11 岁时写的一首《中华赋》：

中华赋

张新雨（11 岁）

开天辟地之混沌兮，天地始分浊清；
千古帝王之功绩兮，辉煌历历在目；
先古圣贤之创造兮，后人为之景仰；
孔孟老庄之大道兮，群起百家争鸣；
华夏文明之复兴兮，掀起文化热潮；
中华民族之雄起兮，拓我五千文明；
中国觉醒之强盛兮，实力日益强大；
世界和谐之欢乐兮，安定天下太平！

国学之所以需要普及，是因为它所载的是常理常道，能启人心智，育人情怀。而效仿古代私塾的教学方法非但不是一般人认为的"死读书"，反而是非常科学的，对开发儿童的情商与智商潜能都是百利而无一害的。

而中国当代的教育模式则恰恰违反儿童生命成长规律,提前使用左脑,13岁前就要求做相对于其年龄段过多、过难的数学题,比较少强调背诵;反而到初、高中甚至大学的时候才要求学生使用右脑背诵古文,忽略了生命成长的先天规律,所以适得其反。这也是为什么现代的学生压力越来越大的原因之一。

三、从开发潜能谈因材施教

(一) 教育的责任

中国有2000多个行业都要上岗证,而生儿育女这个"人类制造业"却不需要上岗证。因为在我们中国的教育体系里面没有系统的家长课程。《大学》云:"未有学养子而后嫁者也。"[1] 就是说没有学习过教养孩子的方法就结婚了。女性虽然有做母亲的本能,但是父母没掌握正确的育儿方法,就像司机无证驾驶一样危险。如果过急地望子成龙、望女成凤也许会适得其反。每个家庭都可能期待孩子是家族的接班人、是国家的栋梁之材;但是,如果父母没有合格的素质,很难教育出我们期待的结果。

因此,教育的责任首先是父母。作为父母有必要了解生命基本的生理和心理的成长规律,也就是要知道"其子之恶"[2],更要知道"其苗之硕",才能够发现孩子的先天特质,合理开发其潜能,而不是拔苗助长。

(二) 因材施教

古代私塾不单会利用生命成长的规律进行教学,还会特别注重因材施教。即同一个班每个孩子的进度都可能不同。大约13岁,完成私塾的基础教育之后,就按照各自的喜好拜师学艺;然后以此为生,终身从事自己喜爱的职业,所以专业的成就会相对提早体现。

这样的人生规划,相对于现代的大学生来说少之又少。多少人毕业后还不知道自己应该从事哪个行业,多少人在职场上不断地转行跳槽,人生如浮萍……因为我们现在的教育是强调"全面发展",学得太多太艰

---

[1] 曾子:《大学》,冯映云编订,暨南大学出版社2013年版,第8页。
[2] 参见曾子《大学》,冯映云编订,暨南大学出版社2013年版,第7~8页。

苦，能用的太少太不专。做不到"因材施教"，也就很难开发符合其个人特质的潜能了。古语云："天生我材必有用。"不管什么人，他能从事的工作类别也是有限的。要令其潜能在事业中发挥得出色，首先要从"因材施教"做起。

四、《易经》与潜能开发

《易经》历来就有"群经之首"之美誉，而《易经》的"蒙卦"中就有"蒙以养正，圣功也"之说。意思就是童蒙应受到良好的童蒙教育，然后才能成为有用的人。这些言辞都是取自于卦象，而卦象又是取自于天地间自然现象，这与俗语说"三岁看大，七岁看老"一样，概括了幼儿发展的一般规律。因此，这是顺乎自然的道理的。

孔子60多岁才看到《易经》就爱不释手，并有"韦编三绝"的典故。他还说："不知命，无以为君子。"① 为什么孔子一直提倡"因材施教"，又会将《易经》与"命"看得那么重要呢？

《大学》云："物有本末，事有终始，知所先后则近道矣。"② 这段话告诉我们，做任何事情先要知道"本"与"末"，所以开发潜能要从"本"开始。这个"本"，就是被开发的教育对象，要了解这个对象的先天特点，古人最常用的方法就是运用《易经》的智慧。

《易经》之所以被誉为"群经之首"，就是因为《易经》描述了宇宙能量循环规律，包括阴阳和金木水火土五行相生相克的变化规律，同时对应季节的春夏秋冬、方位的东南西北中、人体的心肝脾肺肾，以及人的身体状态、性格特长，等等。

我们从事中华传统文化推广10年，其中最常用的就是运用《易经》帮孩子分析其性格特点，引导其往哪个方向发展；帮助父母掌握应该如何培养孩子特长，使其少走弯路。

五、用国学奠定人文教育的基础

上文提到，国学教育的主要途径就是诵读古圣先贤的经典文章。这既可以开发右脑记忆力潜能，更重要的是这些文章会影响他的人生观，

---

① 孔子：《论语》，冯映云编，暨南大学出版社2013年版，第159页。
② 曾子：《大学》，冯映云编订，暨南大学出版社2013年版，第1页。

等于用圣贤的思想指导孩子的一生。毛泽东、辜鸿铭、杨振宁、温家宝、张瑞敏等杰出人物,都不约而同地说自己的成就是得益于古圣先贤的智慧。

国学教育主要体现在人文科学教育,一定程度就是在"情商教育"上。如果孩子有了正确的人生观,那么他的人生就会少走很多弯路。

笔者的孩子新雨,8岁开始,每天课余和笔者"亲子同读圣贤书"30分钟,每周参加一次"亲子同读圣贤书"读书会。9~11岁在学堂读经,背诵国学和英文名著大约10万字,同时自学完成小学四年级到六年级课程。12岁回学校读初中,初二下学期转到东莞篮球学校至初中毕业,期间通过IPA国际注册汉语教师资格。2013年9月15岁至今就读于北京人文大学国学院。2016年初师从篆刻大师荆鸿先生学习。

8岁时,他阅读《洛克菲勒家族史》,读了几页就不读了。他说这个家族做生意不地道,我不要学他,因为《大学》说:"德者本也,财者末也",洛克菲勒垄断市场,连美国政府都打压他,他赚钱的方式是不道德的;而且认为电脑游戏、暴力动画等也不应该玩。同样在8岁,他写过一篇文章《我的人生观从〈道德经〉开始》。他说:"仁爱就是爱人,爱身边的每一个人,让世界都和谐起来,世界和谐是我们的愿望。"16岁时他应广东私塾联谊会之邀撰文《我的读经心路》。文末他总结道:

随着私塾合法化、国学教育走入中小学课堂,也看到了众多仁人志士的努力有了结果,我很高兴。我认识到了做一件事不在于你的力量多大,也不在于你贡献了多少,而在于用心。某年,某些诺贝尔奖得主说,如果人类要在21世纪生存下去,必须回到2500年前孔子那里汲取智慧。

我们老是强调着往前看,却不满足于高瞻远瞩,于是将罗盘丢弃于身后,向前直冲;后来我们迷惘,失去方向,本来的目的地也成了梦幻泡影;但我们却想不起来,当我们看到的时候,虽然很远,但心却早早地到了那里。做好当下吧,过去,无疑是美的;而将来,也会是好的。附诗一首,以表此心。

宇宙之光

张新雨（14岁）

万古宙，穹苍宇。
繁星密布，如何细细数？
盘如绸带踞长空。
光耀宙宇，璀璨如心许。
明灭世，黑白界。
朝朝更替，史亦未能记。
纷繁综杂舞天地。
大千世界，浮生一台戏。

由此笔者相信，诵读国学的孩子能知道正确的为人处世之道，国学教育是奠定人文教育的基础，也是把他们栽培成材的关键因素。

六、用国学培养人生格局

国学教育的核心思想就是"做人"，尤其是儒家的经典，"儒"字我们可以理解为"需要人"的意思。只要我们的孩子学会了做人，那么学习和人生的问题就会迎刃而解。教育如果强调以一种从容、淡定的心态来面对各种选择，以圣贤为榜样，孩子的人生格局就会打开，他们自然会以圣贤们高度纯净的思想来处世。

下面列举几位学习国学程度不同，对其影响程度也不同的例子。

轩轩（见图8-10）只是每年参加国学夏令营，6岁准备入读中山大学附属小学，2000多人报名，只有200多个学位。妈妈说，孩子面试要"过五关"。在其中一关，他就背诵了国学散文朗诵稿《诗赞中华》。老师很惊奇地问他为什么能背诵这么长的古文。他说："这是中和的老师教的，很简单啊！"家人一致认为他能够被录取是学习了国学的功劳。

在国学冬令营中各自谈自己的理想，10岁

图8-10 轩轩

的女孩子心茗说要当联合国副秘书长，因为这个女孩子4岁开始诵读国学，早已博览群书了。而她的邻居新雨认为自己是男孩子，又比心茗大一岁，阅读和学习与心茗又不相上下，所以就说要当联合国秘书长。尽管这也许是孩童的玩笑，但是却看出国学教育培养的孩子志气高远。

另一位女同学则说要当餐厅的服务员。她爸爸是运输公司的老板，就此问题来找我。于是，我建议他陪孩子读国学、看课外书，因为孩子的课本几乎是一样的，所以决定孩子人生格局的是课外的内容。他马上开始在家"亲子同读圣贤书"，后来孩子的自学能力、独立能力、自信心都得到提高，而爸爸还庆幸在经商中运用国学也很有启发。

常林6岁开始学习国学，从没学过写作文，但是每次和大哥哥大姐姐一起郊游回来写感想、游记就写得最好；7岁就读《岳飞传》和国学大师南怀瑾的原著，还说："哈哈！这老头子写得挺好玩的啊！"这说明他看懂了南怀瑾的书，而他的志向是想当总理。

刘丞均（见图8-11）是被三所贵族学校开除的学生，学习国学两年，就能写出"谁人举鞭牧九州？"的惊人诗句。这个中和最调皮、经常把老师气得跳起来的孩子，却蕴藏着一股将相王侯的气质，经常能引用带着帝王思想的语句来描述事物。我们从他身上能感受到古人"不为良相，必为良医"的胸襟。

图8-11 刘丞均

诸侯访山记

刘丞均（11岁）

花枝百万玉山头，
和风暖云戏诸侯。
青草绿树摇不断，
谁人举鞭牧九州？

从这些例子我们可以看出，孩子们在接受了不同程度的学习后，都会有不同程度的进步。参加短期班的能够提升其学习能力；长期熏习的孩子大脑里储存了很多高品质、高境界的美文，使得他们妙笔生花。

第三节 国学与潜能开发

国学经典是中华民族优秀文化智慧的结晶，尤其是以儒释道文化为代表的经典，更是拥有巨大的能量与智慧。运用经典中所论述的原理及训练方法来开启人类的智慧与潜能，是一条捷径。

人的潜能开发是人类智力工程的重要领域。人有"眼、耳、鼻、舌、身、意"六根与外界接触，每个人有每个人的差别，开发得好，对人的智力有很大的提高。潜能开发可以根据人体结构来训练，特别是结合国学经典，用特别的教材和教具及教学体系对儿童、学生五感、超能力和智能的个性化训练，全面激发左右脑潜能，开发全脑，学会使用全脑思维和学习，有效提升学生的 IQ（智商）、EQ（情商）、MQ（道德智商）。塑造每个人特别是儿童的完整性，促进每个人认识、情感、社会性、身体、道德、个性、意志、兴趣、态度、价值观、观念等综合的全面性的和谐的发展。

一、大脑的结构与分工

自从 1981 年美国斯佩里博士通过割裂脑实验，证实大脑不对称性的"左右脑分工理论"而获得了诺贝尔生理学或医学奖后，各国都在研究和探索脑开发，并获得了惊人的成就。我国的脑研究是 20 世纪 80 年代末才开始的，基本上处于起步阶段，与发达国家相比有很大的差距，最近几年有了很大的进步。科学家们预言，脑科学将在 21 世纪自然科学中占据特别重要的地位。

大脑是分左右半球的，即右脑和左脑。右耳、右视野、右半身的运动和感觉的信息传输给左脑；而左耳、左视野、左半身的运动和知觉所捕捉到的信息，则全部输入到右脑。右脑与左半身神经系统相连，支配左半身的运动和感觉；而左脑恰恰相反，是与右半身神经系统相连，支配右半身的运动和感觉的。也就是说，左右神经系统呈交叉状，大脑的左右半球各自支配相反一侧，左右脑之间由一条"管道"沟通，使左右脑协调工作，维持大脑正常运转。

我们的左脑有理解语言的语言中枢，主要完成语言的、逻辑抽象的、分析的、数字的思考、认识和行为，主管人的说话、阅读、书写、计算、排列、分类，它的思维是抽象思维。所以说，左脑是一个理性的脑，是工具，又叫学术脑。右脑是没有语言中枢的哑脑，是直觉思维的中枢，主要负责直观的、综合的、几何的、绘图的思考、认识和行为，主管人的欣赏图画、自然风光、音乐、舞蹈、运动技能、手工技巧以及情感；右脑还具备类别认识、图形认识、空间认识、绘画认识、形象认识等能力，它的思维是形象思维。

我们人脑通过感官得到的信息以模糊的图像存入右脑，如同录像带将录下的资料放在巨大的收藏录像带的仓库里。信息是以某种图画、形象，如电影胶片一样记入右脑中。右脑所捕捉到的信息数量比左脑大百万倍。孩子在6岁以前是生活在动作直觉思维和形象思维的世界里，几乎全部是以右脑为中心，这正是开发右脑的关键时期。开发右脑能扩大孩子的信息容量，发展孩子的形象思维，发挥孩子的创造潜能，使孩子的记忆力更广、更深，记忆的时间更长、更牢固。婴幼儿聪明与否，很大程度上取决于右脑半球功能的发挥，所以必须从小对右脑进行训练。

当孩子开始学会说话、开始使用右手时（大多数人习惯用右手做事）就意味着左脑不停地接受刺激。左脑的开发使得孩子处理问题更加理智，更加符合逻辑，尤其是4岁以后的孩子虽然具体形象思维占主导地位，但已经初步出现抽象逻辑思维。因此，在人脑的高级功能活动中，大脑的各个部分都在起作用。开发大脑不只是左半球与右半球某一侧开发，而是左右半球整体功能的协调开发。

目前，我国的学校教育是左脑开发优于右脑，而应试教育制度往往让孩子走上死记硬背的强化左脑的道路。这种应试教育制度不是一时能够改变得了的，为了让孩子能够全面发展，希望家长不要过早地让孩子走上这条道路，而是充分利用这段时间让孩子在大自然中、在玩的过程中获得各种知识，提前把大量的信息储存在大脑中。孩子的早期教育必须遵循大脑发展的规律，任何偏废一侧半脑的做法都是不可取的。著名的诺贝尔奖获得者李政道说："科学和艺术，是硬币的两面，谁也离不了谁。"一个优秀的人，他的左右脑是均衡发展的。

二、国学经典与人体潜能

(一) 国学概念

国学主要是指以中国古典典籍为载体，表达中华民族传统社会价值观和道德伦理观的学术体系。

国学是中国传统文化的精髓，对中国政治、经济、军事等各方面都有极大影响。对于传承文明，增强民族凝聚力和中华民族复兴都起着重要作用。

(二) 国学经典

狭义的经典中的"经"指的是四书五经中的经，而"典"则是春秋战国以前的公文体制。

广义的经指具有典范性、权威性的且经久不衰的万世之作[①]，经过历史选择出来的最有价值的、最能表现本行业的精髓的、最具代表性的、最完美的作品。比如，20世纪50年代经典歌曲就是这个时代最好的，最能代表这一个时代的歌曲。经典和精品是有区别的，精品只是指作品的质量，而并不需要有经典所据有的其他特性。所在行业的精品，或者说是一个时期里的精品，具有代表性质和意义。

广义的经典指经久不衰的万世之作，后人尊敬它称之为经典。其具有典范性、权威性。也就是说，经典就是经过历史选择出来的"最有价值的书"。古今中外，各个知识领域中那些典范性、权威性的著作，就是经典。尤其是那些重大原创性、奠基性的著作，更被单称为"经"，如《老子》《论语》《圣经》《金刚经》。有些甚至被称为经中之经，位居群经之首，比如中国的《易经》、佛家的《心经》等，就有此殊荣。我国有很多部国学经典，主要如下。

十三经（13种）：《周易》《尚书》《诗经》《周礼》《仪礼》《礼记》《春秋左传》《春秋公羊传》《春秋穀梁传》《孝经》《尔雅》《论语》《孟子》。

其他（7种）：《韩诗外传》《尚书大传》《春秋繁露》《大戴礼记》

[①] 参见鲁晓倩《经典是什么意思？》，见中国学网，2016年8月12日。

《白虎通义》《四书章句集注》《经学历史》。

史部。二十六史（26种）：《史记》《汉书》《后汉书》《三国志》《晋书》《宋书》《南齐书》《梁书》《陈书》《魏书》《北齐书》《周书》《隋书》《南史》《北史》《旧唐书》《新唐书》《旧五代史》《新五代史》《宋史》《辽史》《金史》《元史》《明史》《新元史》《清史稿》。

别杂史（24种）：《逸周书》《国语》《战国策》《列女传》《吴越春秋》《越绝书》《人物志》《华阳国志》《山海经》《水经注》《洛阳伽蓝记》《大唐西域记》《大业拾遗记》《贞观政要》《资治通鉴》《续资治通鉴》《五代史补》《蛮书》《吴地记》《唐六典》《通典》《史通》《桯史》《文史通义》。

野史（14种）：《穆天子传》《晋五胡指掌》《唐摭言》《开元天宝遗事》《洛阳缙绅旧闻记》《大宋宣和遗事》《靖康传信录》《蒙鞑备录》《圣武亲征录校注》《元朝秘史》《备倭记》《万历野获编》《南明野史》《郎潜纪闻》。

目录（6种）：《崇文总目》《郡斋读书志》《书林清话》《校雠通义》《书目答问》《四库全书总目提要》。

子部、诸子（30种）：《老子》《庄子》《公孙龙子》《韩非子》《淮南子》《列子》《墨子》《荀子》《孙子兵法》《文子》《关尹子》《鹖冠子》《吕氏春秋》《晏子春秋》《管子》《商君书》《慎子》《尹文子》《邓析子》《论衡》《盐铁论》《风俗通义》《申鉴》《新论》《新书》《孔丛子》《太玄经》《颜氏家训》《刘子》《金楼子》。

儒家（10种）：《法言》《说苑》《新序》《新语》《忠经》《孔子家语》《朱子语类》《传习录》《近思录》《一贯问答》。

释家（10种）：《金刚经》《楞严经》《无量寿经》《肇论》《法苑珠林》《坛经》《童蒙止观》《弘明集》《祖堂集》《五灯会元》。

道家（10种）：《抱朴子》《无能子》《化书》《太平经》《云笈七签》《周易参同契》《老子想尔注》《太上感应篇》《海内十洲三岛记》《真诰》。

杂家（25种）：《吴子》《鬼谷子》《三略》《六韬》《素书》《忍经》《长短经》《梦溪笔谈》《黄帝内经素问》《神农本草经》《古画品录》《历代名画记》《法书要录》《海岳名言》《林泉高致》《棋经十三篇》《乐府杂录》《洛阳牡丹记》《茶经》《酒经》《随园食单》《九章算术》

《氾胜之书》《营造法式》《天工开物》。

笔记（25种）：《世说新语》《大唐新语》《幽闲鼓吹》《中华古今注》《北梦琐言》《唐语林》《容斋随笔》《老学庵笔记》《鹤林玉露》《东京梦华录》《湘山野录》《梦粱录》《铁围山丛谈》《渑水燕谈录》《唐才子传》《西南夷风土记》《古今风谣》《陶庵梦忆》《旧典备征》《读通鉴论》《廿二史劄记》《陔馀丛考》《广东新语》《日知录》《清代野记》

类书（5种）：《艺文类聚》《初学记》《太平御览》《太平广记》《七修类稿》。

小说（25种）：《搜神记》《游仙窟》《聊斋志异》《断鸿零雁记》《西游记》《水浒传》《三国演义》《金瓶梅》《喻世明言》《警世通言》《醒世恒言》《初刻拍案惊奇》《二刻拍案惊奇》《型世言》《清平山堂话本》《封神演义》《东周列国志》《红楼梦》《儒林外史》《醒世姻缘传》《镜花缘》《七侠五义》《老残游记》《侠义风月传》《孽海花》。

集部、总集选集（18种）：《文选》《六朝文絜》《骈体文钞》《古文观止》《楚辞章句》《玉台新咏》《乐府诗集》《全唐诗》《敦煌变文》《宋诗钞》《元诗别裁集》《明诗别裁集》《清诗别裁集》《全唐五代词》《全宋词》《近三百年名家词选》《挂枝儿》《晚清文选》。

别集（10种）：《曹子建集》《陶渊明集》《韩愈集》《柳宗元集》《欧阳修集》《苏轼集》《张载集》《元好问集》《王阳明集》《人境庐诗草》。

戏曲（7种）：《西厢记》《窦娥冤》《琵琶记》《牡丹亭》《娇红记》《桃花扇》《长生殿》。

文论（15种）：《文心雕龙》《文笔要诀》《诗品》《二十四诗品》《文镜秘府论》《本事诗》《乐府古题要解》《六一诗话》《瓯北诗话》《词源》《本事词》《白雨斋词话》《人间词话》《闲情偶寄》《宋元戏曲史》。

（三）国学经典与人体潜能的关系

人们往往因为自己的立脚点、观察角度、阅历和知识不同，从而形成不同认识的误区和思维的定式。

1. 强调证验

中国人不注重形式逻辑。《老子》81章，章与章之间，没有明显的逻辑联系。但《老子》五千言，每一句话都是中国历史个案的纪录和总结，每一句话都有个案做支持。中国人不需要去评判它的对错。几千年来，中国人只是用自己的活动、自己的行为去证验它。

2. **富于案例**

中国讲究道与经，道原本是道路，经原本是路径，衍伸而为方法。《春秋》《国语》《国策》《左传》《资治通鉴》《二十五史》记载的全是案例。没有假说，没有定理，没有推论。因此，不需要西方科学的逻辑证明和实证两种方法，也不需要像西方教科书那样，二三年就要出新版。没有说教，只有叙事，所以甲可以有甲的理解，乙可以有乙的说明，而国学认为，只要能自圆其说，就都是正确的。

3. **打破思维定式**

打破思维定式最关键的是走出认识误区。而国学的证验和案例，不会给我们带来更多的思维定式和认识误区。案例给人启示，而证验破除人的定式和误区。

归零、空杯，具体情况，具体分析。这就是无极。而无极位居《周易》易理之首，即无极位居无极到太极，到两仪，到四象，到八卦，到六十四卦之首。

我们需要解放思想，健全人格，挑战生命极限，这是所有先进文化的共同追求。国学与先进文化都是相通的。因为它们都是涉及人的解放的问题。而人的解放，可以从三个方面来谈，这就是思想、人格和身体的解放。说得通俗一点，解放也就是开发健康的人体潜能。

4. **健康三定义**

联合国健康三定义是思想健康、人际关系健康和身体健康。其中，思想健康讲的是思想解放的问题，是认知的问题，是智的问题，是智商的问题；人际关系健康讲的是人格健全的问题，是人格回归的问题，是德的问题，是情商的问题；身体健康讲的是开发人的潜能的问题，是生命的问题，是挑战生命极限的问题，是求生求寿的问题。

5. **梳理简易道**

只有梳理，才能找到简至易之道。《内经》说："智者察同，愚者察异。"必须找到共同的地方，才能和谐。如果察异，那就只有争论不休了。如果看不到所有的先进文化都是相通的，就会错误地认为中国没有民主、自由、平等、博爱；如果看不到所有的先进文化都是相通的，就会错误地只从字面上向西方学习，学习的结果，民主就变成无政府主义、自由就变成自由主义，平等就变成平均主义。如果能够看到所有的先进文化都是相通的，就会和而不同，在和谐的环境中享受多样性。

我们相信，未来世界是和谐的。因为求同，因为求大同存小异，因为中国人的理想是实现中国梦。最民族的，就是最国际的。其肯定是多样性，文明的冲突就会变成文明的和谐。为此，必须热爱国学、学习国学和发扬国学。

三、国学与潜能开发的好处

（一）培养孩子记忆能力和语言学习能力

幼儿时期是孩子智力和记忆能力发育的关键时期。孩子如果在这一阶段学习经典古籍和诗歌，如《弟子规》《三字经》等，可以有效地进行智力和记忆力方面的开发。有实验表明，通过学诵读经典，他们的识字能力也会明显提高，识字量明显超过一般的小孩。

在学习和朗诵古典文学经典的同时，孩子也学习了优美经典的文字、文言、文章。孩子既学到了"语"，又学到了"文"，两者融合为一个整体，为孩子今后语文课程的学习打下了良好的基础，也培养了孩子良好的阅读意识、阅读兴趣和阅读习惯。

（二）培养孩子养成良好的思想品德

中国传统文化中有很多宝贵的教人怎样做人做事的道理："人不知而不愠，不亦君子乎？""三人行，必有我师焉。"孩子在诵读这些朗朗上口的语句时，不仅能够识字认字，更是在潜移默化中学习了中国传统文化及其中包含的美德，培养起良好的人文素养、心理品质、道德品质和人生修养。

在某国学班上，"上下课时间，孩子们都要排成一队，包括上洗手间，见人还要问好，这是应有的规范和礼仪"。一个女老师的说法是，给孩子们"立行"，将思想品德教育渗透到日常的细节中。

60岁的耿奶奶，开车一个小时从临平送孙子来杭州上课。她一边折纸花，一边等孙子下课。"我觉得孩子上这课好，现在他看到左邻右舍，都会鞠躬，问好，很有礼貌。"

有个小朋友和父母一起逛街，妈妈看中了衣服，价钱挺贵的，正在犹豫下不下手，小朋友提醒妈妈，"衣贵洁，不贵华"，让妈妈感动之余，也让爸爸感激保住了钱包。

（三）培养孩子养成好的行为习惯

当前，大多数学生都是独生子女，由于家庭的宠爱、家长的疏忽，以及社会环境的影响，使许多孩子养成了不良的行为习惯：自理能力差，依赖性强；心理不成熟，缺乏坚韧不拔的意志；任性，我行我素，不顾他人感觉；自私狭隘……而在《弟子规》《论语》《孟子》《道德经》等先贤的大多经典中恰恰给出了解决这些问题的方式方法。

孩子们正在学习国学，通过《管宁割席》《王羲之的故事》《郗鉴选婿》等小故事学习古人好的行为习惯。业内人士认为，"通过延展国学的内容，可以让孩子通过学习，养成好的学习习惯。"国学文化的课堂把理论与实践相结合，把经文诵读理解与实践导行相结合，把行为规范与习惯养成相结合，寓教于乐，孩子的反应情况很好。通过与学生的交流，学生纷纷说这样的课新颖有趣，而且能学会如何为人处世的方法，懂得怎样去把握分寸，学到了很多。

第四节 汉文化传播与潜能开发

本节，笔者以过往 7 年的汉文化实践和心得，尝试剖析中国人如何在汉文化传播实践中找到血液中隐藏着的各种优秀潜能，并陈述其在社会生活中的积极作用和影响。

一、重新认识汉文化

（一）在汉文化溯源中寻找定位和潜能开发之路

1. 人生"三大命题"在汉文化中的折射

我是谁？我从哪里来？我要到哪里去？对于所有中国人来说，要回答人生三大命题，离不开对自身民族的定位、了解和思考，这将直接帮助我们明确汉文化潜能开发的基础来源和思路。认识汉文化，是中国人的灵魂复苏工程。

"炎黄子孙"是现代中国人的自称。但是，由于历史原因，实际上大部分人对"中国""华夏""汉家""中原"等字的理解已经非常模糊，中国人对汉族及汉文化没有系统理解。

现代中国人基本以现今中国版图（国家地理行政疆域）作为统计国家整体文化内容的有形依据，并以"中华民族"取代了占人口总数90%的汉民族作为国家主体民族进行自我身份认同。

举个例子：很多人都不知道自己身份证上的"汉"字背后代表了什么，汉文化又是什么。要从宝贵的历史民族文化遗产角度和资料库中发掘潜能开发，我们首先要从思想上切入一个新角度，理清关于来源方面的若干重大问题：

（1）汉族含义。汉族是全世界人口最多、历史最悠久、文化最灿烂的民族。上溯炎黄二帝，族称华夏，五千年文明由此展开，历至汉朝，因其强盛一时，异族始称中原华夏人为汉人，从此"汉"成为这个民族传承了数千年的名号。同时，汉族的传统服装被广泛称为"汉服"。

现在大部分中国人一提起"能歌善舞"只联想到少数民族，仿佛汉族人就是木头人呆头鹅；看到屏幕各种毫无史实根据的古装服饰就乱叫好，竟然意识不到汉族人曾拥有严密华丽的服饰系统；一看到宋明清雅字画就认为只有汉唐时华夏族才具备尚武雄风；一看到夏商周就认为我们的祖先那时还在刀耕火种的原始时代……事实上，这些都是严重的偏见和误解。

潜能开发可以弥补汉文化传播过程中的思路缺失，提升自信、严谨、务实、独立、自省等基本心理素质。

（2）汉文化溯源。汉文化是中国主流文化，又叫华夏文化，指的是汉族文化，是以春秋战国诸子百家为基础不断演化、发展而成的中国特有文化。其特征是以儒家文化为骨干而发展。古籍中大部分的"中国""中华""华夏"乃同义词，皆指黄河、长江流域一带延展的中原文化。

华夏汉族在古代创造了辉煌灿烂的文化艺术，具有鲜明的特色。汉民族有5000多年实物可考的历史、4000多年文字可考的历史，文化典籍极其丰富。几千年间，无论政治、军事、哲学、经济、史学、自然科学、文学、艺术等各个领域，都产生了众多具有深远影响的代表人物和作品。

（3）汉文化传播传承的意义和方法。潜能开发，首先需要意识和思想进入一个新领域。汉文化的定义和内涵具象化，让我们从那个缺失传统的年代进入智慧重新装备状态，并实现了实力拓展。只有清楚原本的汉族是怎么样的，汉族人原来是怎么科学劳作、智慧生活的，汉文化是哪些领域和学科的集合，我们的寻根才有了史料和实体的依托，我们的意识提升才会通过具体的生活方式改变、思维方式改变、社交方式改变和个人应激能力改变实现潜能的开发。

在西方文化和经济模式的冲击下，中国人的本土潜能一直被压抑着、耻笑着。有人认为，把外国商业模式和西洋工业技术简单山寨到中国人——这个世界上最大的人群身上，引入者们就可以变得伟大起来。实际上，很多这样的中外"商业巨子"在经济领域逐利巨富的过程中，赤裸裸地伤害着本土的各种自然机制，并在中国社会生活中得到毫不留情的批判与淘汰。如果我们能意识到这一点，那么原创和创新就不再是堂吉诃德式的道德示范，而是在新知识版权时代和大数据经济格局调整时代占领产业制高点的潜能开发号角。

2. 汉族文明在传播中的宽度、广度和深度

（1）汉文化博大精深。地域文化的多样性互补产生潜能开发，如八大菜系、四大名绣。

（2）汉文化影响之广。服饰影响东亚各国，并进一步刺激日本、韩国、越南、柬埔寨、泰国等接壤国产生服饰体系的进化和配饰进化等潜能开发。

（3）汉文化沿袭之深。礼仪：观察历朝成人礼沿袭演变历史，可以发现虽然时间跨度超过4000年，但是在服制、礼制、律制、器制、爵制等方面都有内在的高度统一。具体表现如需要特选黄道吉日、需要礼请德高望重者主持典礼、需要参加者达到生理和社会心理成熟阶段以及需要加冠/笄、服饰三加、父母聆训等象征性仪程加强仪式感。汉文化的沿袭之深刺激了后世历代皇帝对礼制的不断升级与完善，但礼仪之精髓作用始终如一。

3. 汉文化内含历史最悠久的潜能开发模式

（1）中国人的自省文化。"吾日三省吾身""君子有所为，有所不为"，在科学逻辑和哲学辩证中分析，就是先剔除不合理成分，不断更新

历史错误事件库，以达到决策和行动的连贯合理性，并总结为颠扑不破的人生定律。现代人缺少自省态度和定期改错的本能，自然也缺少相应的完善机制和潜能开发机制。

（2）敬畏开启潜能开发模式。华夏文明伊始甚多巫医，到现代也有不少人信奉鬼神之说，道佛儒都传播因果循环。对自然和未知体系的敬畏模式，促使汉民族多次阻止自己武断和偏信。"神农尝百草""后羿射日"这些历史传说反映了即使是神仙也敌不过大自然的力量，要获得和认识规律就要反复验证、多次努力才能实现。朴素的唯物主义思想是潜能开发的最佳保证。

（3）潜能开发成功后形成制度或经典。由于汉族是一个高度崇尚服饰之美、礼仪之大的民族，汉族在各个时期的政权都设立专门部门和职位，辅助统治者订立本朝的服饰制度和礼仪制度，以把前朝最科学、当今最贴近社会需求的形式加以固定下来。

重温汉文化经典，有利于我们开发现代产业和经营现代生活的时候思考目前的模式是否能够具备写入经典的资格，以此检验运作模式的正确性和时间空间的适用性。

（二）华夏民族通过历史梳理不断开发新的潜能体系

1. 通过激励竞争开发潜能的例子
（1）商鞅"重赏之下必有勇夫"，强调诚信与激励。
（2）孔子评价"子贡拒金"与"子路受牛"，强调激励制度。
（3）"上下同欲者胜"，强调在团队目标一致下开发团队潜能。

2. 通过民主制度开发潜能的例子
（1）春秋战国"百家争鸣"的风气导致各种进步思潮风起云涌。
（2）科举制度（不含八股）中要求士人提出治国方略的上升通道。
（3）纳谏制度。

3. 通过零和制度（挫折）开发潜能的例子：后宫、阉人制度、藩镇

不可否认，中国历史上的后宫妃嫔、太监、官吏、藩王都曾经做出推动性、保全性的历史举措，如杨贵妃自缢、昭君出塞、郑和下西洋、南越王赵佗南下、司马迁写《史记》等，他们的历史牺牲并非全为个人意愿和利益驱动，而是在统治者意志和国家安全利益/意识形态高压下选择了"没有出路的出路"。这种看似没有发展空间的零和制度，和现代社会给予个人发展空间有限发展的情况一样：并不一定意味着负面。

准确把握历史潮流和社会需要，正确评估风险红利与边际利润的关系，个人潜能开发就可在有限的条件下得到最大的价值转化。

4. 通过个人发展对社会需求的满足开发潜能

汉文化教育过程中强调基本技能的培养有助于促进个人创造力的发展。要开发个人潜能的创造力，相信自己有能力提出大量的创造性思想。

（三）汉文化认同者通过潜能开发提升个人社会竞争力

1. 有利于完善个人社会价值观

（1）理性认识人生意义，自觉调整职业和人生方向。

（2）正确认识个体和社会的相互关系。

（3）和谐处理人与人之间的情感和社会协作。

2. 有利于提升个人情商水平

（1）尊师长、敬父母是基本情商，从小落实孩童启蒙，意义重大。

（2）遇到困难和挫折，首先运用相生相克、天人合一的思想去解构问题。

（3）遇到情感冲突，善于运用上善若水、有容乃大等思想去消化问题。

3. 有利于个人知识面提升

（1）掌握基本养生常识，建立科学饮食和作息规律。

（2）熟悉本民族发展历史，有助于帮助理解大区域和世界发展史脉络。

（3）学习本民族优秀传统文化，如中医、建筑木结构等，与现代科技社会对接应用。

（4）研习汉民族的实用技能（如茶道、剪裁、印染、射艺、建筑、水利等），利国利民。

4. 有利于扩展个人社交能力

（1）分享汉民族的历史文化，利于锻炼社交勇气和口才。

（2）重现汉民族的风俗文化，利于提升个人整体表达力。

二、重新匹配汉文化

（一）现代工业世界和后电子世界抹杀人类大量优秀技能

（1）流水线工业代替情感工业——倡导理性消费，提升生命质量。

(2) 批量化工业代替服务细分——倡导市场细分，保留文化多样化。
(3) 快速物欲代替精雕细琢——倡导技艺专才，提升人口红利。

（二）汉文化回归表面促进个人潜能开发，实际是社会自然机制的各种修复

(1) 回归原创：促进个体和整体区域的多样化，实现资源按供求自由配置。
(2) 本能修复：针对各地区水土和自然资源的特点，实现本地人基本就业和民俗保留。
(3) 兼容并包：研究唐代政治"万邦来朝，番夷共治"，有利于世界各国和平共处。
(4) 资源配置：通过合理开采、协议分配、诚信等方式，减少环境污染和资源浪费。

（三）汉文化传播有利于刺激未来社会的人类潜能开发

(1) 汉文化的融合力有助于跨学科发展。
(2) 汉文化的开发力有助于未来学科探索。
(3) 汉家宇宙观有助于整合世界各地各异的生活形态和消费形态。

图8-12为文化在交流中传播。

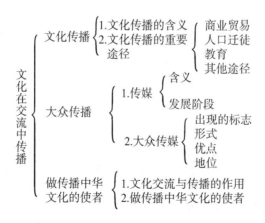

图8-12　文化在交流中传播

三、重新传播汉文化

(一) 不同途径开发潜能

1. 各种民俗中的潜能引发

系统、定量地评价民俗资源开发潜力有助于保障其合理开发，促进潜能研究健康发展。从资源特性和区域发展适宜性两方面构建了民俗资源开发潜力评价指标体系，运用层次分析法和德尔菲法确定了指标权重并构建了评价模型。

2. 各种组织制度中的潜能分工

随着社会分工的细化和高度产业化、专业化的发展，真正的创新素质是学习与创造的有机统一，各种组织制度中的潜能分工就开始了：对于当前管理，管理要素以知识为中心，管理模式变为分权制的网格化方式，管理程序变为目标管理。

3. 各种经济环节中的潜能协作

各种经济环节中的潜能协作在于不走封闭僵化的老路，充分挖掘组织潜力是提高经济效益的中心环节。因为任何有潜力的经济组织模式都是在资源要素无缝隙合作中进行经济活动的，任何一个国家的经济运营模式都离不开合作化经营。

4. 各种外交捭阖中的潜能发挥

外交不仅仅是国际局势的风云变幻、大国关系的纵横捭阖，也涉及外交捭阖中的潜能发挥。反思历史，弱国无外交，这是硬道理。

5. 各种生活场景中的潜能演变成专业技能

以"激发学习潜能"为切入口，积极探索将各种生活场景中的潜能演变成专业技能，应用各种激发学习潜能的策略、方法，对参与者进行情感性潜能和智慧性潜能的激发，促进其学习自主性、独立性、体验性、合作性、探究性和个性化的发展，实现学习方式的优化。

(二) 艺术欣赏传播与潜能开发

艺术欣赏传播是创造具有一定空间的可视、可触的艺术形象，借以反映社会生活与表达艺术家的审美感受、审美情感、审美理想的艺术。艺术作品的产生和发展与人类的生产活动紧密相关，同时又受到各个时代宗教、哲学等社会意识形态的直接影响。

爱因斯坦相对论的出现，冲破了由牛顿学说建立的世界观，改变着人们的时空观，使汉文化传播从更高的层次上认识和表现世界，突破三维的、视觉的、静态的形式，向多维的时空心态方面探索。

为了从视觉、触觉、空间感观察艺术造型，开发大脑潜能思维，我们就要坚持赏识、体会艺术细节，使大脑得到连续刺激，从而获得大脑的灵感和创造性思维，打开潜能开发之门。

（1）服饰文化：如汉服历代形制、汉家风俗等。

（2）地方民俗：如四川变脸、上刀山等。

（3）杂技体操：如顶缸、叠罗汉、踩高跷等等。

（4）戏曲口技：如腹语、拟物、拟声等。

（5）中华魔术：如吴桥鬼手王、赵庄魔术等。

（6）织绣工艺：如苏绣、湘绣、粤绣、蜀绣等。

（7）工艺美术：如糖画、面人、泥人、绢人、蛋雕、编织、微雕等。

（8）益智游戏：如九连环、七巧板等。

（9）文学表达：如诗词平仄、曲牌音律、填词汇戏、骈文歌赋等。

（10）音乐舞蹈：如汉唐舞、编钟编磬演奏法、雅乐演奏等。

（11）武术流派：如各种传统武术、射艺、马术等竞技形式等。

（三）生活形态传播与潜能开发

（1）打麻将与逻辑思维。

（2）凉茶、擂茶、中药与中医配伍。

（3）射艺与注意力、集中力训练。

（4）经典六艺、十二生肖、天干地支、二十四节气、五行相生相克与逻辑记忆。

（5）刺绣与想象力思维/耐力训练、建筑木结构与空间思维。

（6）经络穴位与中医养生、寒热体质与天时/食物选择。

第五节 中国传统文化理想人格与基本精神

"国学"一词，古已有之，它是中国传统思想文化学术。"国学"在中国古代指的是国家一级的学校，与汉代的太学相当；此后朝代更替，

"国学"的性质和作用也有所变化。正是如此，本节以中国的传统学术文化的类型、代表人物、理想人格和基本精神作为切入点来剖析研究。

一、中国传统文化类型

中国人很早就对文化类型有所认识，古代人已将中原地区的华夏农耕文化与周边四夷的游牧文化或渔猎文化加以比较；汉朝以后，又将本土以入世精神为特征的儒家文化与来自南亚出世精神为特征的佛教文化加以比较。

（一）按地理环境区分文化类型

任何民族的文化，其产生、衍变、丰富和发展都是在特定的地理环境，和独特的经济社会土壤里完成的，因而已大致分为河谷型、草原型、山岳型和海洋型，而中国文化的主体是属于河谷型的。

（二）按观念文化与生产方式联系类型

将文化分为农业文化、工商文化和游牧文化等，而中国文化属于农业文化的类型。

（三）中国传统文化是中华文明演化汇集而成的民族文化

中国传统文化是中华文明演化而汇集成的一种反映民族特质和风貌的民族文化，是民族历史上各种思想文化、观念形态的总体表征，是中华民族及其祖先所创造、为中华民族世世代代所继承发展、具有鲜明民族特色、历史悠久、内涵博大精深、传统优良的文化。它是中华民族几千年文明的结晶。

（四）审视中国文化形成发展历程类型

儒、道、墨、法、佛等诸家思想学说，构成了中国文化的主体内容和核心，各家思想相通互补、互为关联，但儒家思想始终居于主导地位。社会存在决定社会意识[①]，笔者认为，对传统文化类型的分类，应从审视中国文化形成发展历程的角度比较，所以，本节从儒、墨、道、法、佛

---

① 参见《马克思主义基本原理概论》，高等教育出版社2009年版，第158页。

家学派展开分析。

二、中国传统文化的代表人物

（一）儒家学派与代表人物

1. 儒家学派

先秦诸子百家学说之一。儒家思想也称为儒教或儒学，由孔子创立，最初指的是司仪，后来逐步发展为以尊卑等级的仁为核心的思想体系，是中国影响最大的流派，也是中国古代的主流意识。儒家学派对中国、东亚乃至全世界都产生过深远的影响。

2. 儒家学派代表人物

（1）孔子（见图8-13），公元前551—公元前479年，名丘，字仲尼，生于春秋时期鲁国。中国著名的大思想家、大教育家、政治家。孔子开创了私人讲学的风气，是儒家学派的创始人。

（2）孟子（见图8-14），约公元前372—约公元前289年，名轲，他是孔子之孙孔伋的再传弟子，战国时期伟大的思想家和政治家。与孔子并称"孔孟"。

图8-13 孔子

图8-14 孟子

（二）道家学派与代表人物

1. 道家学派

以老庄学说为中心的学术派别，形成于先秦时期。其学说以"道"

为最高哲学范畴，认为"道是世界的最高实体，道是宇宙万物的本原，道是宇宙万物赖以生存的依据"①。该学派用"道"来探究自然、社会和人生之间的关系。

2. 道家学派代表人物

（1）老子（见图8-15），约公元前571—公元前471年，谥号聃。中国最伟大的哲学家和思想家之一，被道教尊为教祖，是世界文化名人。主张是"无为"，以"道"解释宇宙万物的演变，"道"为客观自然规律，同时又具有"独立不改，周行而不殆"的永恒意义。

（2）庄子（见图8-16），约公元前369—公元前286年，名周。著名的思想家、哲学家和文学家，是老子思想的继承和发展者。最早提出"内圣外王"思想，对儒家影响深远。

他们的哲学思想体系，被思想学术界尊为"老庄哲学"。

图8-15 老子

图8-16 庄子

（三）墨家学派与代表人物

1. 墨家学派

中国古代主要哲学派别之一，产生于战国时期。墨家是一个纪律严谨的学术团体，其首领称"矩子"，其成员到各国为官必须推行墨家主张，所得俸禄亦须向团体奉献。墨家学派有前后期之分，前期思想主要涉及社会政治、伦理及认识论问题，后期在逻辑学方面有重要贡献。

---

① 王毅：《道教基本常识：道是化生宇宙万物的本原》，陕西师范大学出版社2012年版，第68页。

2. 墨家学派代表人物

墨子,名翟,东周春秋末期战国初期宋国人。宋国贵族目夷的后代,生前担任宋国大夫。战国时期著名的思想家、教育家、科学家、军事家,是中国历史上唯一一个农民出身的哲学家,提出了"兼爱""非攻""尚贤""尚同""天志""明鬼""非命""非乐""节葬""节用"等观点。以兼爱为核心,以节用、尚贤为支点。

(四) 法家学派与代表人物

1. 法家学派

法家是中国历史上提倡以法制为核心思想的重要学派,提出了富国强兵、以法治国。法是通过具体的刑名赏罚来实现的。法家思想渊源可上溯到春秋时的管仲、士匄、子产,而实际的始祖,当推战国初的李悝。此外,还有吴起、慎到、申不害、商鞅、韩非子等,均被称为"前期法家"。商鞅重"法",申不害重"术",慎到重"势",而以商鞅为前期法家的主要代表人物。还有齐法家,除主张推行法治外,也主张容纳礼义教化。战国末期,韩非综合各家之长,兼言法、术、势,成为法家思想。

2. 法家学派代表人物

图 8-17 韩非子

韩非子(见图8-17),约公元前280—前233年,河南郑州新郑人,战国末期杰出的思想家、哲学家和散文家,被誉为最得老子思想精髓的两个人之一。将商鞅的"法",申不害的"术"和慎到的"势"集于一身,是法家思想的集大成者;将老子的辩证法、朴素唯物主义与法融为一体。极为重视唯物主义与效益主义思想,积极倡导君主专制主义理论,目的是为专制君主提供富国强兵的思想。法家思想却被秦王嬴政所重用,帮助秦国富国强兵,最终统一六国。韩非子的思想深邃而又超前,对后世影响深远。毛主席曾经说过:"中国古代有作为的政治家,基本都是法家。"

(五)佛家学派

1. 佛教学派（成实宗）

以成实论为所依之宗派，又称成论家、成实学派。为中国十三宗之一，日本八宗之一。宗祖为中印度之诃梨跋摩（梵语 Harivarman），约生于佛陀入灭后 700～900 年间，初于究摩罗陀处修学小乘萨婆多部（说一切有部）教义，继而研习大小诸部，乃撰述成实论，批判有部理论，未久即震撼摩揭陀国，王誉称为"像教大宗"。其后于印度之弘布情形不详。本宗之研究盛行于南北朝时期，尤以南朝梁代最盛，至唐代诸师判其为小乘后，研究者遂日益减少。又推测由于大乘佛教之趋势，十地经论、摄大乘论等之流布，及三论学逐渐兴起等原因，亦促使本宗之衰落。

2. 中国佛教八大宗派

中国佛教出现过许多派别，主要有八宗。一是三论宗又名法性宗，二是瑜伽宗又名法相宗、慈恩宗、唯识宗，三是天台宗，四是贤首宗又名华严宗，五是禅宗，六是净土宗，七是律宗，八是密宗又名真言宗。这就是通常所说的性、相、台、贤、禅、净、律、密八大宗派。佛法本是一味的，由于接受者的智慧、福德程度，即根性的高下不一，以及生存时代与生活环境的差异，对于佛法的认知、修行的偏重，也就有许多不同的分支派别了。八大宗派的特点可以用一偈浅而概之："密富禅贫方便净，唯识耐烦嘉祥空。传统华严修身律，义理组织天台宗。"

三、中国传统文化理想人格和价值取向

当前，对于中国传统文化的反思，已成为理论工作者研究的热点。文化有三个层次，即物质的—制度的—心理的。其中，文化的物质层面是最表层的，而审美趣味、价值观念、道德规范、宗教信念、思维方式等属于最深层，介乎二者之间的是种种制度和理论体系。基于这种观点，通过对传统中国的理想人格和价值取向的分析，来探讨中国传统心理，由此透视中国文化的深层结构，从理想人格和价值取向看中国传统心理。

(一)中国传统文化理想人格

中国传统文化理想人格是"君子"。"君子"一语，广见于先秦典

籍，多指"君王之子"，着重强调政治地位的崇高。而后孔子为"君子"一词赋予了道德的含义。自此，"君子"一词有了"德性"。君子在古代指地位高的人，后来指人格高尚、道德品行兼好之人。如，"不亦君子乎""君子有不战；君子博学""君子之交淡如水，小人之交甘若醴"。

以孔子为首的儒家哲人实际上给我们设计了很高的人生理想。它强调对内心仁德的自觉，肯定主体精神的伟大和崇高，要求人们为了实现自己的人生理想应终生不懈地努力，要以天下为己任，不怕任何挫折和磨难。他们爱仁以德，立人达人，忠孝信义，宽信敏慧，智勇刚朴，心胸坦荡，有浩然之气，对社会、人生都有强烈的责任感。对这种人生理想境界的追求中所表现的奋斗精神与献身态度，对于当今出现的极端个人主义者，那种"只讲索取不讲奉献"的不良风气，无疑是有其匡正作用的。

（二）中国传统文化价值取向与缺陷

1. 中国传统文化价值取向

中国传统文化价值取向表现为：崇古、唯上、忠君、道义。崇老尚古的中华民族价值观念是以上古的"黄金时代"为价值取向，以恪守宗法伦理道德作为最高的人格理想，以宗法社会传统作为价值评判的标准，人们总是回头过去寻找社会理想，法先王之道，复"三代"之礼，把上古三代时期氏族社会的生活图景，当作最高的社会追求和理想境界。所以，儒、墨、道、法各家皆法先王以重其说，借先王以推行其政治理想。

真正影响了中国两千年之久的忠君思想，不是孔子所提倡的忠君，而是韩非子"君叫臣死，臣不得不死"的忠君思想，以及其三纲理论。去伪存真，还儒家思想本原，对当今的精神文明建设、文化的繁荣，以及社会的发展进步，都具有积极意义。忠君还可以表述为对君主忠贞，对国家挚爱。

道义指道德义理，道德和正义等，是一种社会意识形态，是做人的约束、规范与规矩。道义本身就是用来维系和调整人与人关系的准则。

表8-1为中国传统文化的代表人物与理想人格。

表 8-1　中国传统文化的代表人物与理想人格

类别	代表人物	理想人格	内　涵
儒家	孔子、孟子	圣贤	舍利取义
道家	老子、庄子	隐士	无为无不为、不为人先
墨家	墨子	义侠	义利并重、平均平等
法家	荀子、韩非子	英雄	杀敌报国、立功受奖
佛家		超人	超尘绝俗、泯灭七情六欲

2. 中国传统文化的缺陷

源远流长的中国传统文化,由于其作用显著、成就辉煌,所以成为世界文化发展史上的奇观。但是,它作为一种民族文化,不可避免地存在着一些缺陷。

(1) 层面上的负效应:制度文化层的蝉蜕现象,心态文化层的封闭现象。

(2) 态势上的非整合性:理性文化对感性文化的束缚,群体文化对个体文化的消解,前喻文化对后喻文化的压抑,大众文化对精英文化的异向,反文化对正文化的嘲弄。

中国传统文化最大的缺陷就是君权。奴隶制、封建制国家通常实行君主专制,君主拥有无限权力,凭借庞大的官僚机构统治人民。

四、中国文化的基本精神

(一) 自强不息

自强不息,字面意思是:强大自己必须要通过坚持不懈的努力;深层次的意思是:一个人的处境即使再糟糕,但是通过持之以恒的努力和付出,可以成就一个强大的自己,若想强大自己,必须坚持,不放弃努力,正所谓,"天行健,君子以自强不息"[①]。

从哲学的角度解释:强大我们先天的自性,开发我们的公心、道心;不要让我们的后天邪念萌生,私心、妄心滋长。

---

① 王炳中:《周易导读》,上海古籍出版社 2011 年版,第 218 页。

(二) 正道直行

办事公正。"虽怀内美,重以修能,正道直行,而罹谗贼。"① 行正道,按照道义去做,不要阴谋诡计。

(三) 贵和持中

"注重和谐,坚持中庸"是浸透中华民族文化肌体每一个毛孔的精神。"中",即中庸之道,不偏不倚谓之中庸。贵"和"持"中"作为中华民族的一项基本精神,使得国人十分注重和谐局面的实现和保持。做事不走极端,着力维护集体利益;求大同而存小异,成了人们的普遍思维原则。贵"和"持"中"的观念,说到底是一种否认斗争、排斥竞争和简单协同的道德;贵"和"持"中"是东方文明的精髓,它对社会秩序的和谐安定、求同存异、维护集体统一等有其良好作用。

(四) 民为邦本

民为邦本的思想反映了人们从政治实践中看到了统治者与被统治者的相互依存关系。这种看法并非认为国家应以人民为主人,而是为了更好地维护以君为主的统治。它在一定程度上提出了如何正确处理民众、国家、君主三者之间的关系问题,对维护君主的统治有重要指导作用,是确定统治方法的重要理论基础。这种思想在实际政治生活中影响较大,曾经成为促进封建盛世形成的指导思想和抑制专制君主暴虐无道、残害百姓的思想武器。

(五) 平均平等

平等是人和人之间的一种关系、人对人的一种态度。由于人与人之间绝对的公平不存在,只有相对的平等(佛言众生平等或公平:即诸法实相因果法性平等或公平)。人和人之间的平等,不是指人之差异所致的"相等"或"平均",而是指在精神上互相理解、互相尊重的不区别对待,平等享有的社会权利与义务;它是指在政治、文化、社会、生态或经济

---

① 鲁迅:《汉文学史纲要·屈原及宋玉》,上海古籍出版社2005年版,第48页。

地位中处于同一水平，没有或否认世袭的阶级差别或专断的特权。[①]

（六）求是务实

讲究实际、实事求是，这是中国农耕文化较早形成的一种民族精神，是中国文化注重现实、崇尚实干精神的体现。它排斥虚妄，拒绝空想，鄙视华而不实，追求充实而有活力的人生，创造了中国古代社会灿烂的文明。务实精神作为传统美德，仍在我们当代生活中熠熠生辉。

（七）豁达乐观

在中国传统文化中，豁达是心胸开阔、性格开朗，能容人容事。豁达是一种大度和宽容，一种品格和美德，一种乐观的豪爽，一种博大的胸怀、洒脱的态度。而乐观是最为积极的性格因素。它是一种生活态度。保持良好的心态，有个"美好的信念"，总是相信一些好的东西。对人处事很积极，不以物喜不以己悲。

（八）以道制欲

人之一切欲望根本上说不过是一种动物本能而满足食色欲，如果我们以天道无私之心、天地良心、天理良心也就是上帝赐予众生的理性（道心）指导人类的欲望，这时候就达到了乐而不乱；否则，人类只是简单地满足动物性食色等欲，却不对欲望本身做选择，就必变成"惑而不乐"。发展到宋明理学，赞成"以道制欲"的朱熹更是提出"存天理，灭人欲"，也就是以无私无畏的天理良心来行事，人人都与天理同在，人人成为百分百的天理载道躯体器皿，而灭绝一切自私自利的欲望、忖度计较的挣扎心、图谋高高在上的利欲心。

国学的兴起，既是大势所趋，又有环境的倡导。

在国学潜能开发上，应该坚持批判与继承和批判与兼容的原则，坚持立足现实、推陈出新、古为今用的原则，坚持理论联系实际的原则，

[①] 参见张正海《平等论》，五洲传播出版社2012年版，第216页。

坚持文化内涵和文化精神相结合的原则，辩证地认识和把握传统思想与当代思想的冲突、道德化与功利性的冲突。弘扬中国传统文化，继承传统文化追求"人格完善"的传统，提高全民族的人文精神素质；弘扬传统文化追求"和合中庸"的传统，构建普遍和谐的社会关系；弘扬传统文化追求"天人合一"的传统，协调人与自然的关系。通过对照试验，验证传统文化对大学生潜能开发教育的实效性和真实性，抓住"关键期"，这对进行潜能开发教育具有重大意义。

有诺贝尔奖获得者说："在21世纪如果人类要生存下去，必须回到2500年前中国的孔子那里去寻找智慧。"我们不单纯是要向孔子学习，我们还要去到中华文化的源头——《易经》那里去了解和学习，从各个角度去开启我们的生命智慧潜能。

思考题

1. 简述自己对中华文化的了解。
2. 试说中华文化对生命智慧潜能的影响。
3. 简述自己所知道的国学教育的情况。
4. 计划将来如何教育孩子？
5. 简述大脑的结构与分工。
6. 国学经典与人体潜能有什么关系？
7. 国学与潜能开发能给人们带来哪些好处？
8. 汉文化有哪些思想最适用于现代中国人的社会优化？
9. 汉文化在现代生活中体现在哪些具体行业和服务应用中？
10. 我们还可以开发哪些汉文化元素作为现代人的日常生活体验？
11. 谈一谈中国传统文化的理想人格。
12. 简述中国文化的基本精神。

参 考 文 献

一、图书

[1] 谭昆智, 陈家义. 潜能开发指南 [M]. 北京：清华大学出版社, 2011.

[2] （比）克里斯蒂安·德迪夫. 生机勃勃的尘埃 [M]. 上海：上海科技教育出版社, 1999.

[3] 李哲良. 潜能与人格 [M]. 上海：上海文化出版社, 1989.

[4] 安继民. 荀子 [M]. 郑州：中州古籍出版社, 2006.

[5] （德）马克思. 马克思恩格斯全集：第42卷 [M]. 北京：人民出版社, 2001.

[6] 孙正聿. 超越意识 [M]. 长春：吉林教育出版社, 2001.

[7] 钱冠连. 语言全息论 [M]. 北京：商务印书馆, 2002.

[8] （苏）瓦·奇金. 马克思的自白 [M]. 北京：中国青年出版社, 1982.

[9] （日）村上和雄. 生命的暗号——人体基因密码译解 [M]. 北京：中国人民大学出版社. 1999.

[10] 人民日报评论部. 习近平用典 [M]. 北京：人民日报出版社, 2015.

[11] 赖辉亮. 波普传 [M]. 石家庄：河北人民出版社, 1998.

[12] 马笑霞. 语文教学心理研究 [M]. 杭州：浙江大学出版社, 2001.

[13] 吴光远. 杰出青少年的学习力训练 [M]. 北京：海潮出版社, 2005.

[14] 陶行知. 创造的儿童教育 [M]. 南京：江苏人民出版社, 1981.

[15] 韩诚. 6Qσ 综合素质教育手册 [M]. 北京：北京交通大学出版社, 2014.

[16] 陶行知. 陶行知全集：第四卷 [G]. 成都：四川教育出版社, 1991.

[17] 孟子 [M]. 西安：陕西人民出版社, 1998.

[18] 陶行知．陶行知全集：第三卷［G］．长沙：湖南教育出版社，1985．

[19] 李喜先．21世纪100个交叉科学难题［M］．北京：科学出版社，2005．

[20] （美）奥里森，马登，等．世界10位成功学大师经典讲义：聆听大师的智慧精髓［M］．北京：中国国际广播出版社，2004．

[21] 海润阳光．幼儿创造性思维训练丛书［M］．北京：北京理工大学出版社，2013．

[22] （美）霍华德·加德纳．多元智能［M］．沈致隆，译．北京：新华出版社，1999．

[23] 孙蓉蓉．刘勰与《文心雕龙》考论［M］．北京：中华书局，2008．

[24] 王昊．唐宋八大家列传·苏洵传［M］．吉林：吉林文史出版社，1998．

[25] 孟万金．积极心理健康教育［M］．北京：中国轻工业出版社，2008．

[26] （明）王阳明．传习录［M］．孙虹钢，译解．北京：北京理工大学出版社，2014．

[27] 林伟贤．感恩——把爱传出去［M］．北京：新华出版社，2007．

[28] 许光明．创新思维简明读本［M］．广州：广东教育出版社，2006．

[29] （英）理查德·科克．帕累托80／20效率法则［M］．北京：海潮出版社，2014．

[30] （美）威廉·沃克·阿特金森．吸引力法则［M］．北京：新世界出版社，2013．

[31] 周尔晋．人体生态平衡论［M］．合肥：合肥工业大学出版社，2008．

[32] 周尔晋．简易X形平衡法［M］．合肥：合肥工业大学出版社，2008．

[33] 大学［M］．冯映云，编订．广州：暨南大学出版社，2013．

[34] 论语［M］．冯映云，编订．广州：暨南大学出版社，2013．

[35] 列宁全集：第28卷［G］．北京：人民出版社，1965．

[36] 马克思主义基本原理概论［M］．北京：高等教育出版社，2009．

[37] 王炳中．周易导读［M］．上海：上海古籍出版社，2011．

[38] 肖萐父，李锦全. 中国哲学史：上下卷 [M]. 北京：人民出版社，1983.

[39] 陈修斋，杨祖陶. 欧洲哲学史稿 [M]. 武汉：湖北出版社，1983.

[40] 李宗桂. 中国文化概论 [M]. 广州：中山大学出版社，1988.

[41] 王晓萍. 心理潜能 [M]. 北京：中国城市出版社，2001.

[42] (商) 姬昌. 周易全书 [M]. 呼和浩特：内蒙古人民出版社，2011.

[43] 曾仕强. 易经的奥秘 [M]. 西安：陕西师范大学出版社，2009.

[44] 张延生. 易学入门 [M]. 北京：团结出版社，2004.

[45] 栗九红，刘玉娟. 心理健康 [M]. 沈阳：东北大学出版社，2004.

[46] 冯利. 心理健康 [M]. 北京：机械工业出版社，2007.

[47] 赵庆梅. 笔迹分析与测试——实际应用中的笔迹破译 [M]. 沈阳：辽宁人民出版社，2001.

[48] 郑日昌. 笔迹心理学——书写心理透视与不良个性矫正 [M]. 沈阳：辽海出版社，2000.

[49] 韩进. 怎样从笔迹看性格 [M]. 广州：华南理工大学出版社，1993.

[50] 黄瀚琳. 笔如其人：笔迹心灵解码学 [M]. 北京：中国经济出版社，2009.

[51] 熊年文. 笔迹·性格·命运 [M]. 北京：中央编译出版社，2011.

[52] 车文博. 当代西方心理学新词典 [M]. 长春：吉林人民出版社，2001.

[53] 尹文刚. 神奇的大脑：大脑潜能开发手册 [M]. 北京：世界图书出版公司，2002.

[54] （日）保坂隆. 最强大脑：77招让你成为脑力最好的人 [M]. 程长泉，译. 北京：中信出版社，2014.

[55] 山东中医学院，河北医学院. 黄帝内经素问校释 [M]. 北京：人民卫生出版社，2006.

[56] 河北医学院. 灵枢经 [M]. 北京：人民卫生出版社，2004.

二、论文

[1] 陈春萍. 高校人力资源管理的伦理分析 [D]. 武汉：华中师范大学，2003.

[2] 李大平. 巧用声音塑造形象. 北京宣武红旗业余大学学报 [J], 1999 (2).

[3] 实践是检验真理的唯一标准. 光明日报 [N], 1978-05-11.

[4] 孙小礼. 莱布尼茨对中国文化的两大发现. 北京大学学报 [J], 1995 (3).

[5] 林越. 每个孩子都是第一名. 广州日报 [N], 2010-04-03.